岳麓書社

读名著　选岳麓

颜氏家训

李花蕾 导读 注译

岳麓書社·长沙

前 言

颜之推这个人，按照现在的标准来看，就是一个“双商”高的代表。颜之推七岁便能背诵王延寿的《鲁灵光殿赋》，十二岁就成为湘东王萧绎的门生，但因不喜清谈之风，便退学回家，自学《礼记》《左传》，博览群书，为人称道，后来被萧绎任命为左常侍，加镇西墨曹参军。由此可见，颜之推天资聪颖，在幼年时期即已崭露头角。但在南北朝时期生存，仅靠智商是远远不够的，情商才是决定生死存亡的关键因素。南北朝时期战火频仍，无数人朝不保夕，“旦执机权，夜填坑谷”。颜之推一生历经南梁、北齐、北周、隋四朝，在刀光剑影中，他不仅保全了身家性命，而且还在每个朝代都做官任职。在我国古代，士大夫以“不事二君”作为衡量美德的标准，颜之推却历事四朝君主：南梁时任散骑侍郎，北齐时官至黄门侍郎，齐亡入周，为御史上士，隋开皇中，又被太子召为学士。即使如此，颜之推的为官经历却极少为人诟病，这固然与南北朝时期的特殊历史环境有关，也与颜之推的情商，即为人处世之道密不可分。《颜氏家训》一书，可谓颜之推智商与情商的高度体现。

宋人陈振孙在《直斋书录解题》中评价《颜氏家训》说：“古今家训，以此为祖。”严格来说，“家训”古来有之，如周公《诫伯禽书》、管仲《弟子职》、司马谈《遗训》、马援《诫兄子严敦书》、张奂《诫兄子书》、蔡邕《女训》、诸葛亮《诫子书》等，均以训导家族晚辈为主，符合“家训”的特征，且都比《颜氏家训》要早，但就内容的系统性和全面性而言，《颜氏家训》堪称中国传统家训的第一部。

《颜氏家训》成书于隋开皇九年（589）以后，颜之推当时已年届六十，教育思想和学术思想均已达纯熟之境。他将自己对世态人情的感悟、对读书为学的认识化为七卷二十篇。正如他自己所说，他写这本书的初衷，是为了“整齐门内，提撕子孙”。颜之推一生饱受战乱之苦，深谙人情世故，所以《颜氏家训》中没有泛泛空谈，也没有夸张伪饰，全书或警示，或告诫，或劝勉，或鞭策，谆谆教诲，无非是希望子孙能够安身立命，家族能够永保安宁，换而言之，《颜氏家训》其实是颜之推留给子孙的一本乱世生存指南。他提倡中庸之道，认为做人不要锋芒毕露，做官最好做中等之官；他务实重行，认为人一定要掌握一技之长，以保证在逆境中也能谋生；他推崇实干，反对空谈，对南北朝盛行的清谈之风予以批判；他主张不多言，不多事，安本职，守本分……虽然全书都在极力教导子孙避免祸患，保全性命，但颜之推绝非毫无原则的贪生怕死之徒，正如他在《养生》篇中所说的那样，“生不可不惜，不可苟惜”，因贪欲而伤生致死，完全不值；因忠孝仁义而丧身泯躯，则在所不辞。颜之推见多识广，治学严谨，他在《文章》《书证》《音辞》《杂艺》等篇章中留下了大量的学术论证，体现了他在文字学、音韵学、校勘学等方面深厚的造诣。受其影响，颜氏子孙中名人辈出，仅唐代就有颜师古、颜杲卿、颜真卿等人，均赫赫有名。诚然，在我们今天看来，颜之推的某些观点已成“偏见”，但是在他的那个时代，一切都是合理的，也是真实的。

《北史》记载：“有文集三十卷，撰《家训》二十篇，并行于世。”《旧唐书·经籍志》：“《家训》七卷，颜之推撰。”《新唐书·艺文志》：“《颜氏家训》七卷，颜之推。”唐代即有《颜氏家训》抄本流传，宋代有淳熙台州公库本，明代有颜嗣慎本、程荣《汉魏丛书》本，清代有朱轼评点本、黄叔琳刻节抄本、卢文弨刻《抱经堂丛书》、《四库全书》

本，今有王利器《颜氏家训集解》、程小铭《颜氏家训全译》等等。其中王利器本附宋、明、清各本序跋及《北齐书·颜之推传》《颜氏家训》佚文、《颜之推集》辑佚，最为完备。但该本较侧重于学术研究，没有进行全文翻译。笔者此次所校《颜氏家训》，即以王利器本二十篇为底本，疑点、难点也多有参考之处。

“时危见臣节，世乱识忠良。”在南北朝历史上，颜之推没有成为传统意义上叱咤风云的英雄人物，但是他留下的这本《颜氏家训》，却经受住了时间的洗礼，至今仍然具有借鉴意义，从这个角度来看，颜之推这个人，无疑称得上是一个高洁、文雅、理智、特具远见卓识的人。

目 录

卷三

卷四

卷五

卷六

卷七

卷一

序致第一

导读

本篇是全书的序言，交代了该书的主要写作目的，即“整齐门内，提撕子孙”。颜之推深知言传身教的力量胜过师友的训诫和尧舜的道义，因此开篇就说明自己所讲的并不是什么大道理，而是自己平生关于治家、处世、为学等方面的亲身体会。颜之推谈到自己孩提时期跟随兄长学习规矩，蒙受长辈们的教诲，接受了较为完善的启蒙教育；九岁丧父以后，家道中落，尽管兄长爱护有加，但是“有仁无威，导示不切”，致使他少年时期不修边幅、狂妄自大；到了十八九岁，虽然渐渐明理，但身上沾染的坏习惯却一时之间难以消除；一直到了二十多岁，才终于懂得控制自己的情绪，检视自己的过失。颜之推以亲身经历说明“无教”的后果有多严重，并强调家庭教育的重要性，以警示子孙后代。

原文

夫圣贤之书，教人诚孝[1]，慎言检迹，立身扬名，亦已备矣。魏、晋已来，所著诸子，理重事复，递相模敩[2]，犹屋下架屋，

译文

圣贤们的书籍，教人忠诚孝顺，在谨慎言语、检点行为、立身行道、扬名后世等方面，都已经论述得非常详备了。自魏晋以来，阐述诸子典籍的书，事理重复，互相模仿效法，如同在屋子里面

床上施床耳。吾今所以复为此者,非敢轨物范世也,业以整齐门内,提撕[3]子孙。夫同言而信,信其所亲;同命而行,行其所服。禁童子之暴谑[4],则师友之诫不如傅婢[5]之指挥;止凡人之斗阋[6],则尧、舜之道不如寡妻[7]之诲谕。吾望此书为汝曹[8]之所信,犹贤于傅婢寡妻耳。

再建屋子、床上面再放床一样。我今天之所以也写这样的书,并不敢为世人树立什么轨范,不过是用来整顿自家门风、教导子孙后辈而已。同样的道理,人们愿意听取自己亲近的人的言语;同样的事,人们愿意遵从自己信服的人的指示。想要杜绝孩童的过分淘气,师友的训诫还不如侍婢的指教管用;想要禁止人与人之间的争斗,尧、舜的道义还不如他们自己妻子的诱导管用。我希望这本家训可以让你们信服,能胜过侍婢和妻子的劝谕就够了。

注释

1 诚孝:忠诚孝顺。
2 模敩(xiào):模仿效法。
3 提撕:提携,教导。
4 暴谑(xuè):过分的玩笑。这里指过于淘气。
5 傅婢:侍婢。
6 斗阋(xì):争斗。
7 寡妻:寡德之妻,谦词。指正妻、嫡妻。
8 汝曹:你们。

原文

吾家风教,素为整密。昔在龆龀[1],便蒙诱诲;每从两

译文

我家的门风教化,素来周整严密。我在孩童时期,便蒙受劝诱教

兄，晓夕温清[2]，规行矩步，安辞定色，锵锵翼翼，若朝严君[3]焉。赐以优言，问所好尚，励短引长，莫不恳笃[4]。年始九岁，便丁荼蓼[5]，家涂[6]离散，百口索然。慈兄鞠养[7]，苦辛备至；有仁无威，导示不切。虽读《礼传》[8]，微爱属文[9]，颇为凡人之所陶染，肆欲轻言，不修边幅。年十八九，少知砥砺[10]，习若自然，卒难洗荡[11]。二十已后，大过稀焉；每常心共口敌，性与情竞，夜觉晓非，今悔昨失，自怜无教，以至于斯。追思平昔之指[12]，铭肌镂骨，非徒古书之诫，经目过耳也。故留此二十篇，以为汝曹后车[13]耳。

诲；跟随两位兄长，早晚嘘寒问暖，行动遵规守矩，言谈气定神闲，恭敬谦和，像侍奉父母一样。长辈们褒奖我做得好的地方，询问我的喜好，鼓励我弥补短处，引导我发挥长处，全都非常恳切。我刚刚九岁，父亲便去世了，家业衰败，家族离散。慈爱的兄长抚养我，费尽苦心；但是他有仁爱而无威严，引导和教示都有所不足。我虽然读了《礼记》，有些喜欢写文章，但受普通人影响很多，言语轻率，随心所欲，不修边幅。到了十八九岁，稍微受到一些磨炼，然而不好的习性已经成为自然，一时难以彻底根除。二十岁以后，大错才逐渐少了；我常常在心与口之间挣扎，在习性与情理之间争斗，夜晚回想早晨的谬误，今天追悔昨天的过失，自怜都是因为缺乏教导，所以才造成这样顾此失彼的局面。我追思平生的心得体会，刻骨铭心，并非像古书上的训诫之辞那样只是经目过耳。所以我留下这二十篇家训，作为你们的鉴诫。

注释

1 龆龀(tiáo chèn)：儿童乳齿脱落，更换新齿的年纪。即童年，或指儿童。

2 凊(qìng):清凉,寒冷。

3 严君:父母之称,或指父亲。

4 恳笃:恳切。

5 荼蓼(tú liǎo):荼和蓼,指田野沼泽间的杂草。荼味苦,蓼味辛,比喻艰难困苦。这里指丧父。

6 家涂:又作"家途"。指家庭境况。

7 鞠养:养育,抚养。

8《礼传》:指《礼记》。

9 属文:撰写文章。

10 砥砺(dǐ lì):磨刀石。指磨炼,锻炼。

11 洗荡:去除,根除。

12 指:意旨,意向。这里指心得体会。

13 后车:鉴诫。

教子第二

导读

本篇主要谈论为人父母应该如何正确的教育子女。颜之推的教育理念主要有以下四种:一是启蒙教育至关重要,包括胎教、幼教,都要有礼有节。二是为人父母,对待子女要"威严而有慈",像魏夫人那样严谨方正,孩子才能够成就一番大业;不能"无教而有爱",像梁元帝时某学士的父亲那般过分的宠爱,只会葬送了孩子的性命。三是父母对所有子女要一视同仁,不能偏宠。像共叔段、赵王如意那样的命运悲剧,实际上都是由父母的偏爱造成的。四是父母要教育子女树立正确的价值观,不能以谋求官职和取悦权贵为学习目的。其中将学习鲜卑语和琵琶作为反例,是因时代所限,当时北齐权贵大多为鲜卑族,如果精通这两种技能,就等于拿到了入仕的敲门砖。

原文

上智[1]不教而成,下愚[2]虽教无益,中庸[3]之人,不教不知也。古者,圣王有胎教之法:怀子三月,出居别宫,目不邪视,耳不妄听,音声滋味,以礼节之。书之玉版,藏诸金匮[4]。子生咳𪡏[5],师保[6]固明孝仁礼义,导习之矣。凡庶[7]纵不能尔,当及婴稚,识人颜色,知人喜怒,便加教诲,使为则为,使止则止。比及数岁,可省笞罚。父母威严而有慈,则子女畏慎而生孝矣。吾见世间,无教而有爱,每不能然;饮食运为[8],恣[9]

译文

聪明而有悟性的人,不用教育即可成材;心智愚钝的人,即使教育也没有什么用;中等材质的人,不教育则不明白事理。古时候,圣王有胎教的方法:当怀孕三个月时,搬到专门的居所,眼睛不乱看,耳朵不乱听,音乐和饮食都遵照礼仪加以节制。这些方法都被写在玉版上,藏在金柜中。在子女年幼时期,师保就要引导他们学习孝仁礼义。平常百姓家即使做不到这样,也要从小对孩子进行教育,教他们辨识大人的脸色,知道人们的喜怒,该做的事便做,不该做的事便不做。如此一来,等到他长大时,就可以省去许多拷打责罚。父母如果威严而慈爱,子女就会戒惕谨慎,从而产生孝顺之心。我看人世间那些不知教育而一味溺爱的父母,通常做不到这些。他们对子女的饮食和行为全都放任自流,应该惩戒的时候反而奖赏,应该呵责的时候反而欢笑,等到子女懂事

其所欲，宜诫翻[10]奖，应诃反笑，至有识知[11]，谓法[12]当尔。骄慢已习，方复制之，捶挞至死而无威，忿怒日隆而增怨，逮于成长，终为败德。孔子云"少成若天性，习惯如自然"[13]是也。俗谚曰："教妇初来，教儿婴孩。"诚哉斯语！

时，以为理当如此。骄横怠慢的习性已经养成，才去约束制止，就算把他们打死，也难以树立父母的威信了。父母的愤怒之心日益滋长，子女的怨恨之意也逐渐增多，等到他们长大，终究难免成为道德败坏的人。孔子说"小时候养成的习惯就像人的天性一样自然"就是这个道理！俗话说："教导妇人要在刚娶进门时，教导子女要在婴儿时。"说的真是一点也没错！

注释

1 上智：上等智慧。指聪明而有悟性的人。
2 下愚：下等智慧。指心智愚钝的人。
3 中庸：中等材质。指普通人。
4 金匮(guì)：铜制的柜子。"匮"，"柜"的古字。
5 咳哫：即孩提。"咳"，通"孩"。
6 师保：教育、辅导太子的官。
7 凡庶：一般老百姓，平民，平常人。
8 运为：行为。
9 恣：放任，放纵。
10 翻：反而。
11 识知：知识，见识。
12 法：道理，规矩。
13 见《汉书·贾谊传》。

原文

凡人不能教子女者，亦非欲陷其罪恶；但重[1]于诃怒，伤其颜色，不忍楚挞[2]惨其肌肤耳。当以疾病为谕，安得不用汤药针艾[3]救之哉？又宜思勤督训者，可愿苛虐于骨肉乎？诚不得已也。

译文

不懂教育子女的那些人，并不是想要陷子女于罪恶；只不过是不想看到他们因受责罚而神情沮丧，不忍心使他们因遭杖打而肌肤疼痛罢了。就像人生病了一样，怎能不用汤药和针艾进行治疗呢？那些经常督促训导子女的父母，愿意残忍地对待自己的亲生骨肉吗？实在是不得已啊！

注释

1 重：难的意思。

2 楚挞（tà）：鞭打，杖打。

3 针艾：中医谓以针刺和以艾灼穴位。

原文

王大司马[1]母魏夫人，性甚严正；王在湓城[2]时，为三千人将，年逾四十，少不如意，犹捶挞之，故能成其勋业。梁元帝时，有一学士，聪敏有才，为父所宠，失于教义：一言之是，遍于行路，终年誉

译文

王大司马的母亲魏夫人，性格非常严肃公正；王僧辩在湓城的时候，是统管三千人的将领，年纪也过了四十，稍微有不称意的地方，魏夫人还会责打教训他，正因为此，王僧辩才能够成就一番大业。梁元帝时，有一名学士，自小聪明而有才智，被他的父亲深深宠爱，因而疏于管教：如果他有一句话说得漂亮，他父亲逢人便讲，一年到头地夸奖他，恨不得天下人

之；一行之非，掩藏文饰，冀其自改。年登婚宦[3]，暴慢[4]日滋，竟以言语不择，为周逖抽肠衅鼓[5]云。

都知道；如果他有一件事做得不对，他父亲则替他遮掩粉饰，希望他能够自我改正。这名学士成年以后，凶暴傲慢的习气日益增长，最后因为言语不检点，被周逖杀掉，抽出肠子，将血涂抹在战鼓上。

注释

1 王大司马：即王僧辩，字君才，南朝梁名将。
2 湓(pén)城：在今江西九江。
3 婚宦：结婚与做官。这里指成年。
4 暴慢：凶暴傲慢。
5 衅鼓：古代战争时用牲血或人血涂鼓，以祭祀神灵。

原文

父子之严，不可以狎；骨肉之爱，不可以简。简则慈孝不接[1]，狎则怠慢生焉。由命士[2]以上，父子异宫，此不狎之道也；抑搔痒痛，悬衾箧枕[3]，此不简之教也。或问曰："陈亢[4]喜闻君子之远其子，何谓也？"对曰："有是也。盖君子之不亲教其子也，《诗》有讽刺之辞，

译文

父亲与子女之间要有威严，不可以狎昵；骨肉之间要有爱，不可以简慢。简慢则慈爱与孝顺之意无法传达，狎昵则怠慢之心滋生。有命士以上爵位者，父子要分别住在不同的院子里，这是避免狎昵的途径；替长辈抓痒止痛、晾晒被褥、收拾枕头，这是防止简慢的方法。有人问："陈亢很高兴听到君子与自己的孩子保持距离的事，这是为什么呢？"我的回答是："这样很好。大约君子不亲自教授自己的孩子，《诗经》有讽刺

《礼》有嫌疑之诫,《书》有悖乱之事,《春秋》有邪僻之讥,《易》有备物之象:皆非父子之可通言,故不亲授耳。”

的诗句,《礼记》有猜疑的告诫,《尚书》有惑乱悖逆的事,《春秋》有乖谬不正的讥诮,《易经》有备办各种器物的卦象:这些都不是父子之间可以互通的言论,所以父亲不亲自教授子女。”

注释

1 接:传达。

2 命士:古代称有爵命的士。见《礼记·内则》:“由命士以上,父子皆异宫。”

3 悬衾箧(qiè)枕:将被子晾晒起来,将枕头收进箱子里。

4 陈亢:字子亢,一字子禽,春秋时期陈国人。孔门七十二贤之一。

原文

齐武成帝子琅邪王[1],太子[2]母弟也,生而聪慧,帝及后并笃爱之,衣服饮食,与东宫[3]相准。帝每面称之曰:“此黠儿[4]也,当有所成。”及太子即位,王居别宫,礼数优僭[5],不与诸王等;太后犹谓不足,常以为言。年十许岁,骄

译文

齐武成帝第三子琅邪王高俨,是太子高纬的同母弟弟。高俨生来聪慧,皇帝和皇后对他厚爱有加,他的饮食穿戴,都和太子一样。武成帝每每当面称赞他:“这是个聪明的孩子,将来一定能成大器。”等到太子即位,琅邪王被迁居到别处,所享受的待遇还是超越本分,不和其他几名兄弟相同;尽管如此,太后还是嫌不够,经常为此向皇上念叨。高俨长到十岁左右时,态度骄纵,不懂节制,吃穿用度,全都要向已经当上皇帝的高纬看齐。有一次,他到南殿朝拜皇上,刚

恣无节，器服玩好，必拟乘舆[6]；常朝南殿，见典御[7]进新冰，钩盾[8]献早李，还索不得，遂大怒，訽[9]曰："至尊已有，我何意无？"不知分齐[10]，率皆如此。识者[11]多有叔段[12]、州吁[13]之讥。后嫌宰相[14]，遂矫诏[15]斩之，又惧有救，乃勒麾下军士，防守殿门；既无反心，受劳而罢，后竟坐此幽薨[16]。

好看见典御官和钩盾令进献了新鲜的冰块、早熟的李子，回去以后，他马上派人去要，结果皇上没有答应给他，于是高俨大发脾气，骂道："凭什么皇上有，而我却没有？"不知分寸到这般田地。当时的一些有识之士大都讥讽他像春秋时期的共叔段、州吁一样。后来，高俨讨厌宰相和士开，于是假传诏书斩杀他，又担心有人来救，就命令手下军士把守宫殿的大门。其实高俨根本没有谋反之心，受到安抚之后很快就撤兵了。尽管如此，后来，他还是因此被囚禁而死。

注释

1 琅邪王：高俨，字仁威，武成帝第三子。
2 太子：高纬，字仁纲，武成帝次子。
3 东宫：太子的居所。借指太子。
4 黠(xiá)儿：聪慧的儿童。
5 优僭(jiàn)：超越本分。
6 乘舆：皇帝或诸侯所用的车舆。借指皇帝。
7 典御：职官名。掌管御膳。
8 钩盾：职官名。掌管园苑游观之事。
9 訽：辱骂。
10 分齐：分际，分寸。
11 识者：有识之士。

12 叔段：即共叔段。

13 州吁：姬姓，卫氏，名州吁，卫庄公之子，卫桓公异母弟。

14 宰相：当时宰相名和士开，字彦通。

15 矫诏：假托或假传皇帝诏书。

16 幽薨(hōng)：指王侯被囚禁而死。

原文

人之爱子，罕亦能均；自古及今，此弊多矣。贤俊者自可赏爱，顽鲁者亦当矜怜[1]，有偏宠者，虽欲以厚之，更所以祸之。共叔之死[2]，母实为之。赵王之戮[3]，父实使之。刘表[4]之倾宗覆族，袁绍[5]之地裂兵亡，可为灵龟[6]明鉴也。

译文

人们疼爱自己的孩子，很少能做到一视同仁；从古至今，这方面的弊端非常多。贤良俊秀的孩子自然招人赏识喜爱，顽劣愚钝的孩子也应当受到怜悯，有的人偏爱独宠一个孩子，看似是厚待他，其实却在为他招致祸害。共叔段的死，实际上是他母亲导致的。赵王如意被杀，其实是他父亲一手造成的。刘表之所以倾宗覆族，袁绍之所以地裂兵亡，都是有征兆的，像明镜一样可以作为借鉴。

注释

1 矜怜：怜悯，同情。

2 共叔之死：共叔即共叔段。姬姓，名段(一说名叔段)，春秋时期郑国人，郑武公的小儿子，郑庄公的同母弟弟。因为郑庄公是难产而生，叔段是顺产而生，所以其母武姜非常偏爱叔段，屡次请立叔段为太子，郑武公不同意。郑庄公即位后，叔段受封京城，故称京城太叔或太叔段。后来，武姜试图帮助叔段图谋叛乱。郑庄公在叔段未公开反叛之前，便得知消息，于是派兵攻打并击败叔段，叔段逃到共地，故称共叔段。

共叔段最终死在他国。

3 赵王之戮:赵王即汉高祖刘邦的小儿子刘如意,为刘邦晚年宠妃戚夫人所生。刘邦偏爱如意,想要废掉太子刘盈而改立如意为太子。后经刘盈的母亲吕后和众大臣劝说,没有实施。刘邦死后,吕后便杀了如意。

4 刘表:字景升,山阳高平(今山东微山西北)人。东汉末年宗室、名士,汉末群雄之一。

5 袁绍:字本初,汝南汝阳(今河南商水西北)人。东汉末年军阀,汉末群雄之一。

6 灵龟:大龟,其甲可以用来占卜。这里指征兆。

原文

齐朝有一士大夫,尝谓吾曰:"我有一儿,年已十七,颇晓书疏[1],教其鲜卑语及弹琵琶,稍欲通解,以此伏事公卿,无不宠爱,亦要事也。"吾时俯而不答。异哉,此人之教子也!若由此业,自致卿相,亦不愿汝曹为之。

译文

齐国有一个士大夫曾经对我说:"我有一个儿子,现在十七岁了,善于书写文书。教他说鲜卑语和弹奏琵琶,他稍微用点心,就很快都掌握了。将来凭这些技艺在王公大臣们属下任职,一定没有人不宠爱他,这也算是一个要诀吧。"我当时低头不语,没有回答他。奇怪啊!这个人用这种方法来教育孩子。如果从事这些职业,就算最终当上大臣宰相,我也不愿意你们去学。

注释

1 书疏:奏疏,信札。

兄弟第三

导读

本篇主要谈论手足之情。颜之推认为兄弟关系是无可替代的，兄弟从小同食同住，同游同学，自然亲密无间；然而等到长大成人，各自娶妻生子以后，关系难免有所疏远，要尽量避免这种情况出现。兄弟失和，会导致整个家族衰败。哥哥爱护弟弟，要如同爱护自己的孩子；弟弟尊敬哥哥，要如同尊敬父亲。像沛国的刘瓛、刘琎两兄弟和江陵的王玄绍、王孝英、王子敏三兄弟那样，兄弟之间自然就不会有裂痕。相对于对手足之情的肯定和重视，颜之推对夫妇关系和妯娌关系则完全持否定态度：一是认为妻妾的存在会淡化兄弟之情，甚至不惜将妻妾比作摧毁房屋的鼠雀和风雨；二是认为妯娌之间的淡漠会影响兄弟之间的亲密；三是认为妯娌之间本来就是陌生人，又各怀私心，很难和睦共处。在此基础上，颜之推主张妯娌们扩充自己的仁爱之心，把兄弟的孩子当作自己的孩子一样抚养，以避免家庭矛盾的产生。本篇在积极倡导兄友弟恭的同时，明显地表露出对女性的轻视，宗法制度下的女性社会地位从中可以窥见一斑。

原文

夫有人民而后有夫妇，有夫妇而后有父子，

译文

有人类然后才有夫妇，有夫妇然后才有父子，有父子然后才有兄弟：一个家

有父子而后有兄弟:一家之亲,此三而已矣。自兹以往,至于九族,皆本于三亲焉,故于人伦为重者也,不可不笃[1]。兄弟者,分形连气之人也,方其幼也,父母左提右挈,前襟后裾,食则同案,衣则传服,学则连业,游则共方[2],虽有悖乱之人,不能不相爱也。及其壮也,各妻其妻,各子其子,虽有笃厚之人,不能不少衰也。娣姒[3]之比兄弟,则疏薄矣;今使疏薄之人,而节量[4]亲厚之恩,犹方底而圆盖,必不合矣。惟友悌深至,不为旁人之所移者,免夫!

庭的亲人,有这三种就足够了。从这里往前追溯,一直到九族之上,根源都来自于"三亲",所以它对人伦关系非常重要,不能不笃厚。兄弟之间,形体分离而气息相连,当他们年幼的时候,父母左手牵一个,右手牵一个,一个抓着父母的前襟,一个抓着父母的后裾,在同一张桌子上吃饭,哥哥穿过的衣服给弟弟穿,学习用的是同一本书,在同一个地方玩耍,虽然也有不听话乱来的人,但兄弟之间依然相亲相爱。等到长大成人,各自娶妻生子,开始宠爱自己的妻子,疼爱自己的孩子,虽然也有心性忠实厚道的人,但兄弟之情还是会渐渐变淡。妯娌之间的关系比起兄弟而言,就更为疏远淡薄了;现在用疏远淡薄的妯娌关系来左右亲密深厚的兄弟之情,就如同给方底的锅加上圆形的盖,肯定是不合适的。兄弟之间只有非常相亲相爱,不被旁人所影响,才能避免出现这种情况!

注释

1 笃:一心一意,笃厚。

2 共方:同一个地方。

3 娣姒(dì sì):妯娌。

4 节量:节制度量,限量。这里有左右、决定的意思。

原文

二亲既殁[1]，兄弟相顾，当如形之与影，声之与响；爱先人之遗体[2]，惜己身之分气[3]，非兄弟何念哉？兄弟之际，异于他人，望深则易怨，地[4]亲则易弭[5]。譬犹居室，一穴则塞之，一隙则涂之，则无颓毁之虑；如雀鼠之不恤[6]，风雨之不防，壁陷楹[7]沦，无可救矣。仆妾之为雀鼠，妻子之为风雨，甚哉！

译文

双亲去世之后，兄弟之间更加要相互照顾，就像形与影、声与响一样密不可分；爱护从父母身上分离出来的身体，珍惜从父母那儿遗留的血气，谁会像兄弟这样挂念彼此呢？兄弟之间，和别人是不一样的，如果期望过高，就容易产生不满；如果相互亲近，不满就容易消除。就好比房子一样，有一个漏洞就赶快堵住，有一条缝隙就赶快涂盖，这样就不会有倒塌毁坏的风险；如果不忧虑麻雀和老鼠的危害，不提防风雨的侵蚀，就会墙壁倒塌、楹柱摧折，以至于没有办法补救。仆妾比起雀鼠，妻子比起风雨，其危害更加严重！

注释

1 殁(mò)：死亡，去世。

2 先人之遗体：代指兄弟和自身。因为都是父母所生，等于是从父母身上分离遗留下来的。

3 己身之分气：指兄弟，因为自身和兄弟是“连气”，是父母这同一“气”所分。

4 地：居住。这里有相处的意思。

5 弭(mǐ)：消除。

6 恤：忧虑。

7 楹(yíng)：厅堂前部的柱子。

原文

兄弟不睦，则子侄不爱；子侄不爱，则群从[1]疏薄；群从疏薄，则僮仆[2]为仇敌[3]矣。如此，则行路皆踖[4]其面而蹈[5]其心，谁救之哉？人或交天下之士，皆有欢爱，而失敬于兄者，何其能多而不能少也！人或将数万之师，得其死力，而失恩于弟者，何其能疏而不能亲也！

译文

兄弟之间如果不和睦，子侄之间就不会相互爱护；子侄之间不相互爱护，家族子弟之间的关系就会变得疏远淡薄；家族子弟之间疏远淡薄，仆人们就会把对方当作敌人。如此一来，连路人都可以任意侮辱、欺侮他们，又有谁能救助他们呢？有的人可以结交天下有识之士，并且相处融洽，唯独对自己的哥哥缺乏尊敬，怎么对多数人能够做到的，对少数人却做不到呢！有的人可以统领数万人的军队，使属下以死效力，唯独对自己的弟弟不顾恩义，怎么对关系疏远的人能够做到的，对关系亲密的人却做不到呢！

注释

1 群从：指家族子弟。
2 僮仆：仆人。
3 仇敌：仇人，敌人。
4 踖(jí)：践踏。
5 蹈：踏，踩。

原文

娣姒者，多争之地[1]也，使骨肉居之[2]，亦不

译文

妯娌之间容易产生纠纷，即使是亲姐妹成为妯娌，也会有矛盾，因此不如让她们

若各归四海,感霜露而相思,伫日月之相望也。况以行路之人[3],处多争之地,能无间[4]者,鲜[5]矣。所以然者,以其当公务[6]而执私情,处重责而怀薄义也;若能恕己而行[7],换子而抚[8],则此患不生矣。

各自远嫁,感叹霜露的降临而彼此思念,仰观日月的运行而遥相盼望。何况妯娌本来就是陌生人,又处在容易引发争端的环境中,能够不产生嫌隙的,实在是少之又少。之所以这样,是因为她们在处理家族事务时抱着自私的心理,担负着家族重任却一直放不下个人私义。如果她们能够扩充自己的仁爱之心,把兄弟的孩子当作自己的孩子一样抚养,这种祸患就不会产生了。

注释

1 多争之地:容易引发争端的环境。指妯娌之间关系复杂,容易产生矛盾和纠纷。

2 骨肉居之:这里指使亲姐妹成为妯娌。

3 行路之人:陌生人。

4 间:隔阂,嫌隙。

5 鲜:少。

6 公务:指家族内的公共事务。

7 恕己而行:像宽容自己那样去宽容别人。谓扩充自己的仁爱之心。

8 换子而抚:交换抚养孩子。这里指把兄弟的孩子当作自己的孩子一样抚养。

原文

人之事兄,不可[1]同于事父,何怨爱弟不及爱子乎?是反照

译文

弟弟对待兄长,不肯像对待父亲那样,那又何必埋怨兄长对弟弟的爱比不上对自己孩子的爱深厚呢?以此反观,就可以看出

而不明也。沛国[2]刘琎[3]，尝与兄瓛[4]连栋隔壁，瓛呼之数声不应，良久方答；瓛怪[5]问之，乃曰："向来[6]未着衣帽故也。"以此事兄，可以免矣。

自己缺乏自知之明。沛国的刘琎，曾经与哥哥刘瓛住得很近，两家只隔着一道墙壁，有一次，哥哥刘瓛连着呼叫刘琎好几声，刘琎都没有出声，过了很久，才听到他的回应；刘瓛很奇怪，问他为什么这样，他回答说："因为刚才没有穿戴好衣帽。"用这种态度来对待兄长，就不用担心兄长对自己不够爱护了。

注释

1 不可：不肯。

2 沛国：古国名。位于今安徽淮河以北、河南夏邑、江苏沛县一带。

3 刘琎(jìn)：字子璥，沛国相(今安徽濉溪西北)人。南朝齐散文家。

4 瓛(huán)：即刘瓛，字子珪，刘琎兄。南朝齐学者、文学家。

5 怪：奇怪。

6 向来：刚才。

原文

江陵王玄绍，弟孝英、子敏，兄弟三人，特相爱友，所得甘旨[1]新异，非共聚食，必不先尝，孜孜[2]色貌，相见如不足者。及西台[3]陷没，玄绍以形体魁梧，为兵所围；二弟争共抱持，各求代死，终不得解，遂并命[4]尔。

译文

江陵人王玄绍有两个弟弟：孝英、子敏，兄弟三人特别友爱。任何一人得到新奇美味的食物，除非三个人一起吃，否则绝不会先品尝，兄弟间和和美美，见面时仍然觉得有所不足。后来西台沦陷，玄绍因为身材魁梧，被敌兵包围；两个弟弟争着上前，一起抱住玄绍，请求替他受死，但最终没能消解灾难，三人一同被杀害。

注释

1 甘旨:美味的食物。

2 孜孜:和乐貌。

3 西台:台是台省,南北朝时称中央政府为台省。因梁元帝在江陵称帝,江陵在西,故称西台。

4 并命:共死。

后娶第四

导读

本篇主要谈论男子续弦的危害。古代妻妾制度森严,妻和妾的身份地位相差悬殊,正室和妾室所生的子女也有嫡庶之分。颜之推不赞成男子亡妻之后再娶,他认为后娶之妻为保障自己及子女的地位,大多会离间丈夫和继子女间的感情,虐待前妻的孩子。颜之推对江东地区亡妻之后让妾室主持家务的做法表示赞同,认为妾室受制于身份地位,反倒不会对前妻的孩子构成威胁。然而,颜之推所反对的后娶,仅仅指娶妻,并不包括纳妾,这种观念是极其具有时代局限性的。后娶之家的孩子该如何生存?颜之推以《后汉书》中的汝南人薛包为典范。面对父亲和继母的憎恶,薛包以德报怨,最终用行动感动了他们,使自己融入了父亲的新家庭。父母死后,面对弟弟的需索无度,薛包有求必应,这就未免有些不妥,做哥哥的难道不应该教导弟弟吗?在《序致》篇中,颜之推为兄长对自己“有仁无威,导示不切”而懊恼,在本篇却又将薛包的一味纵容树为榜样，这种做法虽然避免了与同父异母兄弟争家产的嫌疑，但本质上却是一种陷人于不义的行径。

原文

吉甫[1]，贤父也，伯奇，孝子也，以贤父御孝子，合得终于天性，而后妻间之，伯奇遂放。曾参[2]妇死，谓其子曰："吾不及吉甫，汝不及伯奇。"王骏丧妻，亦谓人曰："我不及曾参，子不如华、元[3]。"并终身不娶，此等足以为诫。其后，假继[4]惨虐孤遗，离间骨肉，伤心断肠者，何可胜数。慎之哉！慎之哉！

译文

吉甫是贤明的父亲，伯奇是孝顺的儿子，以贤明的父亲管教孝顺的儿子，应该能够使父子之情始终如一，然而由于后妻的挑拨离间，伯奇还是被流放了。曾参在妻子去世后没有再娶，他对儿子说："我没有吉甫那样贤明，你也不像伯奇那样孝顺。"王骏在妻子去世后，对别人说："我不如曾参贤明，我的儿子也不如曾华和曾元。"他们都终身没有再娶，这些事例已经足够引以为戒了。在曾参、王骏之后，继母虐待前妻的孩子，离间父子的骨肉亲情，令人伤心断肠的事，实在数不胜数。慎重啊！慎重啊！

注释

1 吉甫：指周宣王的大臣尹吉甫，一作吉父，兮氏，名甲，尹是官名。有子伯奇、伯封。相传尹吉甫因听信了后妻的虚假言辞，放逐了长子伯奇。

2 曾参：即曾子，名参，字子舆，春秋末年鲁国人，孔子的弟子之一。

3 华、元：即曾参的儿子曾华、曾元。

4 假继：后母，继母。

原文

江左[1]不讳庶孽[2]，丧室之后，多以妾媵[3]终家事；疥癣蚊虻[4]，或未能免，限以大分[5]，故稀斗阋之耻。河北[6]鄙于侧出[7]，不预人流[8]，是以必须重娶，至于三四，母年有少于子者。后母之弟，与前妇之兄，衣服饮食，爰及婚宦，至于士庶[9]贵贱之隔，俗以为常。身没之后，辞讼盈公门，谤辱[10]彰道路，子诬母为妾，弟黜[11]兄为佣，播扬先人之辞迹，暴露祖考[12]之长短，以求直己者，往往而有。悲夫！自古奸臣佞妾，以一言陷人者众矣！况夫妇之义，晓夕移之，婢仆求容[13]，助相说引，积年累月，安有孝子乎？此不可不畏。

译文

江东地区不忌讳妾生的子女，正妻去世之后，大多让侍妾主持家务；细小的矛盾或许无法避免，但是因为侍妾有地位和名分的限制，所以兄弟内斗等耻辱的事很少会发生。黄河以北的地区鄙视妾生的子女，不让他们参与家庭事务，丧妻之后，必须重娶，甚至反复再娶三四次，有的母亲比孩子的年龄还要小。后母的孩子和前妻的孩子，在衣服饮食和婚娶做官等方面，甚至像尊贵的士人和低贱的普通百姓一样有着天壤之别，但人们对此却习以为常。等到父亲去世之后，诉讼充斥公堂，辱骂填满道路，前妻的子女诬蔑后母是小妾，后母的孩子贬斥前妻的孩子为奴仆，他们四处宣扬前人的言辞行迹，暴露祖先的长短，以此来证明自己是对的，这种情况常常出现。真是可悲啊！从古至今，奸诈的臣子和奸佞的妾室，用一句话就陷害了他人的非常多。何况后妻凭着夫妻之间的情义，从早到晚不断说服，想办法改变男人的心意，再加上婢仆为了取悦主人，也帮着劝说引诱，积年累月，哪里还会有孝子呢？对此不能不畏惧。

注释

1 江左：古时在地理上以东为左，江左即江东，指长江下游南岸地区。
2 庶孽（niè）：妾所生的孩子。
3 妾媵（yìng）：侍妾。
4 疥癣蚊虻：疥，疥疮。癣，癣病。蚊虻，一种危害牲畜的虫类。“虻”，同“虻”。这里均指微不足道的小问题。
5 大分：这里指地位和名分等。
6 河北：泛指黄河以北的地区。
7 侧出：旁出。指妾所生的孩子。
8 人流：指有某种社会地位的同类人。这里指家庭或社会事务。
9 士庶：士人和普通百姓。
10 谤辱：责骂，辱骂。
11 黜：贬斥，轻贱。
12 祖考：已故的祖父；祖先。
13 求容：取悦。

原文

凡庸之性[1]，后夫多宠前夫之孤，后妻必虐前妻之子；非唯妇人怀嫉妒之情，丈夫有沉惑之僻[2]，亦事势使之然也。前夫之孤，不敢与我子争家，提携鞠养，积习生爱，故宠之；前妻之子，每居己生之上，宦学

译文

一般人的秉性，后夫大多宠爱前夫的孩子，后妻却必然会虐待前妻的孩子；这并不仅仅是因为妇人怀有嫉妒的性情，丈夫有昏沉迷惑的偏好，而是由事物发展的情势造成的。前夫的孩子不敢和自己的孩子争夺家产，从小照顾养育，日久生情，所以宠爱他；前妻的孩子，地位往往比自己的孩子高，在做官、求学、婚嫁等大事上，处处都要提防，所以虐待

婚嫁，莫不为防焉，故虐之。异姓[3]宠则父母被怨，继亲虐则兄弟为仇，家有此者，皆门户之祸也。

他。异姓的孩子受宠，做父母的就要被埋怨；后母虐待前妻的孩子，兄弟之间就会变成仇敌。家中只要有这些情况，都是家庭的祸患。

注释

1 性：秉性。

2 僻：通“癖”。

3 异姓：指前夫的孩子。

原文

思鲁[1]等从舅[2]殷外臣，博达之士也。有子基、谌，皆已成立[3]，而再娶王氏。基每拜见后母，感慕呜咽，不能自持，家人莫忍仰视。王亦凄怆，不知所容，旬月[4]求退，便以礼遣，此亦悔事[5]也。

译文

思鲁他们的表舅殷外臣，是个博学通达的读书人，有殷基、殷谌两个孩子，都已经长大成人，殷外臣又娶了王氏为妻。殷基每次拜见后母，都因感念思慕生母而伤心哭泣，无法控制，家人都不忍心抬头看他。王氏也感到凄惨悲伤，不知道该怎么办才好，不到一个月，王氏就要求退婚，殷家便按照礼数把王氏送回了娘家，这也算是一件遗憾的事。

注释

1 思鲁：即颜之推的长子颜思鲁，字孔归。

2 从舅：母亲的叔伯兄弟。

3 成立：长大成人。

4 旬月：十天至一个月。指很短的日期。

5 悔事：引以为憾的事。

原文

《后汉书》曰："安帝[1]时，汝南薛包孟尝，好学笃行，丧母，以至孝[2]闻。及父娶后妻而憎包，分出之。包日夜号泣，不能去，至被殴杖。不得已，庐于舍外，旦入而洒埽。父怒，又逐之，乃庐于里门[3]，昏晨不废。积岁余，父母惭而还之。后行六年服，丧过乎哀。既而弟子求分财异居，包不能止，乃中分其财：奴婢引其老者，曰：'与我共事久，若不能使也。'田庐取其荒顿[4]者，曰：'吾少时所理，意所恋也。'器物取其朽败[5]者，曰：'我素所服食，身口所安也。'弟子数破其产，还复赈给[6]。

译文

《后汉书》有一则故事："安帝时，汝南有一个人叫薛包，字孟尝，爱好学习，品行端正，薛包的母亲去世了，薛包对父亲极尽孝道，并因孝道而有名。后来，薛包的父亲娶了后妻，开始憎恶薛包，要和他分家。薛包日夜痛苦哀求，不肯离开，以至于被他父亲用杖殴打。没有办法，薛包就在父母的房子外面搭了间小屋，早晨还是到父亲那里打扫庭院。父亲看到薛包很生气，再次赶他走，薛包只好搬到里门旁，早晚依然到父母那里请安问好。过了一年多，父母感到很惭愧，就让薛包搬回家里居住。父母去世以后，薛包守丧六年，非常哀痛。不久，弟弟要求分家另住，薛包无法阻止，就把家产分成了两半：奴婢留下年老的，说：'这些都是和我共事很久的人，怕你使唤不了。'田地和房屋选取荒废的，说：'这些都是我自小经营的，心里有所留恋。'器物都要破旧的，说：'这些都是我平时使用的，身体和口腹都觉得习惯。'分家后，弟弟数次败家破产，薛包都给予救济。建光年间，官府特地派专车召请薛包，并任命他为侍中。薛

建光中，公车[7]特征[8]，至拜侍中。包性恬虚[9]，称疾不起[10]，以死自乞。有诏赐告归也。”

包生性恬淡，推称有病在身，不肯出任，宁可求死，朝廷只得下诏书准许他回家养病。”

注释

1 安帝：汉安帝刘祜。

2 至孝：极尽孝道。

3 里门：闾里的门。古代同里的人家聚居一处，设有里门。

4 荒顿：荒废。

5 朽败：腐朽，破旧。

6 赈给：救济施与。

7 公车：官府的车马。

8 征：征召。

9 恬虚：恬淡冲虚。

10 不起：不出任官职。

治家第五

导读

本篇主要谈论治家方法。在我国古代，父慈子孝、兄友弟恭、夫义妇顺一直是衡量一个成功家庭的重要标准，基于此，颜之推提出了一系列治家方法，主要归结为以下几点：一、体罚不应该取消。自古以来，“棍棒之下出孝子”这一观念就在社会上广为流传,《教子》篇中已经对此阐述得很详细。二、施而不奢,俭而不吝。颜之推主张居家过日子要躬俭节用,帮助亲友则要尽力而为。治家过于严刻,为人过于吝啬,就可能会像梁孝元时的那个中书舍人一样被自己的妻妾杀害,或像邺下的那个领军一样导致诸子争财。三、妇女不能干政主事。颜之推认为妇女应该注重纺织、刺绣、裁制衣裳等手艺,照顾家人的饮食起居,至于应酬交际方面的事,最好不要参与,甚至连“为夫诉屈”都是不得体的,是牝鸡司晨之举。这些观点全都带有清晰的时代烙印,无疑是应该被摒弃的。但是颜之推同时也对重男轻女这一社会现象表示出无奈,并表达了对女孩儿卑贱地位的同情。四、婚姻素对。颜之推主张婚配的主要条件是身家清白,不能把婚姻当成买卖去算计门户高低,计较家产厚薄。五、爱护书籍。六、禁止迷信活动。颜之推信奉佛教,在《归心》篇中说“家世归心,勿轻慢也”,但他反对迷信活动,禁止谈论巫婆神汉,也不做设道场祈福那种事。

原文

夫风化[1]者,自上而行于下者也,自先而施于后者也。是以父不慈则子不孝,兄不友则弟不恭,夫不义则妇不顺矣。父慈而子逆,兄友而弟傲,夫义而妇陵[2],则天之凶民[3],乃刑戮[4]之所摄,非训导之所移也。

译文

所谓风俗教化,是从上推行到下的,也是先人影响后人的。所以父亲不慈爱,子女就会不孝顺;哥哥不友爱,弟弟就会不恭敬;丈夫不仁义,妻子就会不和顺。如果父亲慈爱而子女忤逆,哥哥友爱而弟弟傲慢,丈夫仁义而妻子凶悍,那就是天生的凶顽之人,要靠刑罚诛戮来震慑,而不是靠训导来改变了。

注释

1 风化：风俗教化。

2 陵：侵犯，欺侮。这里指凶悍、强悍。

3 凶民：凶顽之民。

4 刑戮：刑罚和诛戮。

原文

笞怒[1]废于家，则竖子[2]之过立见；刑罚不中，则民无所措手足。治家之宽猛，亦犹国焉。

译文

家庭如果取消了体罚，孩子们的过失立刻就会出现；刑罚如果使用不当，百姓们就会感到惊慌。治家的宽严标准，和治理国家是一样的。

注释

1 笞怒：笞，鞭笞。怒，怒骂。这里指体罚。

2 竖子：竖，童仆未冠者。这里指未成年的孩子。

原文

孔子曰："奢则不孙，俭则固；与其不孙也，宁固。"[1]又云："如有周公之才之美，使骄且吝，其余不足观也已。"[2]然则可俭而不可吝已。俭者，省约为礼之谓也；吝者，穷急不恤之谓也。今有施则

译文

孔子说："奢侈就会不恭，节俭就会寒酸；与其不恭，宁可寒酸。"又说："假使一个人骄傲而又吝啬，就算他有周公那样卓越的才能，也是不值一提的。"既然如此，那就应该节俭而不应该吝啬。节俭，是合乎礼的节省；吝啬，是对困难危急也不体恤。现在愿意施舍的人容易奢侈，节俭的人又容易吝啬。假

奢，俭则吝；如能施而不奢，俭而不吝，可矣。

如能够做到施舍而不奢侈，节俭而不吝啬，那就可以了。

注释

1 不孙：即不恭敬、越礼。孙，通“逊”。下同。 固：固陋，鄙陋，寒酸。见《论语·述而》。

2 周公：姓姬名旦，周文王的儿子，武王的弟弟，曾辅佐周武王东伐纣王，并制作礼乐。见《论语·泰伯》。

原文

生民[1]之本，要当稼穑[2]而食，桑麻[3]以衣。蔬果之畜[4]，园场之所产；鸡豚之善[5]，埘[6]圈之所生。爰及栋宇器械，樵苏[7]脂烛，莫非种殖之物也。至能守其业者，闭门而为生之具以足，但家无盐井耳。今北土风俗，率能躬俭节用，以赡衣食；江南奢侈，多不逮[8]焉。

译文

人民生活的根本，要靠春耕秋收吃饭，靠种植桑麻穿衣。蔬菜瓜果的积聚，在菜园和果园里出产；鸡肉猪肉的美味，在鸡窝和猪圈中生产。包括房屋、器用、柴草、脂烛，全都是种植、养殖的产物。那些善于操持家业的人，即使闭门不出，维持生计的物品也很充足，只不过缺一口盐井而已。现在北方的风气，大致能够遵循俭省节约的生活方式，可以满足衣食需求；江南却因为追求奢侈，导致生活比不上北方。

注释

1 生民：人民。

2 稼穑(sè)：春耕为稼，秋收为穑，即播种与收获。泛指农业劳动。

3 桑麻：桑树和麻。种植桑树养蚕缫丝，种植麻获取纤维，这些都是制作衣服的材料。

4 畜：积，积聚。

5 善：这里指美味。

6 埘(shí)：墙壁上挖洞做成的鸡窝。

7 樵苏：柴草。

8 不逮：不及，比不上。

原文

梁孝元[1]世，有中书舍人，治家失度[2]，而过严刻[3]，妻妾遂共货刺客，伺醉而杀之。世间名士，但务宽仁；至于饮食饷馈[4]，僮仆减损，施惠然诺，妻子节量，狎侮宾客，侵耗[5]乡党：此亦为家之巨蠹[6]矣。

译文

梁孝元帝时，有一个中书舍人，治家方法不当，过于严刻，妻妾就一起买通刺客，趁他喝醉时把他杀了。世间一些有名之士，只知道追求宽厚仁慈；结果准备招待宾客的饮食被仆人们侵吞克扣，答应接济亲友的钱物被妻子控制，甚至出现轻慢宾客、侵犯同乡的情况：这种人也是家族的大蛀虫。

注释

1 梁孝元：即梁元帝萧绎。

2 失度：失去法度。

3 严刻：严厉尖刻。

4 饷馈：馈赠。

5 侵耗：指侵吞克扣。

6 巨蠹(dù)：大蛀虫。

原文

齐吏部侍郎房文烈[1]，未尝嗔怒，经霖雨[2]绝粮，遣婢籴[3]米，因尔逃窜，三四许日，方复擒之。房徐[4]曰："举家无食，汝何处来？"竟无捶挞。尝寄人宅[5]，奴婢彻[6]屋为薪略尽，闻之颦蹙[7]，卒无一言。

译文

齐朝吏部侍郎房文烈生性宽厚，从不生气动怒。有一年因为连绵大雨导致家中断粮，房文烈派一名婢女去买米，结果这名婢女趁机逃跑了，三四天后，才抓回来。房文烈语气徐缓地对她说："全家人都没有东西吃，你跑到哪儿去了？"竟然没有责罚打骂。房文烈曾经把房子借给别人住，仆人们把房子拆毁了拿去当柴烧，他也只是皱了皱眉头，始终没有说一句责怪的话。

注释

1 房文烈：房景伯子，北齐清河（今河北清河）人，与堂弟房延祐并有名。
2 霖雨：连绵大雨。
3 籴（dí）：买进粮食。
4 徐：徐缓。
5 寄人宅：以宅寄人。指把房子借给别人住。
6 彻：毁坏。
7 颦蹙（pín cù）：皱眉蹙额，形容忧愁的神情。

原文

裴子野[1]有疏亲故属饥寒不能自济者，皆收养之；家素清贫，时逢水旱，二石米为薄粥，仅得遍焉，躬自同之，常无

译文

裴子野生性慷慨，凡是亲朋故友饥寒而无法自救的，不管熟不熟，全都收养接济；他自己家境素来清贫，碰上水灾或旱灾，用二石米煮成稀粥，也才仅仅够分，但是他和大家一起喝稀粥，从来都不

厌色。邺下[2]有一领军，贪积已甚，家童八百，誓满一千；朝夕每人肴膳，以十五钱为率，遇有客旅，更无以兼[3]。后坐事伏法，籍[4]其家产，麻鞋一屋，弊衣[5]数库，其余财宝，不可胜言。南阳有人，为生奥博[6]，性殊俭吝，冬至后女婿谒之，乃设一铜瓯酒，数脔[7]獐肉；婿恨其单率[8]，一举尽之。主人愕然，俯仰[9]命益，如此者再；退而责其女曰："某郎好酒，故汝常贫。"及其死后，诸子争财，兄遂杀弟。

抱怨。邺下有一名领军，非常贪婪，已经有了八百个家童，还发誓要买够一千个；早晚的饭菜，以每人十五钱为准，遇到有客人来，也不增加。后来这名领军因事获罪被处死刑，家产全部被登记没收，仅麻鞋就有一屋子，还没有穿就变旧的衣服有好几个仓库，其余金银财宝更加不计其数。南阳有个人，家中蓄积富厚，但生性吝啬异常，有一年冬至后，女婿来拜访他，他用一铜瓯酒、几小块獐子肉来招待；女婿厌恶他的小气，故意一下子把酒肉全部吃喝完了。这个南阳人没想到女婿会这样，于是命人随便再添点，结果女婿又吃了个精光，他只好再添一次；过后这个人责怪自己的女儿："你的丈夫好酒，所以你家里会一直穷。"等他死了以后，几个儿子争夺家产，哥哥把弟弟给杀了。

注释

1 裴子野：字幾原，河东闻喜(今山西闻喜)人。南朝梁史学家、文学家。

2 邺下：古地名，指今河北临漳。

3 兼：加倍，把两份并在一起。

4 籍：登记。这里指登记财产并没收。

5 弊衣：破旧的衣服。

6 奥博：蓄积富厚。

7 脔：切成小块的肉。

8 单率:苟简,小气。
9 俯仰:低头和抬头。泛指随便应付。

原文

妇主中馈[1],惟事酒食衣服之礼耳,国不可使预政,家不可使干蛊[2];如有聪明才智,识达古今,正当辅佐君子,助其不足,必无牝鸡晨鸣[3],以致祸也。

译文

妇女主持家务,只需要操持酒食和衣服方面的礼仪就行了,对国家而言,不可以让她们干预政事,对家庭而言,不可以让她们主事;如果有聪明能干、洞察古今的,应当辅佐她们的丈夫,帮助他改善不足之处,绝对不要学母鸡报晓,招致灾祸。

注释

1 中馈:妇女在家中操持饮食方面的事。这里指家务。
2 干蛊:主事,办事。
3 牝(pìn)鸡晨鸣:母鸡报晓。比喻妇女窃权乱政。

原文

江东妇女,略无交游,其婚姻之家,或十数年间,未相识者,惟以信命[1]赠遗,致殷勤焉。邺下风俗,专以妇持门户,争讼曲直,造请逢迎[2],车乘填街衢,绮罗盈府寺,代子求官,为夫诉屈。此乃恒、代之遗

译文

江东地区的妇女,很少有什么交际,结成婚姻的两家,有的十几年间,都没有见过对方,只是传递口信、书信或者互相赠送一些礼物,以此来表达问候之情。邺下的风气,是专门靠妇女当家主事,她们争辩是非曲直,迎来送往,车辆塞满街道,丝绸衣裙挤满官舍,有替儿子求官的,有为丈夫申诉

风[3]乎？南间贫素，皆事外饰，车乘衣服，必贵整齐；家人妻子，不免饥寒。河北人事，多由内政[4]，绮罗金翠[5]，不可废阙[6]，羸马悴奴，仅充而已；倡和[7]之礼，或尔汝之。

河北妇人，织纴[8]组紃[9]之事，黼黻[10]锦绣罗绮之工，大优于江东也。

冤屈的。这是秉承了北魏鲜卑族的旧俗吗？南方的清贫之家注重修饰外表，车马和衣服都追求整齐；家人和妻子却难免挨饿受冻。黄河以北一带的应酬交际多由妻子出面，华丽的衣裙和贵重的饰物都是不可缺少的，然而马匹瘦弱，奴仆憔悴，不过是拿来充数的罢了；夫妇之间的应答礼数，有时竟然用"尔""汝"相称。

黄河以北地区的妇人，纺织、刺绣及裁制衣裳等手艺，都比江东地区要强得多。

注释

1 信命：使者传送的命令或书信。

2 造请逢迎：造请，登门拜访。逢迎，迎接，接待。这里指迎来送往，应酬交际。

3 恒、代之遗风：恒，恒山。代，代州，即今山西忻州代县。恒、代在北魏占据重要的地理位置。恒、代遗风即指北魏鲜卑族旧俗。

4 内政：妻子。

5 绮罗金翠：丝绸制成的衣服和黄金、翠玉制成的饰物。这里指华贵的衣饰。

6 废阙：缺漏，缺少。

7 倡和：互相呼应、配合。

8 织纴：纺织。纴，织布帛的纱缕。

9 组紃(xún)：丝绳带。这里指纺织、刺绣等女红。

10 黼黻(fǔ fú)：礼服上所绣的精美花纹。

原文

太公曰："养女太多，一费也。" 陈蕃[1]曰："盗不过五女之门。" 女之为累，亦以深矣。然天生蒸民[2]，先人传体，其如之何？世人多不举[3]女，贼[4]行骨肉，岂当如此，而望福于天乎？吾有疏亲，家饶妓媵，诞育将及，便遣阍竖[5]守之。体有不安，窥窗倚户，若生女者，辄持将去；母随号泣，使人不忍闻也。

译文

姜太公说："养女儿太多，是一种耗费。" 陈蕃说："连盗贼都不愿意光顾有五个女儿的家庭。" 女儿带来的拖累，是很沉重。然而天下芸芸众生，都是先人传下来的血脉，又能拿她们怎么办呢？世人大多因为不愿意抚养女儿而伤害自己的亲生骨肉，这样做，难道还企望上天赐福于他吗？我有一个远亲，家里有很多姬妾，每当她们快要生产的时候，就派看门的童仆紧紧盯着。一旦孕妇有了动静，就会从窗户和门缝偷看，如果发现生的是女儿，就立刻抱走；母亲随即号啕大哭，令人不忍心听下去。

注释

1 陈蕃：字仲举，汝南平舆（今河南平舆）人。东汉时期名臣，与窦武、刘淑合称"三君"。
2 蒸民：众民，百姓。
3 举：抚养，生育。
4 贼：害，伤害。
5 阍（hūn）竖：守门的童仆。

原文

妇人之性，率宠子婿

译文

女人的天性，大都宠爱女婿而虐待

而虐儿妇。宠婿，则兄弟之怨生焉；虐妇，则姊妹之谗[1]行焉。然则女之行留[2]，皆得罪于其家者，母实为之。至有谚云："落索[3]阿姑餐。"此其相报也。家之常弊，可不诫哉！

媳妇。宠爱女婿，儿子们就会心生不满；虐待媳妇，女儿们就会爱讲坏话。这样一来，不论是娶媳妇还是嫁女儿，都会令家里人不快，这都是做母亲的一手造成的。以至于民间有一句谚语："落索阿姑餐。"说的是媳妇以冷落报复婆婆，婆婆一个人吃饭好冷清。这是家庭中常见的弊端，怎能不引以为戒呢！

注释

1 谗：谗言。

2 行留：指嫁出女儿，娶进媳妇。

3 落索：冷清，萧索。

原文

婚姻素对[1]，靖侯[2]成规。近世嫁娶，遂有卖女纳财，买妇输绢，比量父祖，计较锱铢，责[3]多还少，市井[4]无异。或猥婿在门，或傲妇擅[5]室，贪荣求利，反招羞耻，可不慎欤！

译文

婚姻要选择清白人家的配偶，这是先祖靖侯立下的规矩。近来嫁娶，竟然有为了钱财出卖女儿的，有靠彩礼买媳妇的，算计门户高低，计较家产厚薄，索取得多而回报得少，和做买卖差不多。结果，有的家里找了猥琐下流的女婿，有的家里娶了傲慢专权的媳妇，一味贪荣求利，反倒自取其辱，怎能不慎重啊！

注释

1 素对：清白的配偶。

2 靖侯：指颜之推的九世祖颜含，靖侯是颜含死后加封的称号。颜含，字弘都，东晋人。

3 责：索取财物。

4 市井：买卖商品的场所。也指商人。

5 擅：独揽，专权。

原文

借人典籍，皆须爱护，先有缺坏，就为补治，此亦士大夫百行[1]之一也。济阳江禄[2]，读书未竟，虽有急速，必待卷束[3]整齐，然后得起，故无损败，人不厌其求假[4]焉。或有狼籍几案，分散部帙，多为童幼婢妾之所点污，风雨虫鼠之所毁伤，实为累德[5]。吾每读圣人之书，未尝不肃敬对之；其故纸[6]有五经词义，及贤达姓名，不敢秽用也。

译文

借别人的书籍，必须爱护，原先有缺页破损的，要加以修补，这也是士大夫立身行己的百行之一。济阳人江禄，正在读书时，即使碰到紧急的事，也一定先把书收拾整齐，然后才起身，所以他的书没有破损的，大家都不讨厌他来借书。有的人把书籍随便丢在桌椅上，乱七八糟，大多被小孩婢妾弄脏，或被风雨虫鼠毁伤，实在是有损德行。我每次阅读圣人的书，从来没有不严肃恭敬的；废旧的纸张上如果有五经的词义或者贤达的姓名，就不敢用在污秽的地方。

注释

1 百行：古代士大夫所订立身行己之道，共有百事，所以称之为百行。

2 江禄：字彦遐，济阳考城(今河南兰考)人，约 507 年前后在世。

3 卷束：卷起捆束。唐代以前，书用卷子，数卷为一束。

4 假：借。

5 累德：对德行有损。

6 故纸：旧纸。

原文

吾家巫觋[1]祷请[2]，绝于言议；符书[3]章醮[4]亦无祈焉，并汝曹所见也。勿为妖妄[5]之费。

译文

请巫婆神汉来祈求神佛这些事，在我家都是禁止谈论的；也不做道教那些设道场祈福的事，就像你们看到的那样。千万不要把钱花在这些荒诞的事情上。

注释

1 巫觋(xí)：男女巫师的合称。女巫师称为"巫"，男巫师称为"觋"。

2 祷请：指祈求神佛等。

3 符书：即符箓。道教的一种法术，亦称"符字""墨箓""丹书"。

4 章醮(jiào)：拜表设祭。道教的一种祈祷形式。

5 妖妄：怪异荒诞。

卷二

风操第六

导读

本篇主要谈论士大夫应该遵循的门风节操，其中记载了许多南北朝时期的社会风俗习惯。颜之推因担心孩子们“生于戎马之间”，对礼仪缺乏认识，所以罗列了名讳、交友、待客、丧葬等方面的礼仪规范，以便子孙后代能够正确地把握分寸，沿袭推行。其中的许多观点，至今仍有借鉴意义。我国古代讲究避讳，尤其对已故的父母长辈名号的避讳，更加看重。颜之推认为避讳之事要根据不同场合而有所调整，不能像谢举那样但凡听到先父母的名字就哭，更不能像臧逢世那样为了回避父亲的名字而耽误公事，也不能为了避讳而不近人情；用同义词来代替要避讳的词时，不能生搬硬套；子女的名字不能随便乱取，既要避讳祖先，也要为孙辈留下余地；不能以猪、狗等字眼辱骂他人；对自己的亲戚要有正确的称呼，对别人的父母要用尊称；迎送宾客要讲究礼数；丧葬礼仪要得当，旁门左道的驱鬼镇邪之事要坚决反对；人在失去亲人后自然悲痛哀伤，但如果像陆襄、姚子笃、熊康那样造作，恐怕就是因噎废食了；父母的遗物要珍惜；纪念亲人不应流于表面，有些人借口“忌日不乐”而推托公务，实际上却在内室“不妨言笑，盛营甘美”，这是完全不懂礼的表现；结拜兄弟除了要志趣相投，还要问清辈分，避免出错。

原文

吾观《礼经》，圣人之教：箕帚匕箸，咳唾唯诺，执烛沃盥，皆有节文，亦为至矣。但既残缺，非复全书；其有所不载，及世事变改者，学达君子，自为节度，相承行之，故世号士大夫风操。而家门颇有不同，所见互称长短；然其阡陌，亦自可知。昔在江南，目能视而见之，耳能听而闻之；蓬生麻中，不劳翰墨。汝曹生于戎马之间，视听之所不晓，故聊记录，以传示子孙。

《礼》云："见似目瞿，闻名心瞿。"[1]有所感触，恻怆[2]心眼；若在从容平常之地，幸须申[3]其情耳。必不可避，亦当忍之；犹如伯叔兄弟，酷类先人，可得终身肠断，与之绝耶？又："临

译文

我看《礼经》上面圣人是这样教导的：洒扫、饮食、谈吐、应答、侍奉、洗漱等事，都制定了仪式，礼节非常完备。但是此书已经残缺，不再是完整的；有些礼节书上没有记载，有些礼节根据世事变迁而有所变化，博学通达的君子，应该自己把握分寸，递相沿袭，不断去推行，正因为此，士大夫的德行品质才会被世人推崇。每个家庭的情况都不一样，对同一件事情的看法也有长有短；但是礼仪的大致门路还是可以知道的。从前在江南地区，眼睛能够看到，耳朵能够听见，就像蓬草长在麻地里，根本不用耗费笔墨。你们出生在战乱年代，耳目闭塞，有很多礼节都不知道，所以我姑且把这些记录下来，以便留传给子孙后代。

《礼记》上说："看到和过世父母相似的容貌，听到和他们相同的名字，就会感到十分不安。"因为有所感触，引发了内心深处的哀伤。如果是在无关紧要的场合，可以尽情倾诉一番。如果碰到重要的场合而又无法回避，则应当极力忍耐；好比自己的伯叔兄弟，音容笑貌都酷似先人，难道为了避免一辈子沉浸在伤痛之中，就与他们绝

文不讳，庙中不讳，君所无私讳。”[4]益知闻名，须有消息[5]，不必期于颠沛[6]而走也。梁世谢举[7]，甚有声誉，闻讳必哭，为世所讥。又有臧逢世[8]，臧严之子也，笃学修行，不坠门风；孝元经牧[9]江州[10]，遣往建昌督事，郡县民庶，竞修笺书，朝夕辐辏，几案盈积，书有称“严寒”者，必对之流涕，不省取记，多废公事，物情[11]怨骇，竟以不办而退。此并过事也。

交吗？《礼记》上还说：“写文章时不用避讳，宗庙祭祀时不用避讳，在君主面前也不用避自己的家讳。”这是进一步告诉我们，在听到先人的名讳时，应该斟酌一下场合，不一定非要狼狈地四处躲避。梁朝有个叫谢举的，声誉非常好，但是他只要一听到先人的名讳，就必然痛哭，因而被世人所讥笑。又有一个叫臧逢世的，是臧严的儿子，他勤奋好学，修养品行，不损家门风教；孝元帝时，臧逢世任江州刺史，被派往建昌督察公事，当地百姓竞相修书写信，陈诉事情，从早到晚，文书堆满了桌案，但凡看到文书中有“严寒”二字的，臧逢世必然对之痛哭流涕，并将其搁置一旁，不再察看回复，因此耽误了许多公事。人们对此既不满又诧异，最终，臧逢世因为办事不力被召回。这些都是避讳不当的例子。

注释

1 见似目瞿，闻名心瞿：瞿，惊惧不安。见《礼记·杂记》。

2 恻怆：哀伤，悲痛。

3 申：陈述，说明。

4 引文出自《礼记·曲礼》。

5 消息：斟酌。

6 颠沛：狼狈慌张的样子。

7 谢举:字言扬,陈郡阳夏(今河南太康)人。南朝梁大臣。

8 臧逢世:南朝梁人,臧严之子。臧严,字彦威,《南史》有传,称“幼有孝性,居父忧以毁闻。孤贫勤学,行止书卷不离手”。

9 牧:州牧,即刺史、知州等官职。

10 江州:今江西九江。

11 物情:众情,民心。

原文

近在扬都[1],有一士人讳审,而与沈氏交结周厚,沈与其书,名而不姓,此非人情也。

凡避讳者,皆须得其同训[2]以代换之:桓公[3]名白,博[4]有五皓[5]之称;厉王[6]名长,琴有修短之目。不闻谓布帛为布皓,呼肾肠为肾修也。

梁武[7]小名阿练,子孙皆呼练为绢;乃谓销炼物为销绢物,恐乖[8]其义。或有讳云者,呼纷纭为纷烟;有讳桐者,呼梧桐树为白铁树,便似戏笑耳。

译文

近来在扬都,有一个读书人忌讳“审”字,但是又与一个姓沈的人交情深厚,对方每次写信给他,落款都只署名而不署姓氏,这未免不近人情。

但凡有避讳的字词,都要用同义的来代替:如齐桓公名叫白,所以“五白”这种博戏就被称为“五皓”;淮南厉王名长,所以人们称琴的长短为“修短”。但是没有听说把“布帛”称作“布皓”,把“肾肠”称作“肾修”的。

梁武帝的小名叫阿练,子孙都把“练”称为“绢”;然而如果把“销炼物”称为“销绢物”,恐怕就违背这个词的本义了。或有避讳“云”字的,把“纷纭”称为“纷烟”;有避讳“桐”字的,把“梧桐树”叫作“白铁树”,简直就像是在开玩笑了。

注释

1 扬都：即建康（江苏南京），南北朝时称建康为扬都。

2 同训：用意义相同或相近的词来为字词释义。

3 桓公：即齐桓公，春秋五霸之首，春秋时齐国第十五位国君。姜姓，吕氏，名小白。

4 博：博戏。

5 五皓：即五白，古代一种赌博游戏。

6 厉王：即淮南厉王刘长，汉高祖刘邦少子。

7 梁武：即梁武帝萧衍，字叔达，小字练儿。

8 乖：乖离，违背。

原文

周公名子曰禽[1]，孔子名儿曰鲤[2]，止在其身，自可无禁。至若卫侯、魏公子、楚太子，皆名虮虱；长卿[3]名犬子，王修[4]名狗子，上有连及，理未为通，古之所行，今之所笑也。北土多有名儿为驴驹、豚子者，使其自称及兄弟所名，亦何忍哉？前汉有尹翁归，后汉有郑翁归，梁家亦有孔翁归，又有顾翁宠；晋代有许思妣、孟少孤。如此名字，幸当避之。

译文

周公给儿子起名叫禽，孔子给儿子起名叫鲤，这些都仅限于他们自身，自然没有什么禁忌。至于像卫侯、魏公子、楚太子这些人，都取名叫“虮虱”；司马长卿小名叫“犬子”，王修小名叫“狗子”，这些名字牵涉到他们的父母，就于理不通了，古人这种做法，成了今天的笑柄。北方有许多地方给儿子起名叫“驴驹”“豚子”，倘若让他自称，或者让他们的兄弟这样称呼他们，又怎么叫得出口呢？前汉有尹翁归，后汉有郑翁归，梁朝有孔翁归，又有顾翁宠；晋代有许思妣、孟少孤：像这样的名字，都应该尽量避免。

注释

1 周公名子曰禽：周公之子鲁公名伯禽，见《史记·鲁周公世家》。

2 鲤：孔鲤，字伯鱼，孔子的儿子。因其出生时，鲁昭公赐孔子一尾鲤鱼，故得名。

3 长卿：司马相如，字长卿，蜀郡成都（今属四川）人，西汉辞赋家，代表作为《子虚赋》。《史记·司马相如列传》："司马相如者，蜀郡成都人也，字长卿。少时好读书，学击剑，故其亲名之曰犬子。"

4 王修：《晋书·王濛传》："二子：修、蕴。修字敬仁，小字苟子。"

原文

今人避讳，更急于古。凡名子者，当为孙地。吾亲识中有讳襄、讳友、讳同、讳清、讳和、讳禹，交疏[1]造次，一座百犯，闻者辛苦，无憀赖[2]焉。

译文

现在的人比古人更讲究避讳。凡是给儿子辈起名字的，应当为孙子辈留下余地。我的亲戚朋友当中有讳"襄"字的，有讳"友"字的，也有讳"同""清""和""禹"等字的，交情不深的人不清楚状况，一不小心就冒犯了众人，听的人感到悲伤，令人无所适从。

注释

1 交疏：交情淡薄。

2 无憀(liáo)赖：精神无所寄托。憀，依赖，寄托。

原文

昔司马长卿慕蔺相如，故名相如，顾元叹[1]慕蔡邕[2]，故名雍，而后汉

译文

从前，司马长卿仰慕蔺相如，所以改名相如；顾元叹钦佩蔡邕，所以改名雍。后汉有朱伥字孙卿，许暹字颜回，梁朝有

有朱伥字孙卿，许暹字颜回，梁世有庾晏婴、祖孙登，连古人姓为名字，亦鄙事[3]也。

昔刘文饶[4]不忍骂奴为畜产，今世愚人遂以相戏，或有指名为豚犊[5]者：有识傍观，犹欲掩耳，况当之者乎？

庾晏婴、祖孙登，这些用古人姓名做自己姓名的，也都是鄙俗的做法。

从前，刘文饶不忍心骂奴仆为"畜产"，现在，愚昧的人却拿这个相互戏弄，甚至有指名道姓骂别人"豚犊"的：有识之士在一旁看到这种情形，恨不得捂上自己的耳朵，何况是当事人呢？

注释

1 顾元叹：顾雍，字元叹，吴郡吴县(今江苏苏州)人。三国时期吴国重臣、政治家。

2 蔡邕：字伯喈，陈留郡圉(今河南开封)人。东汉文学家、书法家。

3 鄙事：鄙俗琐细之事。

4 刘文饶：刘宽，字文饶，弘农郡华阴县(今陕西华阴)人。东汉时期名臣、宗室。

5 豚犊：泛指兽子。这里指愚蠢如猪的小孩，比喻不肖之子。豚，小猪。

原文

近在议曹[1]，共平章[2]百官秩禄[3]，有一显贵，当世名臣，意嫌所议过厚。齐朝有一两士族文学之人，谓此贵曰："今日天下大同，须为百代典式，岂

译文

近来在议曹共同商议百官的俸禄问题，有一名显贵是当今名臣，嫌大家制定的待遇标准过于优厚。齐朝有一两名士族的文学侍从，对这名显贵说："如今天下统一，应该为后世树立典范，怎能再抱过去那种乱世时期的旧想法呢？明公一定是陶朱公的大儿子吧！"彼此嬉笑，丝毫不觉得过分。

得尚作关中旧意[4]？明公[5]定是陶朱公大儿[6]耳！”彼此欢笑，不以为嫌。

昔侯霸[7]之子孙，称其祖父曰家公；陈思王[8]称其父为家父，母为家母；潘尼[9]称其祖曰家祖：古人之所行，今人之所笑也。今南北风俗，言其祖及二亲，无云家者；田里猥人[10]，方有此言耳。凡与人言，言已世父，以次第称之，不云家者，以尊于父，不敢家也。凡言姑姊妹女子子[11]：已嫁，则以夫氏称之；在室，则以次第称之。言礼成他族[12]，不得云家也。子孙不得称家者，轻略之也。蔡邕书集，呼其姑姊为家姑家姊；班固[13]书集，亦云家孙：今并不行也。

凡与人言，称彼祖父母、世父母、父母及长姑，皆加尊字，自叔父母以下，则加贤字，尊卑之差也。王羲

从前，侯霸的子孙称呼自己的祖父为家公；陈思王称自己的父亲为家父，母亲为家母；潘尼称自己的祖父为家祖：古人的行为成为今人的笑柄。如今南方与北方的风俗相似，在谈论自己的祖父母和双亲时，没有称“家”的；只有山野村夫才会这样称呼。凡是和旁人谈论自己的伯父，都按照父辈的排行次序来称呼，而不冠以“家”字，这是因为尊重伯父超过自己的父亲，所以不敢称“家”。凡是谈论到自己的姑表姐妹：已经出嫁的，就用丈夫的姓氏称呼；没有出嫁的，就按姊妹排行称呼。因为女孩要嫁到婆家，所以不称“家”。子孙不能冠以“家”字，是为了表示他们的地位没有那么重要。蔡邕的书信集中称呼姑、姊为“家姑”“家姊”；班固的书信集中也有“家孙”的叫法：这些称呼现在全都不用了。

与人言谈时，凡是涉及对方的祖父母、伯父母、父母和长姑的，都要在前面加上“尊”字，从叔父母以下，都要加上“贤”字，这是因为他们有尊卑之差。王羲之在书信中称呼对方

之书,称彼之母与自称己母同,不云尊字,今所非也。

的母亲和自己的母亲一样,不加"尊"字,今人认为不该如此。

注释

1 议曹:官署名,掌言职。

2 平章:商议处理。

3 秩禄:俸禄。

4 关中旧意:古代称函谷关以西地区为关中,隋建都大兴(今陕西西安),属关中。《颜氏家训》成书时,已经进入隋朝,关中旧意即指隋统一全国之前乱世时期的情形。

5 明公:汉魏六朝时期,在称谓前加"明"字,以表示尊重。

6 陶朱公大儿:陶朱公即范蠡,字少伯,春秋时期楚国宛地三户(今河南淅川)人。春秋末著名的政治家、军事家、经济学家,曾献策扶助越王勾践复国。后隐居,定居于定陶(今山东菏泽定陶),自号陶朱公。《史记·越王勾践世家》有陶朱公长子吝金害弟的故事,最后,陶朱公"独笑,曰:'吾固知必杀其弟也。彼非不爱其弟,顾有所不能忍者也。是少与我俱,见苦,为生难,故重弃财;至如少弟者,生而见我富,乘坚驱良逐狡兔。岂知财所从来,故轻弃之,非所惜吝。前日吾所为欲遣少子,固为其能弃财故也,而长者不能,故卒以杀其弟,事之理也,无足悲者。吾日夜固以望其丧之来也'"。两名文学侍从以此典故来嘲笑那个显贵吝啬。

7 侯霸:字君房,河南郡密县(今河南新密东南)人,东汉初年官员。

8 陈思王:即曹植,字子建,沛国谯(今安徽亳州)人。曹植是曹操与武宣卞皇后所生第三子,生前曾为陈王,去世后谥号"思",因此又称陈思王。

9 潘尼:字正叔,荥阳中牟(今河南中牟)人,西晋文学家。

10 猥人：卑俗的人。

11 女子子：女儿。《仪礼·丧服》："女子子在室为父。"郑玄注："女子子者，子女也，别于男子也。"

12 礼成他族：指女子出嫁到婆家。

13 班固：字孟坚，扶风安陵（今陕西咸阳东北）人，东汉史学家、文学家。

原文

南人冬至岁首，不诣丧家；若不修书，则过节束带[1]以申慰。北人至岁[2]之日，重行吊礼；《礼》无明文，则吾不取。南人宾至不迎，相见捧手而不揖，送客下席而已；北人迎送并至门，相见则揖，皆古之道也，吾善其迎揖。

昔者，王侯自称孤、寡、不穀，自兹以降，虽孔子圣师，与门人言皆称名也。后虽有臣仆之称，行者盖亦寡焉。江南轻重，各有谓号，具诸书仪[3]；北人多称名者，乃古之遗风，吾善其称名焉。

译文

南方人在冬至和岁首不拜访办理丧事的人家；如果在此期间不写信致以哀悼，就会在节后穿戴整齐前往告慰。北方人在冬至和岁首依然非常重视吊唁的礼节；《礼记》上对此并没有明文记载，我个人认为不值得推崇。南方人在宾客来访的时候不迎接，见面时也只是捧手而不作揖，送客也仅仅送到离席而已；北方人迎送宾客都要到家门口，相见时则作揖行礼，这些都是古人遗风，我赞许这种待客之道。

从前，王侯都自称孤、寡、不穀，从那以后，即使是孔子那样的圣师，和门人谈话时也都自称名字。后来虽然有臣、仆之类的叫法，真正这样自称的人却很少。江南地区不论地位高低、身份贵贱，都各有称谓，具体记载在书仪中；北方人大多自称其名，传承了古人遗风，我赞许这种做法。

注释

1 束带：整肃衣冠，表示庄重。

2 至岁：指冬至和岁首。

3 书仪：旧时士大夫私家关于书札体式、典礼仪注的著作，通名书仪。

原文

言及先人，理当感慕，古者之所易，今人之所难。江南人事不获已[1]，须言阀阅[2]，必以文翰，罕有面论者。北人无何便尔话说[3]，及相访问。如此之事，不可加于人也。人加诸己，则当避之。名位未高，如为勋贵所逼，隐忍方便，速报取了；勿使烦重，感辱祖父。若没，言须及者，则敛容肃坐，称大门中，世父、叔父则称从兄弟门中，兄弟则称亡者子某门中，各以其尊卑轻重为容色之节，皆变于常。若与君言，虽变于色，犹云亡祖亡伯亡叔也。吾

译文

谈论到先人的时候，理应心怀感激思慕之情，这对古人而言是非常容易的，今人却难以做到。江南人除非不得已，否则与人谈论家世时，必然以书信往来，很少有当面谈及的。北方人无缘无故就会与人攀谈，甚至到别人家里去谈论自己的家世。这样的事，最好不要施加于别人。如果是别人这样对待自己，也应当尽量躲避。名声和地位都还不高时，如果被权贵逼迫，可以暂时隐忍，尽快结束谈话；不要说得太多，以免有辱祖辈父辈。如果长辈已经去世，在谈论到他们时就要表情严肃、坐姿端正，称他们为“大门中”，对已去世的伯父、叔父，则称为“从兄弟门中”，已去世的兄弟则称“亡者子某门中”，并且要根据他们的尊卑长幼来调节自己的情绪和表情，要与平日有所不同。如果是与国君谈论自己的家世，虽然表情有所变化，依然要称“亡

见名士，亦有呼其亡兄弟为兄子弟子门中者，亦未为安帖[4]也。北土风俗，都不行此。太山羊侃[5]，梁初入南；吾近至邺，其兄子肃[6]访侃委曲[7]，吾答之云："卿从门中在梁，如此如此。"肃曰："是我亲[8]第七亡叔，非从也。"祖孝徵[9]在坐，先知江南风俗，乃谓之云："贤从弟门中，何故不解？"

祖""亡伯""亡叔"。我看那些名士，有称他们的亡兄弟为"兄子""弟子门中"的，这是不妥当的。北方地区的风俗，完全不是这样。泰山地区有个叫羊侃的人，在梁朝初期来到南方；我最近来到邺城，他的侄子羊肃来访，问我羊侃的情况，我告诉他："你'从门中'在梁朝时，是这样这样的。"羊肃说："是我的亲第七亡叔，不是从叔。"祖孝徵当时在座，他对江南风俗早已了如指掌，于是他对羊肃说："就是指贤从弟门中，你怎么不懂呢？"

注释

1 不获已：不得已。

2 阀阅：泛指门第、家世。

3 话说：谈论。

4 安帖：安妥，妥帖。

5 羊侃(kǎn)：字祖忻，泰山梁父(今山东泰安东南)人，南北朝时期梁朝名将。

6 肃：即羊肃，字子慎，太山(即泰山)人。羊深之子，羊侃之侄。

7 委曲：事情的原委、经过。

8 亲：汉魏六朝时，习惯在亲戚称谓前加上"亲"字，以示亲近。

9 祖孝徵：祖珽，字孝徵，范阳狄道(今河北容城)人，南北朝北齐大臣，著名诗人。

原文

古人皆呼伯父叔父，而今世多单呼伯叔。从父[1]兄弟姊妹已孤，而对其前，呼其母为伯叔母，此不可避者也。兄弟之子已孤，与他人言，对孤者前，呼为兄子弟子，颇为不忍；北土人多呼为侄。案：《尔雅》《丧服经》《左传》，侄虽名通男女，并是对姑之称。晋世已来，始呼叔侄；今呼为侄，于理为胜也。

译文

古人都称呼“伯父”“叔父”，而今人则大多只是单呼“伯”“叔”。如果叔伯兄弟、姊妹已经失去双亲，当着他们的面称呼他们的母亲为“伯母”“叔母”，这是无法避免的。如果兄弟的孩子失去双亲，当着他们的面和旁人谈论到时，称他们为“兄之子”或“弟之子”，感到非常不忍心；北方人大多呼“侄”。按：《尔雅》《丧服经》《左传》，“侄”字虽然男女通用，但都是对姑姑而言。自晋代以来，才开始称呼叔侄；今人称“侄”，是完全有道理的。

注释

1 从父：父亲的兄弟，即伯父或叔父。

原文

别易会难，古人所重；江南饯送，下泣言离。有王子侯，梁武帝弟，出为东郡[1]，与武帝别，帝曰：“我年已老，与汝分张[2]，甚以恻怆。”数行泪下。侯遂密云[3]，

译文

分别容易会面难，所以古人很看重离别；江南地区饯行送别时，总是垂泪。有一个王子侯，是梁武帝的弟弟，他被派往东部郡县任职，临行前和武帝道别，武帝对他说：“我年事已高，如今和你分别，内心万分悲伤。”说着不由泪水涟涟。这个王子侯也一副悲伤的样子，但是却哭

赧然而出。坐此被责，飘飖[4]舟渚[5]，一百许日，卒不得去。北间风俗，不屑此事，歧路言离，欢笑分首。然人性自有少涕泪者，肠虽欲绝，目犹烂然；如此之人，不可强责。

不出来，只好羞愧地离开。后来，他因为此事被指责，乘舟在江边漂泊了一百多天，最终还是无法离去。北方地区不屑于这样，人们在岔路口话别，欢笑着分开。有的人天生少泪，虽然内心悲痛欲绝，眼神却依旧闪亮；对这一类人，不能过于苛责。

注释

1 东郡：指梁朝都城建康（今江苏南京）以东地区的郡县。

2 分张：分手，离别。

3 密云：语出《易·小畜》："密云不雨。"比喻哭而无泪。

4 飘飖（yáo）：流落，漂泊。

5 舟渚：船只停泊处。

原文

凡亲属名称，皆须粉墨[1]，不可滥也。无风教者，其父已孤，呼外祖父母与祖父母同，使人为其不喜闻也。虽质于面，皆当加外以别之；父母之世叔父[2]，皆当加其次第以别之；父母之世叔母，皆当加其姓以别之；父母之群从世叔父母及从祖父

译文

凡是亲属的名称，都应该有所区分，不能随便乱用。没有教养的人，在祖父祖母去世以后，对外祖父母和祖父母用同样的称呼，令人听了不舒服。即便是当着外祖父母的面，还是应该加上"外"字以示区别；父母亲的伯父和叔父，应该在称呼前加上他们的排行次序加以区分；父母亲的伯母和叔母，应该在称呼前加上她们的姓氏加以区分；父母亲的子侄辈的伯父母、叔父母和他们的从祖

母，皆当加其爵位若姓以别之。河北士人，皆呼外祖父母为家公家母；江南田里间亦言之。以家代外，非吾所识。

父母，应该在称呼前加上他们的爵位和姓氏加以区分。黄河以北的读书人，都称呼外祖父母为家公、家母；江南乡间也这样称呼。用“家”字替代“外”字的叫法，我无法认同。

凡宗亲世数[3]，有从父，有从祖，有族祖。江南风俗，自兹已往，高秩[4]者，通呼为尊，同昭穆[5]者，虽百世犹称兄弟；若对他人称之，皆云族人。河北士人，虽三二十世，犹呼为从伯从叔[6]。梁武帝尝问一中土人曰：“卿北人，何故不知有族？”答云：“骨肉易疏，不忍言族耳。”当时虽为敏对，于礼未通。

宗族亲戚的世系辈数，有从父，有从祖，有族祖。江南的风俗，从此以往，对爵位高的通称为“尊”，同一祖宗的，即使相隔百代，依然称为兄弟；如果是对外人进行介绍，则都称为族人。黄河以北的读书人家，虽然隔了二三十代，还是称为从伯、从叔。梁武帝曾经问一个中土人士：“你是北方人，怎么不知道有‘族’呢？”这个人回答道：“骨肉之情容易变得疏远，所以不忍心用‘族’来称呼。”这在当时虽然是一种机敏的回答，但在礼数上却讲不通。

注释

1 粉墨：指区分黑白，分辨清楚。

2 世叔父：世父和叔父。世父即伯父。

3 世数：世系的辈数。

4 高秩：优厚的俸禄，高爵位。

5 同昭穆：指同一祖宗。

6 从伯从叔：指父亲的堂兄弟。

原文

吾尝问周弘让[1]曰:“父母中外姊妹,何以称之?”周曰:“亦呼为丈人。”自古未见丈人之称施于妇人也。吾亲表[2]所行,若父属者,为某姓姑;母属者,为某姓姨。中外丈人之妇,猥俗[3]呼为丈母,士大夫谓之王母、谢母云。而《陆机[4]集》有《与长沙顾母书》,乃其从叔母也,今所不行。

齐朝士子,皆呼祖仆射[5]为祖公,全不嫌有所涉也,乃有对面以相戏者。

译文

我曾经问周弘让:“父母亲的中外姊妹,应该怎么去称呼?”周弘让说:“也称作‘丈人’。”自古以来,没有见过称女人为丈人的。我家的表亲是这样称呼的,如果是父亲这边的表姊妹,都称为某姓姑;如果是母亲这边,就称为某姓姨。中外丈人的妻子,俗称“丈母”,士大夫称为“王母”“谢母”等。《陆机集》中有《与长沙顾母书》,顾母指的是陆机的从叔母,现在已经不这样称呼了。

齐朝的读书人,都称祖仆射为祖公,完全不管与自家祖宗有所牵涉,甚至还有当面这样开玩笑的。

注释

1 周弘让:约 498—577 年,汝南安成(今河南汝南东南)人。
2 亲表:表亲。
3 猥俗:俚俗。
4 陆机:字士衡,吴郡吴县华亭(今上海松江)人。西晋文学家、书法家。
5 祖仆射:即祖珽。《北齐书·后主纪》:“以左仆射唐邕为尚书令,侍中祖珽为左仆射。”

原文

古者，名以正体[1]，字以表德，名终则讳之，字乃可以为孙氏。孔子弟子记事者，皆称仲尼；吕后微时[2]，尝字高祖为季[3]；至汉爰种，字其叔父曰丝[4]；王丹[5]与侯霸子语，字霸为君房；江南至今不讳字也。河北士人全不辨之，名亦呼为字，字固呼为字。尚书王元景[6]兄弟，皆号名人，其父名云，字罗汉，一皆讳之，其余不足怪也。

译文

古时候，名代表自身，字代表德行，人去世以后，名要避讳，字却可以作为孙辈的氏。孔子的弟子们在记录孔子言行时，都称他为“仲尼”；吕后在贫贱时期，曾直呼高祖的字叫“季”；后来汉代的爰种，称呼他叔父的字叫“丝”；王丹对侯霸的儿子谈起侯霸，称呼霸的字叫“君房”；江南地区至今不避讳称字。黄河以北地区的读书人完全不加以区分，名也叫成字，字还是叫成字。尚书王元景兄弟都是有名望的人，他们的父亲名云，字罗汉，他们全部加以避讳，其他的就不足为怪了。

注释

1 正体：主体，本体。这里指自身。
2 微时：卑贱而未显达的时候。
3 季：《史记 · 高祖本纪》：“姓刘氏，字季。”
4 丝：袁盎，字丝，汉初楚人，西汉大臣。
5 王丹：《后汉书 · 王丹传》：“丹，字仲回，京兆下邽（今陕西渭南）人。”
6 王元景：《北齐书 · 王昕传》：“昕，字元景，北海剧（今山东昌乐）人。”

原文

《礼 · 间传》云：“斩缞[1]

译文

《礼记·间传》上说：“服斩缞时，

之哭，若往而不反；齐缞[2]之哭，若往而反；大功[3]之哭，三曲而偯[4]；小功[5]缌麻[6]，哀容可也。此哀之发于声音也。”《孝经》云：“哭不偯。”[7]皆论哭有轻重质文之声也。礼以哭有言者为号；然则哭亦有辞也。江南丧哭，时有哀诉之言耳；山东重丧[8]，则唯呼苍天，期功[9]以下，则唯呼痛深，便是号而不哭。

哭声就像要背过气一样声嘶力竭；服齐缞时，哭声反反复复不停歇；服大功时，哭声曲折委婉余音不断；服小功和缌麻时，脸上显出哀痛的表情就可以了。这些都是通过声音来表达哀思的情形。”《孝经》上说：“孝子因为父母去世，哭得声嘶力竭，没有余音。”这些都是在讨论哭声的轻重缓急。俗礼把哭泣时夹带言语的叫作号，那么哭泣也可以有言辞了。江南地区在哭丧时，经常夹杂哀诉的话语；山东地区在重丧时，只是呼喊苍天，服期功以下，则只是呼叫自己深重的哀痛，这样就是号而不是哭了。

注释

1 斩缞(cuī)：是旧时五种丧服中最重的一种。用粗麻布制成，左右和下边不缝，因丧服的上衣叫“缞”，故称“斩缞”。服期三年。

2 齐缞：五服中列第二等，次于斩缞。以粗疏的麻布制成，边缘缝制整齐，故名“齐缞”。服期视与死者关系亲疏而定。

3 大功：五服中的第三等。用熟麻布制成，比齐缞稍细，较小功稍粗，故称“大功”。服期九月。

4 偯(yǐ)：哭泣的余音曲折委婉。

5 小功：五服中的第四等。用熟麻布制成，比大功稍细，比缌麻稍粗。服期五月。

6 缌麻：五服中最轻的一种。用较细的熟麻布制成。服期三月。

7 哭不偯：《孝经・丧亲》：“孝子之丧亲也，哭不偯，礼无容，言不文，服美不安，闻乐不乐，食旨不甘，此哀戚之情也。”形容哭得声嘶力竭，没有余音。

8 重丧：旧谓家属有两人相继死亡。这里相对于期功而言，指着斩缞、齐缞，即家庭中有重要的人去世。

9 期功：古代的丧服。期，服丧一年。功，大功、小功。

原文

江南凡遭重丧，若相知者，同在城邑，三日不吊则绝之；除丧[1]，虽相遇则避之，怨其不已悯也。有故及道遥者，致书可也；无书亦如之。北俗则不尔。江南凡吊者，主人之外，不识者不执手；识轻服[2]而不识主人，则不于会所[3]而吊，他日修名[4]诣其家。

译文

在江南地区，凡是遭遇重丧的人家，如果是和他家认识，并且居住在同一个城镇的，三日之内不前来吊丧，就会被断绝关系；除丧以后，即使在路上相遇，也会极力避开，这是因为内心怨恨他不懂得怜悯自己。如果是有事缠身和路途遥远而无法前来吊丧的，写信致哀即可；如果没有书信，也会被断绝关系。北方的习俗不是这样。江南地区凡是前来吊丧的人，除了主人之外，其他不认识的人一概不握手；如果只是认识和主人家关系较远的亲属而不认识主人，就无须前往灵堂吊丧，改日准备好名刺前去慰问就可以了。

注释

1 除丧：守孝期满，脱除丧服。

2 轻服：轻丧之服。丧服的材质因与死者的关系远近而不同，着轻服者代表与主人家关系较远。

3 会所：聚会或约定见面的场所。这里指灵堂。

4 名：名刺，即名片。

原文

阴阳说云："辰为水墓，又为土墓，故不得哭。"王充《论衡》云："辰日不哭，哭必重丧。"今无教者，辰日有丧，不问轻重，举家清谧，不敢发声，以辞吊客。道书又曰："晦歌朔哭，皆当有罪，天夺其算[1]。"丧家朔望，哀感弥深，宁当惜寿，又不哭也？亦不谕[2]。

译文

阴阳说认为："辰日死的人，既是水墓，又是土墓，所以丧家不能哭丧。"王充《论衡》说："辰日不哭丧，如果哭丧，则一定是重丧。"现在一些缺乏教养的人，如果辰日有丧事，不管轻丧还是重丧，全家一律保持安静，不敢发出哭声，并因此谢绝旁人前来吊丧。道家的书上说："晦日歌唱，朔日哭泣，都是有罪的行为，上天会夺去他的寿命。"丧家在朔日和望日之间，哀痛之情越来越深，岂能为了惜寿而不哭？这也是不可理喻的事。

注释

1 算：寿命。

2 谕：明白，理解。

原文

偏傍之书[1]，死有归杀[2]。子孙逃窜，莫肯在家；画瓦[3]书符，作诸厌胜[4]；丧出之日，门前然火，户外列灰，祓送[5]家

译文

旁门左道之书说人死后会归煞。届时，子孙全都躲避在外，没有一个肯留在家里；甚至还在瓦片上涂画各种符箓，并且施展各种巫术，以此来辟邪镇宅；出殡那天，在门前燃火，在户外撒灰，以此来

鬼，章断注连[6]：凡如此比，不近有情，乃儒雅[7]之罪人，弹议[8]所当加也。

祭送家人的鬼魂，并上表求神阻断死者之殃染及旁人：凡是如此这般不近人情的人，都不配称为儒雅之士，在朝廷上应当被弹劾议论。

注释

1 偏傍之书：旁门左道之书。

2 归杀："杀"，通"煞"。归煞也叫回煞，是古代一种迷信的说法。阴阳家按人死时的年月干支推算魂灵返舍的时间，并说返回之日有凶煞出现，故称。

3 画瓦：在瓦片上涂画符箓以辟邪。

4 厌(yā)胜：古代一种巫术，谓能以诅咒制胜，压服人或物。

5 祓(fú)送：祭送。

6 章断注连：上表求神，以求阻断死者之殃染及旁人。注连，接连不断。

7 儒雅：博学的儒士或文人雅士。

8 弹议：弹劾议论。

原文

已孤，而履岁[1]及长至[2]之节，无父，拜母、祖父母、世叔父母、姑、兄、姊，则皆泣；无母，拜父、外祖父母、舅、姨、兄、姊，亦如之：此人情也。

译文

在元旦和夏至这两个节日，如果是父亲已经去世的，拜见母亲、祖父母、世叔父母、姑姑、兄长、姐姐时，都应该哭泣；如果是母亲已经去世的，拜见父亲、外祖父母、舅舅、姨母、兄长、姐姐时，也要这样：这是人之常情。

注释

1 履岁：指元旦。
2 长至：指夏至。

原文

江左朝臣，子孙初释服[1]，朝见二宫[2]，皆当泣涕；二宫为之改容。颇有肤色充泽，无哀感者，梁武薄其为人，多被抑退[3]。裴政[4]出服[5]，问讯武帝，贬[6]瘦枯槁，涕泗滂沱，武帝目送之曰："裴之礼[7]不死也。"

译文

江东地区的大臣们，子孙在刚刚脱去丧服后觐见天子和太子时，都应当哭泣流泪以示哀思，天子和太子看了都会为之动容。有许多面色光润，毫无哀痛之情的人，梁武帝鄙视他们的为人，大都将他们罢黜了。裴政在脱去丧服时，施礼问候武帝，他看起来枯瘦憔悴，泪如雨下，武帝目送他离开，说："裴之礼并没有死啊！"

注释

1 释服：除去丧服。谓除丧。
2 二宫：天子和太子。
3 抑退：指黜退，贬退。
4 裴政：字德表，隋河东闻喜（今山西闻喜）人。南梁名将裴邃之孙。
5 出服：谓居丧到期，除去丧服。
6 贬：损减。
7 裴之礼：裴邃之子，裴政之父，字子义。

原文

二亲既没，所居斋寝[1]，

译文

双亲去世以后，他们生前居住的

子与妇弗忍入焉。北朝顿丘[2]李构[3],母刘氏,夫人亡后,所住之堂,终身锁闭,弗忍开入也。夫人,宋广州刺史纂之孙女,故构犹染江南风教。其父奖[4],为扬州刺史,镇寿春[5],遇害。构尝与王松年[6]、祖孝徵数人同集谈宴[7]。孝徵善画,遇有纸笔,图写为人。顷之,因割鹿尾,戏截画人以示构,而无他意。构怆然动色,便起就马而去。举坐惊骇,莫测其情。祖君寻悟,方深反侧,当时罕有能感此者。吴郡[8]陆襄[9],父闲[10]被刑,襄终身布衣蔬饭,虽姜菜有切割,皆不忍食;居家惟以掐摘供厨。江宁姚子笃,母以烧死,终身不忍啖[11]炙。豫章[12]熊康父以醉而为奴所杀,终身不复尝酒。然礼缘人情,恩由义断,

斋寝,儿子和媳妇都不忍心进去。北朝顿丘人李构,母亲刘氏,刘夫人去世以后,她生前所住的房屋,李构一辈子都锁闭着,不忍心打开走进去。刘夫人是宋广州刺史刘纂的孙女,所以李构自小从母亲这里得到江南风教的熏陶。他的父亲李奖是扬州刺史,在镇守寿春时遇害。李构曾经和王松年、祖孝徵等人聚在一起宴饮叙谈。孝徵擅长画画,刚好当时有纸笔,就画了一个人。过了一会儿,大家一起切割鹿尾,孝徵随手把画中人截为两半,并拿给李构看,只是想开个玩笑,并无他意。李构见状,脸色变得悲伤愁苦,立刻起身骑马离开了。在座的人都感到很恐慌,却不知道李构为何要这样。没过多久,孝徵终于想明白是怎么回事,内心极度惶恐不安,当时很少有人能对亡父抱有这样深厚的感情。吴郡人陆襄,父亲陆闲被杀,陆襄一辈子布衣蔬食,即使是姜菜,只要拿刀切割过,他都不忍心吃;平日里厨房只烹饪那些拿手掐摘的菜。江宁人姚子笃,母亲被火烧死,因此终生不忍心吃烤肉。豫章人熊康,因为父亲醉酒后被奴仆杀害,所以终生不再尝酒。然而礼节关乎人情,恩情

原文	译文
亲以噎死，亦当不可绝食也。	则由大义来决断，如果亲人是被噎死的，也不能因此就不再吃饭。

注释

1 斋寝：斋戒时居住的地方。

2 顿丘：今河南濮阳清丰。

3 李构：字祖基，北朝北齐人。少以方正见称，袭爵武邑郡公。齐初，降爵为县侯，位终太府卿。

4 奖：李奖，字遵穆，北朝后魏人。自太尉参军累迁相州刺史，元颢入洛，兼尚书右仆射，慰劳徐州，遂被害。

5 寿春：县名，治所位于今安徽寿县。

6 王松年：北朝北齐人，年少知名。孝昭帝擢拜给事黄门侍郎。孝昭帝死后，迁升散骑常侍，食高邑县侯。

7 谈宴：一边宴饮一边叙谈。

8 吴郡：郡名。楚汉之际分会稽郡置，汉武帝后废。东汉永建四年(129)复置，治所位于吴县(今江苏苏州)。

9 陆襄：本名衰，字赵卿，吴县(今江苏苏州)人。太清元年(547)为度支尚书。

10 闲：陆闲，陆襄之父，字遐业，南朝南齐人，官至扬州别驾。永元初，因刺史作乱未报，遭诛杀。

11 啖(dàn)：吃。

12 豫章：地名。汉高帝初年江西建制后的第一个名称，即豫章郡(治今江西南昌)。东汉、三国、两晋以及南朝时期，豫章郡、豫章国大致相当于今江西北部(吉安以北)地区。

原文

《礼经》:父之遗书,母之杯圈[1],感其手口之泽,不忍读用。政[2]为常所讲习,雠校缮写,及偏加服用[3],有迹可思者耳。若寻常坟典[4],为生什物,安可悉废之乎?既不读用,无容散逸,惟当缄保[5],以留后世耳。

译文

《礼经》上说:父亲遗留下来的书籍,母亲生前用过的酒杯,因为能从中感受到手指和口唇的气息,所以不忍心阅读或使用。只因为这些是他们生前经常讲习、雠校、缮写的书籍,以及专门使用的物品,遗留了可以引发哀思之情的痕迹在上面。如果是常用的典籍和生活用品,又怎么能够全部废弃不用呢?这些遗物既不忍心阅读使用,也不能散落遗失,只有好好封存起来,传给子孙后代。

注释

1 杯圈:形状弯曲的木质饮酒器。
2 政:通“正”,只。
3 服用:使用。
4 坟典:三坟、五典的并称。后为古代典籍的通称。
5 缄保:封存。

原文

思鲁等第四舅母,亲吴郡张建女也,有第五妹,三岁丧母。灵床上屏风,平生旧物,屋漏沾湿,出曝晒之,女

译文

思鲁几兄弟的四舅母,是吴郡张建的女儿,她有一个五妹,三岁时母亲就去世了。灵床上的屏风,是她母亲生前使用的旧物,有一次房屋漏雨,把这扇屏风打湿了,于是拿出去曝晒,五妹一看见,

子一见,伏床流涕。家人怪其不起,乃往抱持;荐席[1]淹渍,精神伤怛[2],不能饮食。将以问医,医诊脉云:“肠断矣!”因尔便吐血,数日而亡。中外怜之,莫不悲叹。

就趴在床上痛哭。家里人都奇怪她为何一直趴在床上不起身,于是把她抱了起来;只见席子已经全部被泪水浸湿,五妹精神恍惚,不能饮食。带她去看医生,医生诊脉以后说:“她已经伤心断肠了!”五妹随后便开始吐血,没过几天就死了。亲戚朋友对她都很怜惜,没有不悲叹的。

注释

1 荐席:席子。

2 伤怛(dá):也作怛伤。忧伤之义。

原文

《礼》云:“忌日不乐。”正以感慕罔极[1],恻怆无聊,故不接外宾,不理众务耳。必能悲惨自居,何限于深藏也?世人或端坐奥室[2],不妨言笑,盛营甘美,厚供斋食;迫有急卒,密戚至交,尽无相见之理:盖不知礼意乎!

译文

《礼记》上说:“忌日不作乐。”正因为有无穷的感念与哀思,哀伤之情无以言表,所以无法接待宾客,不能料理杂务。如果确实能够伤心独处,又何必藏身于室内呢?有的人虽然端坐在内室中,却照样谈笑风生,大肆享用美食,变着花样制作精美的素餐;然而一旦遇到紧急事务,不管是近亲还是好友,却都推说不便和他们相见:这种人大概是不懂得礼节的真正意义吧!

注释

1 罔极:指人子对于父母的无穷哀思。

2 奥室:内室,深宅。

原文

魏世王修[1]母以社日[2]亡;来岁社日,修感念哀甚,邻里闻之,为之罢社。今二亲丧亡,偶值伏腊[3]分至[4]之节,及月小晦后[5],忌之外,所经此日,犹应感慕,异于余辰,不预饮宴、闻声乐及行游也。

译文

魏朝人王修的母亲在社日这天去世。第二年的社日,王修感念自己的母亲,十分哀痛。邻居们听说以后,为此中止了社日的活动。现在,如果双亲去世的日子,刚好碰上伏祭、腊祭、春分、秋分、冬至、夏至这些节日,以及小月晦后那一天,除去忌日外,在这些日子依然要心怀感慕之情,和平日有所不同,不参加饮宴,不听乐曲,不外出游玩。

注释

1 王修:《三国志·魏书》:"王修字叔治,北海营陵(今山东昌乐东南)人也。年七岁丧母。"

2 社日:祭祀土神的日子。立春后第五个戊日为春社,立秋后第五个戊日为秋社。

3 伏腊:古代两种祭祀的名称。伏祭在夏季伏日,腊祭在农历十二月。

4 分至:指春分、秋分、冬至、夏至。

5 月小:即小月,指农历只有二十九天的月份。 晦后:六朝时有忌月的说法,忌月中又有忌前晦前、忌后晦后各三日的说法。

原文

刘縚、缓、绥，兄弟并为名器[1]，其父名昭[2]，一生不为照字，惟依《尔雅》火旁作召耳。然凡文与正讳[3]相犯，当自可避；其有同音异字，不可悉然。刘字之下，即有昭音。[4]吕尚之儿，如不为上；赵壹之子，傥不作一：便是下笔即妨，是书皆触也。

译文

刘縚兄弟都是有名的人才，他们的父亲名字叫昭，所以他们一辈子都不写"照"字，只是参照《尔雅》用"火"字旁加"召"字来代替。然而凡是文字和正名冲突，当然应该避讳；如果只是同音字，则不能一概而论。"刘"字的下半部即念"昭"音。吕尚的儿子如果一辈子不写"上"字，赵壹的儿子如果一辈子不写"一"字；那么会一下笔就犯难，一写书就触碰忌讳了。

注释

1 名器：有名的人才。

2 昭：《梁书·文学传》："刘昭，字宣卿，平原高唐（今山东高唐）人。……集《后汉》同异，以注范晔书。……出为剡令，卒官。……子縚，字言明。通'三礼'，大同中为尚书祠部郎，寻去职，不复仕。縚弟缓，字含度，少知名。历官安西湘东王记室；时西府盛集文学，缓居其首。"不载刘绥事迹，"绥"字疑衍。

3 正讳：正名。

4 "刘字"句："刘"字繁体为"劉"，下半部即"釗（钊）"字，与"昭"同音。

原文

尝有甲设宴席[1]，请乙为宾；而旦于公庭见乙之

译文

曾有某甲设宴，打算请某乙来做客；一大早在官署碰到乙的儿子，就问

子，问之曰："尊侯早晚顾宅？"乙子称其父已往。时以为笑。如此比例，触类慎之，不可陷于轻脱。

他说："令尊何时能够光临寒舍？"乙的儿子说他父亲已往。这句话在当时被传为笑柄。凡是遇到像这样的事情，应该慎重对待，不能随口轻佻地回答。

注释

1 宴席：酒席。

原文

江南风俗，儿生一期[1]，为制新衣，盥浴装饰，男则用弓矢纸笔，女则刀尺针缕，并加饮食之物，及珍宝服玩，置之儿前，观其发意所取，以验贪廉愚智，名之为试儿。亲表聚集，致宴享焉。自兹已后，二亲若在，每至此日，尝有酒食之事耳。无教之徒，虽已孤露，其日皆为供顿，酣畅声乐，不知有所感伤。梁孝元年少之时，每八月六日载诞[2]之辰，常设斋讲[3]；自阮修容[4]薨殁之后，此事亦绝。

译文

江南地区的风俗，孩子出生一周年，就要为他缝制新衣，给他沐浴打扮，男孩用弓箭纸笔，女孩用刀尺针线，还要加上饮食、珍宝和各类好玩的服饰器用，全部放在孩子面前，然后观察他想要抓取的物品，以此来预言孩子将来是廉洁还是贪婪，是愚蠢还是聪明，这种风俗被称作"试儿"。在这一天，亲戚们都聚集在一起，设宴招待。从那以后，只要父母在世，每到这个日子，就会设宴庆祝。有些没教养的家伙，虽然父母已经过世了，却还借此机会大办宴席，纵情享乐，不知道应该有所感伤。梁孝元帝年轻的时候，在每年八月初六生辰这一天，经常设置斋讲；从他的母亲阮修容去世之后，这种事便不再做了。

注释

1 一期:一周年。

2 载诞:诞生,出生。

3 斋讲:宣讲佛法的集会。

4 阮修容:梁孝元帝之母。《梁书》:“高祖阮修容,讳令嬴,本姓石,会稽余姚人也。齐始安王遥光纳焉。遥光败,入东昏宫。建康城平,高祖纳为彩女。天监七年八月,生世祖,寻拜为修容,常随世祖出蕃。大同六年六月,薨于江州内寝。……世祖即位,有司奏追崇为文宣太后。”修容,嫔妃官职名称。

原文

人有忧疾,则呼天地父母,自古而然。今世讳避,触途[1]急切。而江东士庶,痛则称祢[2]。祢是父之庙号,父在无容称庙,父殁何容辄呼?《苍颉篇》[3]有倄字,《训诂》云:“痛而呼[4]也,音羽罪反[5]。”今北人痛则呼之。《声类》[6]音于耒反,今南人痛或呼之。此二音随其乡俗,并可行也。

译文

人在有忧患疾病时,就会呼喊天地和父母,自古就是这样。现代人讲究避讳,处处都要求严格。而江东地区的士人和普通百姓,在悲痛时则呼叫祢。祢是亡父的庙号,父亲在世时不能叫庙号,怎么死后反倒动不动就叫呢?《苍颉篇》中有“倄”这个字,《训诂》解释说:“因悲痛而发出的号叫,读作羽罪反。”如今北方人悲痛时就呼叫“倄”。《声类》注解这个字的读音是于耒反,如今南方人悲痛时也有呼叫这个音的。这两个读音入乡随俗,都是可行的。

注释

1 触途:处处,各处。

2 祢(mí):古代对已在宗庙中立牌位的亡父的称谓。
3《苍颉篇》:古代一种启蒙识字书。最初由秦代李斯等人编写,称为“秦三仓”。后世不断扩充。
4 呼(hū):大声号叫。
5 反:反切,古代一种注音方法。
6《声类》:三国时魏人李登著,书已不存。

原文

梁世被系劾[1]者,子孙弟侄,皆诣阙[2]三日,露跣[3]陈谢;子孙有官,自陈解职。子则草屩[4]粗衣,蓬头垢面,周章[5]道路,要候执事,叩头流血,申诉冤枉。若配徒隶[6],诸子并立草庵于所署门,不敢宁宅[7],动经旬日,官司驱遣,然后始退。江南诸宪司[8]弹人事,事虽不重,而以教义见辱者,或被轻系而身死狱户者,皆为怨仇,子孙三世不交通矣。到洽[9]为御史中丞,初欲弹刘孝绰[10],其兄溉[11]先与刘善,苦谏

译文

梁朝被囚禁的人,子孙弟侄全都要到天子的宫阙前,连续三天,露髻赤足,感谢不杀之恩;子孙中有做官的,自己主动请求解除官职。儿子们则穿上草鞋和粗布衣服,蓬头垢面,仓皇惊惧地守在道路两旁,等执事官员经过时,拦住他们,不断叩头至流血,申诉父亲的冤情。如果某人被发配去服劳役,他的儿子们就一起在官署门口搭上草棚,不敢回家独自安居,一住就是十几天,直到官府派人驱赶,才渐渐离开。在江南地区,如果某人被各宪司弹劾,罪名可能不严重,但假如是因为教义方面的事被弹劾,或者因为被拘捕而身死狱中,都会使被弹劾者和弹劾者之间成为仇敌,子孙三代都不往来。到洽做御史中丞时,一开始打算弹劾刘孝绰,他的哥哥到溉和刘孝绰关系亲近,苦苦规劝到洽不要弹劾,但是到洽不听,到溉只好和刘孝

不得，乃诣刘涕泣告别而去。

绰垂泪道别，然后离开了。

注释

1 系劾：囚禁论罪。

2 诣阙：到天子的宫阙。

3 露跣(xiǎn)：露髻赤足，表示有罪。

4 屩(juē)：草鞋。

5 周章：仓皇惊惧。

6 徒隶：服劳役的犯人。

7 宁宅：安居。

8 宪司：御史的别称。

9 到洽：字茂沿，彭城武原(今江苏徐州邳州)人。《梁书·到洽传》："六年，迁御史中丞，弹纠无所顾望，号为劲直，当时肃清。"

10 刘孝绰：字孝绰，本名冉，小字阿士，彭城(今江苏徐州)人。刘孝绰任廷尉卿时，把小妾带进官府，而自己的母亲仍留在家里，后因此事被到洽弹劾免职。

11 溉：《梁书·到溉传》："溉字茂灌……少孤贫，与弟洽俱聪敏，有才学。"

原文

兵凶战危[1]，非安全之道。古者，天子丧服以临师，将军凿凶门[2]而出。父祖伯叔，若在军阵，贬损自居，不宜奏乐宴会及婚冠吉庆事也。若居围城之中，憔悴容色，除去

译文

兵凶战危，都是不安全的。古时候，天子穿着丧服去统领军队，将军在征战前凿一扇朝北的凶门，从这里出征。某人的父祖伯叔如果在军队里，他就应当自我约束，不适宜宴饮奏乐，也不适宜参加婚礼、冠礼等喜庆活动。如果身处于被围困的城池中，应当面容憔悴，除

饰玩,常为临深履薄[3]之状焉。父母疾笃[4],医虽贱虽少,则涕泣而拜之,以求哀[5]也。梁孝元在江州,尝有不豫[6];世子[7]方等[8]亲拜中兵参军李猷焉。

去饰物玩器,常常战战兢兢,表现出如临深渊、如履薄冰的样子。如果父母病势沉重,哪怕大夫出身低贱年纪轻,也要流着眼泪拜请,以乞求大夫的怜悯。梁孝元帝在江州的时候,曾经生过一场病,长子方等就亲自前去拜请中兵参军李猷。

注释

1 兵凶战危:指战事凶险可怕。《汉书·晁错传》:"兵,凶器;战,危事也。以大为小,以强为弱,在俯仰之间耳。"

2 凶门:古代将军出征时,凿一扇向北的门,由此出发,如同办丧事一样,以示必死的决心,称"凶门"。

3 临深履薄:如临深渊,如履薄冰。

4 疾笃:病势沉重。

5 求哀:乞求怜悯。

6 不豫:指天子生病。

7 世子:古代天子、诸侯的嫡长子或儿子中继承帝位或王位的人。

8 方等:梁孝元帝的长子,字实相。

原文

四海之人,结为兄弟,亦何容易。必有志均义敌,令终如始者,方可议之。一尔之后,命子拜伏,呼为丈人,申父友之

译文

四海之人聚在一起,结交为兄弟,谈何容易。一定要志趣相投,义气相当,对朋友从一而终,才能够加以考虑。一旦结交为朋友,就让自己的孩子向他下拜行礼,称他为丈人,以示对父亲朋友的

敬；身事彼亲，亦宜加礼。比见北人，甚轻此节，行路相逢，便定昆季[1]，望年观貌，不择是非，至有结父为兄，托子为弟者。

尊敬；对朋友的双亲，也要以礼相待。我看那些北方人，在这方面非常轻率，陌路相逢，动不动就结交为兄弟，只是问问年龄看看样貌，不仔细斟酌是非，以至于有把父辈当成兄长，把子侄辈当成弟弟的。

注释

1 昆季：兄弟。长为昆，幼为季。

原文

昔者，周公一沐三握发，一饭三吐餐[1]，以接白屋之士[2]，一日所见者七十余人。晋文公[3]以沐辞竖头须[4]，致有图反[5]之诮。门不停宾，古所贵也。失教之家，阍寺[6]无礼，或以主君寝食嗔怒，拒客未通，江南深以为耻。黄门侍郎[7]裴之礼，号善为士大夫，有如此辈，对宾杖之；其门生僮仆，接于他人，折旋俯仰，辞色应对，莫不肃敬，与主无别也。

译文

从前，周公为了接待那些贫寒的读书人，宁愿在沐浴和吃饭时多次中断，一天接见的人达七十多个。晋文公以沐浴为借口拒绝会见竖头须，以致招来图反的嘲讽。家门口宾客不断往来，是古人所看重的。那些缺乏教养的家庭，看门人没有礼貌，有的看门人以主人正在睡觉、吃饭或者心情不好为由，拒绝为宾客通报，这在江南地区是深以为耻的。黄门侍郎裴之礼被称作士大夫中的楷模，如果他家中有这样对待宾客的守门人，就会被当着宾客的面杖责；所以他家的守门人和仆人们在接待宾客时，言行举止没有不严肃恭敬的，和对待主人没有什么区别。

注释

1 一沐三握发，一饭三吐餐：《史记·鲁周公世家》："然我一沐三捉发，一饭三吐哺，起以待士，犹恐失天下之贤人。"指周公沐浴时需要三次握住散乱的头发，吃饭时需要三次停顿。

2 白屋之士：指贫寒的读书人。白屋，指平民所住的茅屋，因无色彩装饰，故名。

3 晋文公：姬姓，名重耳，是春秋时期晋国的第二十二任君主，公元前636年至前628年在位。晋文公文治武功卓著，是春秋五霸中的第二位霸主，与齐桓公并称为"齐桓晋文"。

4 竖头须：晋文公的小臣，又叫里凫须。在重耳逃出晋国时，他偷了财物潜逃，后用这些钱财设法让文公回国。

5 图反：想法反常。

6 阍(hūn)寺：豪贵之家的看门人。

7 黄门侍郎：又称黄门郎，即给事于宫门之内的郎官，是皇帝近侍之臣，可传达诏令。

慕贤第七

导读

本篇主要谈论人才的重要。自古圣贤难得，一旦遇上，就要珍惜他，仰慕他，学习他。对个人而言，和有才能的人相处，就会"如入芝兰之室，久而自芳"；对国家而言，重用那些有才能的人，就能时局稳定，百姓安宁。

如羊侃兵临城下而不惧，部署筹划，以一抵百；如杨遵彦于文宣帝昏庸之际，运筹帷幄，保社稷安稳。相反，如果和恶人交好，就会“如入鲍鱼之肆，久而自臭”。贤能之士如果被诛杀，则会引发局势动乱，国力衰退。在论证人才重要性的同时，颜之推还指出了世间常见的几种弊端：一、世人对人才抱有“贵耳贱目，重遥轻近”的偏见，所以会犯下舍近求远的错误，如鲁国人戏称孔子为“东家丘”，虞国国君看不上自己的发小宫之奇的谏言。二、“用其言，弃其身”，引用他人的言论和观点而不注明，把它当作自己的成果，这种行为就像偷盗别人的财物一样，应当受到处罚。三、世人常以身份的高低贵贱来衡量一个人的才能，因此导致人才被埋没。

原文

古人云：“千载一圣，犹旦暮也；五百年一贤，犹比髆[1]也。”言圣贤之难得疏阔如此。傥遭不世明达君子，安可不攀附景仰之乎？吾生于乱世，长于戎马，流离播越[2]，闻见已多，所值名贤，未尝不心醉魂迷向慕之也。人在少年，神情未定，所与款狎[3]，熏渍陶染，言笑举动，无心于学，潜移暗化，自然似之，何况操履[4]艺能，较明易习者也？是以与善人居，如入芝兰之

译文

古人说：“一千年出一位圣人，快得好像从早晨到晚上；五百年出一位贤者，近得好像一个挨着一个。”意思是说圣贤之士难得到这种程度。如果碰上了世间难得的明达君子，怎能不攀附景仰他呢？我出生在乱世，成长于战争年代，流离失所，所见所闻算是多的了，然而只要遇到有名的贤人，未尝不心醉魂迷向往钦慕他。人在年少时，性情还不稳定，与朋友亲近，相互熏染，言笑举动，虽然不是有意去学，但是潜移默化，已经彼此相像了，何况操守和技艺这些明显容易学习的东西呢？因此，和善人住在一起，就像进入种满了芝草和兰草的屋子，待得久了，自己也会变得芳香；和恶人住在一

室，久而自芳也；与恶人居，如入鲍鱼之肆[5]，久而自臭也。墨子悲于染丝[6]，是之谓矣，君子必慎交游焉。孔子曰："无友不如己者。"[7]颜、闵[8]之徒，何可世得，但优于我，便足贵之。

起，则像进入了卖咸鱼的店铺，久而久之，自己也会变得腥臭。墨子为染丝而叹息，就是这个意思，君子在与人交往时一定要慎重。孔子说："不要和不如自己的人交朋友。"像颜回、闵损那样的人，哪里是那么容易遇到的，只要是比我强的人，便足以值得我去崇敬了。

注释

1 比髆：胳膊挨着胳膊。形容非常近。

2 播越：流亡不定。

3 款狎：亲近，亲昵。

4 操履：操守。

5 鲍鱼之肆：卖咸鱼的店铺。

6 墨子悲于染丝：《墨子·所染篇》："子墨子言见染丝者而叹曰：'染于苍则苍，染于黄则黄，所入者变，其色亦变，五入必，而已则为五色矣：故染不可不慎也。'"

7 无友不如己者：出自《论语·学而》。

8 颜、闵：指孔子的弟子颜回、闵损。颜回字子渊，尊称颜子。春秋末期鲁国（今山东曲阜）人。十四岁拜孔子为师，是孔子最著名的弟子。闵损字子骞，尊称闵子。祖籍鲁国，徙居宋国相邑（今安徽涡阳）。在孔门弟子中以德行与颜回并称，为孔门七十二贤之一。

原文

世人多蔽[1]，贵耳贱目，重遥轻近。少长

译文

世人对事物大多有一种偏见：相信耳朵听到的，不相信眼睛看到的，重视远

周旋，如有贤哲，每相狎侮，不加礼敬；他乡异县，微借风声，延颈企踵，甚于饥渴。校其长短，核其精粗，或彼不能如此矣。所以鲁人谓孔子为东家丘。昔虞国宫之奇[2]，少长于君，君狎之，不纳其谏，以至亡国，不可不留心也！

处的，轻视身边的。从小到大所交往的人当中，如果有贤能之士，大家往往会戏弄他，对他不礼貌、不尊敬；而对他乡异县那些稍微有点名气的人，却伸长脖颈、踮起脚跟，盼望见上一面的心情比饥渴还要迫切。如果客观地比较一下长短优劣，可能反倒还不如身边的人。所以，鲁国人开玩笑似的把孔子称为“东家丘”。从前虞国的宫之奇从小和国君一起长大，国君和他很亲近，因此对他的谏言反倒一点也不重视，以至于亡国，这个教训不能不当心啊！

注释

1 蔽：蒙蔽。这里指偏见。

2 宫之奇：生卒不详，春秋时虞国辛宫里（今山西平陆）人。晋国向虞国借道攻打虢国，宫之奇向虞国国君进谏，认为“唇亡齿寒”，应该拒绝晋国的要求，虞国国君不听。后来，晋国借道灭了虢国以后，又乘机灭了虞国。

原文

用其言，弃其身，古人所耻。凡有一言一行，取于人者，皆显称之，不可窃人之美，以为己力；虽轻虽贱者，必归功焉。窃人之

译文

采用一个人的言论，却抛弃这个人本身，古人认为这是可耻的行为。大凡有一言一行是采纳他人的，都应该进行说明，不能偷取别人的成果，把它当成是自己的；即使那个人地位低贱，也要肯定他的功劳。偷窃他人的财物，会受到刑法的制

财，刑辟[1]之所处；窃人之美，鬼神之所责。

裁；窃取他人的成果，会遭到鬼神的责罚。

注释

1 刑辟：刑法，刑律。

原文

梁孝元前在荆州，有丁觇[1]者，洪亭民耳，颇善属文，殊工草、隶，孝元书记，一皆使之。军府轻贱，多未之重，耻令子弟以为楷法。时云："丁君十纸，不敌王褒[2]数字。"吾雅爱其手迹，常所宝持。孝元尝遣典签[3]惠编送文章示萧祭酒[4]，祭酒问云："君王比赐书翰，及写诗笔，殊为佳手，姓名为谁？那得都无声问？"编以实答，子云叹曰："此人后生无比，遂不为世所称，亦是奇事！"于是闻者少复刮目，稍仕至尚书仪曹郎。末为

译文

梁孝元帝从前在荆州时，有个叫丁觇的，是洪亭人，文章写得非常好，尤其擅长草书和隶书，孝元帝的文书，全部都交给他来抄写。军府里的人瞧不起丁觇，对他的书法并不看重，不愿意让自家子弟学习他的书法。当时流传着一句话："丁君书写十张纸，比不上王褒几个字。"我喜爱丁觇的书法，常常把它们珍藏起来。孝元帝曾经派一个叫惠编的典签送文章给祭酒萧子云，萧子云问："国君所赐的书信，还有书写的笔法，都出自高手，此人姓甚名谁？怎么从没有听说过呢？"惠编把实际情况告诉他，萧子云叹息道："这个人在后辈中是无人能比的，却不被世人称道，这真是件奇怪的事！"后来，听闻这件事的人才对丁觇稍微刮目相看，丁觇在仕途上也得到了一些提升，做到了尚书仪曹郎。最终，丁觇成为

晋安王[5]侍读，随王东下。及西台陷殁，简牍湮散[6]，丁亦寻卒于扬州。前所轻者，后思一纸不可得矣。

晋安王的侍读，跟晋安王东下。后来西台沦陷，书简全部湮没散佚，丁觇不久也死于扬州。从前瞧不起他的那些人，后来想得到他的一张纸也是不可能的了。

注释

1 丁觇(chān)：梁朝人。善属文，工草隶。官至尚书仪曹郎。

2 王褒：《周书·王褒传》："王褒字子渊，琅邪临沂(今山东临沂)人也。……梁国子祭酒萧子云，褒之姑夫也，特善草隶。褒少以姻戚，去来其家，遂相模范。俄而名亚子云，并见重于世。"

3 典签：官名。是处理文书的小吏。

4 祭酒：学官名。萧祭酒即萧子云，见注2。

5 晋安王：即梁简文帝萧纲。萧纲，字世赞，梁武帝萧衍第三子，初封晋安王。

6 湮散：湮没散佚。

原文

侯景[1]初入建业[2]，台门[3]虽闭，公私草扰[4]，各不自全。太子左卫率[5]羊侃[6]坐东掖门，部分经略[7]，一宿皆办，遂得百余日抗拒凶逆。于时，城内四万许人，王公朝士，不下一百，便是恃侃一人安之，其相去如此。古人云：

译文

侯景刚进入南京时，城门虽然关闭，但城内的官员和百姓们一片混乱，人人自危。太子左卫率羊侃坐守东掖门，筹划抵抗事宜，一夜之间全部部署到位，于是才能抗击叛军长达一百多天。当时城内四万多人，其中王公大臣不下一百，都是靠羊侃一人安定下来的，才能高下立判。古人说："巢父、许由二人不肯接受天下，而市井小人却连

“巢父、许由[8]，让于天下；市道小人，争一钱之利。”亦已悬矣。

一分钱的利益都争个不休。”两者之间的差距实在是悬殊。

注释

1 侯景：字万景，北魏怀朔镇（今内蒙古固阳南）人。侯景擅长骑射，北魏末年投靠尔朱荣，不久又转投高欢。梁武帝太清元年(547)率部投降梁朝，驻守寿阳（今安徽寿县）。548年9月，侯景起兵叛乱。551年，侯景篡位自立为皇帝，改国号为“汉”，称南梁汉帝，史称“侯景之乱”。不久，即被梁将王僧辩、陈霸先击败，后被杀。

2 建业：即今江苏南京。

3 台门：台城的城门。台城是东晋至南朝时期的台省（中央政府）和皇宫所在地，位于今江苏南京城内。

4 草扰：仓促纷乱，惊恐不安。

5 太子左卫率：官职名。主管门卫。

6 羊侃：字祖忻，泰山梁父（今山东泰安东南）人，南北朝时期南梁名将。

7 经略：筹划，谋划。

8 巢父、许由：都是唐尧时代的贤人。尧以天下让之，二人均不接受。事见晋皇甫谧《高士传》。

原文

齐文宣帝[1]即位数年，便沉湎纵恣[2]，略无纲纪[3]；尚能委政尚书令杨遵彦[4]，内外清谧，朝野晏如[5]，各得其所，物无异议，终天保[6]之

译文

齐朝文宣帝即位几年以后，就开始沉湎酒色，肆意放纵，丝毫不讲法纪；但是他能把政务委托给尚书杨遵彦，所以内外清净，朝野安宁，大家各得其所，没有争议，使天保一朝得以善终。后来，遵彦被孝昭帝杀害，国家的刑法政令于是衰败了。斛

朝。遵彦后为孝昭[7]所戮，刑政[8]于是衰矣。斛律明月[9]齐朝折冲[10]之臣，无罪被诛，将士解体，周人始有吞齐之志，关中至今誉之。此人用兵，岂止万夫之望而已也！国之存亡，系其生死。

律明月是齐朝退敌安邦的有功之臣，却无罪被诛杀，军队的将士们人心涣散，周朝才开始滋生灭掉齐的欲望，关中地区的人们至今仍对斛律明月赞誉不绝。这个人用兵，何止是万人所望而已！他一个人的生死，关系着整个国家的存亡。

注释

1 齐文宣帝：南北朝时期北齐政权的开国皇帝，名高洋，字子进，北魏怀朔镇（今内蒙古固阳南）人。

2 纵恣：肆意放纵。

3 纲纪：法律制度。

4 杨遵彦：杨愔(yīn)，字遵彦，弘农华阴（今陕西华阴）人，南北朝时期北齐宰相。

5 晏如：安定，安宁。

6 天保：北齐文宣帝的年号。

7 孝昭：北齐孝昭帝高演，字延安，与文宣帝是同母兄弟。文宣帝死后，高演发动政变，废侄子高殷，自立为帝。因受杨遵彦等猜斥，遂杀之。

8 刑政：刑法政令。

9 斛律明月：斛律光，字明月，朔州（今内蒙古固阳西南）人，北齐名将。周朝将军韦孝宽忌惮斛律光英勇善战，于是派间谍散布斛律光谋反的谣言，祖珽、高纬等与斛律光有过节的朝中大臣趁机附和，最终导致斛律光满门被斩。

10 折冲：击退敌人攻城的战车。指拒敌取胜。冲，战车。

原文

张延隽之为晋州行台[1]左丞，匡维[2]主将，镇抚疆场，储积器用，爱活黎民，隐[3]若敌[4]国矣。群小不得行志，同力迁之；既代之后，公私扰乱，周师一举，此镇先平。齐亡之迹，启于是矣。

译文

张延隽到晋州做行台左丞，匡正维护主将，镇守安抚疆场，储备聚集物资，爱护救助百姓，深沉稳重，仿佛可以与整个国家匹敌。那些卑鄙小人不能放肆行事，于是联合起来，把张延隽放逐了；那些人取代了他的位置以后，公私不分，晋州一片混乱，周朝的军队一来，晋州一下子就被侵占了。齐国败亡的痕迹，从这里开始显现。

注释

1 行台：朝廷派大臣到外地督察军政，称为行台。
2 匡维：匡正维护。
3 隐：威重的样子，深沉稳重。
4 敌：匹敌。

卷三

勉学第八

导读

本篇主要从不同角度探讨学习的重要性。人生在世,首先必须通过学习来掌握一技之长,“农民则计量耕稼,商贾则讨论货贿,工巧则致精器用,伎艺则沉思法术,武夫则惯习弓马,文士则讲议经书”。颜之推对梁朝那些不学无术的贵族子弟进行了辛辣的讽刺,他们蒙祖先荫庇,“上车不落则著作,体中何如则秘书”,在太平时期极尽奢靡浮夸,“从容出入,望若神仙”;到了乱世则连基本的求生技能都不会,“兀若枯木,泊若穷流,鹿独戎马之间,转死沟壑之际”。以此说明“父兄不可常依,乡国不可常保”,只有自己掌握一技之长,才能保证无论身处顺境还是逆境,都能找到立足之地。而读书又是众多技能中最容易掌握的,一个博览群书的人,“纵不能增益德行,敦厉风俗,犹为一艺,得以自资”。读书可以弥补人的不足,改正人的过失。但是,身为读书人,如果五谷不分,四体不勤,只空谈,不实干,则会沦为笑柄。颜之推对当时盛行的清谈之风予以批判,认为这种风气以“三玄”为宗旨,不顾国计民生,一味崇尚老庄,空谈玄理,对改良社会风气没有丝毫帮助。颜之推在本篇还提出了许多值得借鉴的学习方法:读书要趁早,假如小时候没有条件学习,成年后也不要自暴自弃,只要加倍努力,依然能够有所建树,曾子、荀子、公孙弘、朱云等人都是老来求学的典范;学习要刻苦,梁朝人刘绮、朱詹、臧逢世等都是出身贫寒但不放弃学习的典范;做学问要靠真才实学,忌不着边际,像博士买驴那样废话连篇；勤学好问，向他人请教或相互切磋都有助于提高学习效率；学无止境，忌骄傲自满；引用典故要有所考证，不能道听途说，人云亦云，以讹传讹；文字是读书学习的根本，不打好文字基础而只追求博闻，就会犯下许多可笑的错误；校订书籍需慎重，“观天下书未遍，不得妄下雌黄”。此外，颜之推在本篇中还抨击了士大夫们“耻涉农商，差务工伎”的社会现象，并提出农夫、屠户等各行各业都有值得学习的人，这无疑是一种进步的思想。

原文

自古明王圣帝，犹须勤学，况凡庶乎！此事遍于经史，吾亦不能郑重，聊举近世切要[1]，以启寤[2]汝耳。士大夫子弟，数岁已上，莫不被教，多者或至《礼》《传》，少者不失《诗》《论》。及至冠婚，体性稍定，因此天机，倍须训诱。有志尚者，遂能磨砺，以就素业[3]；无履立者，自兹堕[4]慢，便为凡人。人生在世，会当有业，农民则计量耕稼，商贾则讨论货贿，工巧则致精器用，伎艺则沉思法术，武夫则惯习弓马[5]，文士则讲议经

译文

自古以来，那些贤明的帝王尚且须勤奋学习，何况是普通百姓呢！这类事例在经书史书中随处可见，我也就不多说了，只略举一些近代的要领，以启发你们的心智。士大夫子弟，几岁以后，没有不接受教育的，多的甚至已经学了《礼记》《左传》，少的也至少学完了《诗经》《论语》。等到了加冠婚娶的年龄，体质和性情都逐渐成形，趁此良机，要加倍训练诱导。那些心存大志的人，开始磨炼身心，以成就家族的事业；那些没有操守的人，自此开始怠惰散漫，渐渐成为庸人。人生在世，应当学有所专，是农民就计划耕种庄稼，是商人就讨论买卖货物，是工匠就精制器具，是艺人就研习技艺，是武士就练习骑射，是文人就讲议经书。我经常看到士大夫以

书。多见士大夫耻涉农商，差务工伎，射则不能穿札[6]，笔则才记姓名，饱食醉酒，忽忽无事，以此销日，以此终年。或因家世余绪[7]，得一阶半级，便自为足，全忘修学，及有吉凶大事，议论得失，蒙然张口，如坐云雾，公私宴集，谈古赋诗，塞默低头，欠伸而已。有识旁观，代其入地。何惜数年勤学，长受一生愧辱哉！

从事农业和商业为耻，又缺乏工匠和艺人的技术，射箭不能穿透铠甲，写字则只记得自己的名字，酒足饭饱，无所事事，就这样消磨时光，了此一生。有的人靠着祖先的荫庇，谋得一官半职，便自我满足，完全忘记修习学业，等到遇上吉凶大事，议论起得失来，便张口结舌，云里雾里，不知所云，在各种公私宴会上，大家谈古论今，赋诗联句，他却低头沉默，一句话也接不上来，只能打打哈欠伸伸懒腰罢了。旁观的有识之士，都替他感到羞惭，恨不得钻到地底下。又何必吝惜几年的勤学时光，而忍受一辈子的羞辱呢？

注释

1 切要：重点，要领。
2 寤：同“悟”。理解，明白。
3 素业：先世所遗之业。旧时多指儒业。
4 堕：通“惰”。
5 弓马：骑射。
6 穿札：射穿铠甲。札，铠甲的叶片。
7 余绪：留传给后世的部分。

原文

梁朝全盛之时，贵游子弟[1]，多无学术，至

译文

在梁朝全盛时期，那些没有官职的贵族子弟，大多不学无术，以至于坊间流传

于谚曰："上车不落[2]则著作[3]，体中何如[4]则秘书[5]。"无不熏衣剃面，傅粉施朱，驾长檐车，跟高齿屐，坐棋子方褥，凭斑丝隐囊[6]，列器玩于左右，从容出入，望若神仙。明经[7]求第，则顾[8]人答策[9]；三九公宴，则假手赋诗。当尔之时，亦快士[10]也。及离乱之后，朝市[11]迁革，铨衡[12]选举，非复曩者之亲；当路秉权，不见昔时之党。求诸身而无所得，施之世而无所用。被褐[13]而丧珠，失皮而露质，兀[14]若枯木，泊若穷流，鹿独[15]戎马之间，转死沟壑之际。当尔之时，诚驽材[16]也。有学艺者，触地而安。自荒乱以来，诸见俘虏。虽百世小人[17]，知读《论语》《孝经》者，尚为人师；虽千载冠冕，不

着这样一句话："刚刚学会坐车的小孩就能当著作郎，仅仅会书写寒暄用语的人就能当秘书。"他们全都热衷于拿香料熏制衣服，修刮脸面，涂脂抹粉，他们外出时乘坐长檐车，脚穿高齿木屐，坐着方格图案的丝绸坐褥，靠着彩色软垫，身边摆放着各种古玩器具，悠闲地来来往往，仿佛神仙一样。遇上选拔考试，就雇人替他们应对；出席三公九卿的宴会，就请人代他们赋诗。在当时，他们也算得上是"优秀人才"。后来到了乱世，朝廷人事变迁，主管选举的不再是从前的亲戚；执政掌权的也不再是昔日的朋党。想要靠自己，自身却一无所有；想要在社会上谋一条出路，却没有任何有用的本领。于是只好穿上粗衣麻布，变卖珠宝首饰，失去华丽的外表，露出本来的面目，像干枯的树枝一般茫然，像干涸的河流一般浅薄，在战乱中颠沛流离，最后被弃尸于荒野沟壑。这时候，他们真称得上是地道的蠢材。有学问或手艺的人，不管在哪里都能够安身。自从战乱以来，我看到过许多俘虏。在他们中间，有的虽然世代平民，但是因为他们懂《论语》《孝经》，所以还可以给别人当老师；而那些贵族

晓书记者，莫不耕田养马。以此观之，安可不自勉耶？若能常保数百卷书，千载终不为小人也。

子弟，虽然世代为官，却连最基本的书写都做不来，结果没有一个不去耕田养马的。由此可见，怎么能不自我勉励努力学习呢？如果家中能保有几百卷书籍，即使过了千百年，后代也不会沦为平庸之辈。

注释

1 贵游子弟：没有官职的贵族子弟。游，游闲。指无官职。

2 上车不落：登车时不跌倒。这里指刚刚会坐车的小孩子。

3 著作：即著作郎，官名。三国魏明帝始置，属中书省，为编修国史之任。晋惠帝时起，改属秘书省，称大著作郎。南朝末期为贵族子弟初任之官。

4 体中何如：为当时写信时使用的客套语。这里指贵族子弟没有真才实学，仅仅能作一般问候起居的书信而已。

5 秘书：古代称掌管图书之官为秘书。

6 斑丝隐囊：彩色丝线制成的软靠垫。

7 明经：选举官员的科目考试，始于汉武帝时期。被推举者须明习经学，故以"明经"为名。

8 顾：通"雇"。

9 答策：朝廷选拔人才时，提出政治、经济等问题，要求应选者作答，称为"答策"。

10 快士：优秀人才。快，佳，优秀。

11 朝市：朝廷。

12 铨衡：主管选拔官吏的职位。

13 被褐(pī hè)：穿着粗布衣服。形容处境贫困。褐，粗布或粗布衣服。古代指穷人所穿的衣服。

14 兀：茫然无知。

15 鹿独:方言。颠沛流离之意。
16 驽材:平庸低劣之材。
17 小人:平民百姓。

原文

夫明“六经”[1]之指[2],涉百家之书,纵不能增益德行,敦厉[3]风俗,犹为一艺,得以自资[4]。父兄不可常依,乡国不可常保,一旦流离,无人庇荫,当自求诸身耳。谚曰:“积财千万,不如薄伎在身。”伎之易习而可贵者,无过读书也。世人不问愚智,皆欲识人之多,见事之广,而不肯读书,是犹求饱而懒营馔,欲暖而惰裁衣也。夫读书之人,自羲、农[5]已来,宇宙之下,凡识几人,凡见几事,生民之成败好恶,固不足论,天地所不能藏,鬼神所不能隐也。

译文

通晓“六经”要旨,涉猎百家著述,即使不能增强德行,不能改进社会风俗,也至少算是掌握了一技之长,可以靠这个自谋生路。父亲和兄长不可能一辈子依赖,家乡和邦国不可能永远太平,一旦颠沛流离,没有人可以依靠,就靠自己了。俗话说:“积财千万,不如薄技在身。”技艺中最容易掌握而又值得崇尚的莫过于读书了。世人不管愚蠢还是聪明,都希望认识更多的人,见识更多的事,然而却不肯用心读书,这简直就像想要填饱肚子却不愿意做饭,想要穿得暖和却懒得裁制衣服一样。那些读书人,自打伏羲、神农以来,在整个世界上,一共见识了多少人、多少事,了解了人们的成败和好恶,这些都不值得一提,就连天地和鬼神都不能隐藏。

注释

1 “六经”：指《诗经》《尚书》《礼经》《易经》《乐经》《春秋》。
2 指：通“旨”。
3 敦厉：敦促勉励。
4 自资：自给，自谋生计。
5 羲、农：指伏羲、神农。

原文

有客难主人[1]曰：“吾见强弩长戟，诛罪安民，以取公侯者有矣；文义习吏，匡时富国，以取卿相者有矣；学备古今，才兼文武，身无禄位，妻子饥寒者，不可胜数，安足贵学乎？”主人对曰：“夫命之穷达，犹金玉木石也；修以学艺，犹磨莹[2]雕刻也。金玉之磨莹，自美其矿璞[3]；木石之段块，自丑其雕刻。安可言木石之雕刻，乃胜金玉之矿璞哉？不得以有学之贫贱，比于无学之富贵也。且负甲为兵，咋笔[4]为吏，

译文

有客人责问我说：“我看那些靠强弓长戟诛灭罪犯，安抚百姓，以此谋取公侯爵位的人是存在的；那些谙熟礼仪和为官之道，挽救时局，富强国家，以此获得高官厚禄的人是有的；那些博古通今，文武兼备，然而并无一官半职，妻子儿女跟着忍饥受冻的人，却数也数不过来，如此看来，学习有什么值得看重的呢？”我回答他说：“命运困顿或显达，如同金玉和木石一般；学习知识和技术，就好比是磨莹和雕刻的过程。金玉经过磨治，自然比矿璞要美得多；木段和石块，自然比经过雕刻的要丑得多。难道就可以说雕刻过的木石比未经琢磨的金玉要强吗？不能拿有学问的贫贱之士和不学无术的富贵之人相比较。那些身披铠甲当士兵的，那些拿起笔做小官

身死名灭者如牛毛，角立杰出者如芝草；握素披黄[5]，吟道咏德，苦辛无益者如日蚀，逸乐名利者如秋荼[6]，岂得同年而语矣。且又闻之：生而知之者上，学而知之者次。所以学者，欲其多知明达耳。必有天才，拔群出类，为将则暗与孙武[7]、吴起[8]同术，执政则悬[9]得管仲[10]、子产[11]之教，虽未读书，吾亦谓之学矣。今子即不能然，不师古之踪迹，犹蒙被而卧耳。”

的，身死名灭者多如牛毛，角立杰出者稀如芝草；那些勤奋学习、传扬道德的人，辛辛苦苦却没有得到益处的像日蚀那样少见，而安逸享乐、追逐名利的却像秋荼那样繁多，怎能相提并论呢？况且我还听说：天生就会的是上等人，通过学习才会的是次一等的人。人之所以要学习，就是想要使自己增长知识，明理通达。如果有天才，那一定是出类拔萃的人，当将领的话，暗合孙武、吴起的兵法谋略；主持政事的话，则天生具备管仲、子产的政教才能。这样的人，即使不读书，我也认为他们是有学问的。现在你不能够做到像他们那样，又不愿意效仿古人的学习方法，就好比蒙着被子睡大觉一样，什么也不知道。”

注释

1 主人：作者自谓。

2 磨莹：磨治物品，使之光亮。

3 矿璞：未经炼制的矿石、玉石。

4 咋(zé)笔：犹操笔。古人构思文章时常以口咬笔杆，故称。

5 握素披黄：指勤奋学习。素，白绢，古代用以书写。黄，雌黄，古代用以涂改文字、校点书籍。

6 秋荼：荼，茅草、芦苇之类的小白花。荼在秋天盛开，以此比喻繁多。

7 孙武：字长卿，春秋末期齐国乐安(今山东北部地区)人。春秋时期著名军事家、政治家。尊称“孙子”。

8 吴起：战国初期军事家、政治家，兵家代表人物。卫国左氏（今山东菏泽定陶一带）人。尊称“吴子”。

9 悬：预先。

10 管仲：姬姓，管氏，名夷吾，字仲，谥敬。春秋时期法家代表人物，颍上（今安徽阜阳颍上）人。尊称“管子”。

11 子产：名侨，字子产，又字子美，谥成子。春秋末期郑国的政治家、思想家。又被称为公孙侨、公孙成子、东里子产。

原文

人见邻里亲戚有佳快[1]者，使子弟慕而学之，不知使学古人，何其蔽也哉？世人但知跨马被甲，长矟[2]强弓，便云我能为将；不知明乎天道，辩乎地利，比量逆顺，鉴达兴亡之妙也。但知承上接下，积财聚谷，便云我能为相；不知敬鬼事神，移风易俗，调节阴阳，荐举贤圣之至[3]也。但知私财不入，公事夙办，便云我能治民；不知诚已刑[4]物，执辔如组[5]，反风灭火[6]，化鸱为凤[7]之术也。但知抱令守律，早刑晚舍[8]，便云我能平狱；不

译文

有人见邻里或亲戚中有优秀人物，就让子弟去仰慕学习，却不知道让他们去学习古人，这种做法多么无知啊！世人只知道骑马披甲，长矛强弓，就声称我也能当将领；却不懂分辨天时地利，衡量形势好坏，明察兴衰成败的奥妙。只知道上传下达，积财储粮，就声称我也能做宰相；却不知道敬鬼事神，移风易俗，调节阴阳，举荐贤圣之人的准则。只知道不谋私财，勤于公事，就声称我能够治理民众；却不知道以诚服人，以德感天，反风灭火，化鸱为凤的方法。只知道死守律令，早判晚赦，就说我能秉公办案；却不知道同辕观罪、分剑追财，用假言诱导就能使坏人露出马脚，不

知同辕观罪，分剑追财[9]，假言而奸露[10]，不问而情得[11]之察也。爰及农商工贾，厮役奴隶，钓鱼屠肉，饭牛牧羊，皆有先达[12]，可为师表，博学求之，无不利于事也。

用审问就能得知真相的洞察力。即使在农民、商贾，工匠、仆人、奴隶，渔夫、屠户，养牛的、放羊的这些人当中，也有德行高尚的前辈可以作为表率，多向他们学习求教，对成就事业来说是不无好处的。

注释

1 佳快：优秀。

2 矟(shuò)：古兵器名，即长矛。

3 至：准则。

4 刑：通“型”。典范，榜样。

5 执辔(pèi)如组：语出《诗经·邶风·简兮》，比喻御民有方。辔，缰绳。组，具有文采的宽丝带。

6 反风灭火：出自《后汉书·儒林传》，刘昆任江陵令时，县里连年遭遇火灾，刘昆便对着火叩头，能够降雨止风。比喻德政感动天地。

7 化鸱(chī)为凤：语出《后汉书·循吏传》，仇览为考城县蒲亭长，县里有个叫陈元的，被他的母亲告为不孝。仇览亲自到陈元家了解情况，对陈元讲述孝道，陈元受到感化，变成了孝子。县令王涣听说仇览能以德化民，就任命他为主簿，问他：“陈元有错，你不处罚他，而是去感化他，莫非你没有鹰鹯一样威猛的心志？”仇览回答：“我认为鹰鹯不如鸾凤。”王涣致谢并送他离开，说：“枳树荆丛不是鸾凤的栖息之地，百里之路不是你这样的大贤人走的。”于是资助一个月的俸禄，送仇览进入太学。比喻能以德化人。鸱，鸱鸮，即猫头鹰。这里指邪恶之人。

8 早刑晚舍：用刑赶早，赦免推迟。

9 分剑追财：赵曦明曰：“《太平御览》六百三十九引《风俗通》：‘沛郡有

富家公，赀二千余万。子才数岁，失母，其女不贤。父病，令以财尽属女，但遗一剑，云：“儿年十五，以还付之。”其后又不肯与儿，乃讼之。时太守大司空何武也，得其辞，顾谓掾吏曰：“女性强梁，婿复贪鄙，畏害其儿，且寄之耳。夫剑者所以决断；限年十五者，度其子智力足闻县官，得以见伸展也。”乃悉夺财还子。’”语本此。

10 假言而奸露：赵曦明曰：“《魏书·李崇传》：‘（崇）为扬州刺史。先是，寿春县人苟泰有子三岁，遇贼亡失，数年，不知所在，后见在同县赵奉伯家，泰以状告，各言己子，并有邻证，郡县不能断。崇曰：“此易知耳。”令二父与儿各在别处，禁经数旬，然后遣人告之曰：“君儿遇患，向已暴死，有教解禁，可出奔哀也。”苟泰闻，即号咷，悲不自胜；奉伯咨嗟而已，殊无痛意。崇察知之，乃以儿还泰。’”语本此。

11 不问而情得：赵曦明曰：“《晋书·陆云传》：‘（云）补浚仪令……人有见杀者，主名不立，云录其妻，而无所问。十许日遣出，密令人随后，谓曰：“其去不出十里，当有男子候之与语，便缚来。”既而果然。问之，具服，云：“与此妻通，共杀其夫，闻妻得出，欲与语，惮近县，故远相要候。”于是一县称其神明。’”

12 先达：有德行学问的前辈。

原文

夫所以读书学问，本欲开心明目，利于行耳。未知养亲者，欲其观古人之先意承颜[1]，怡声下气[2]，不惮劬劳[3]，以致甘腝[4]，惕然[5]惭惧，起而行之也；未知事君

译文

人之所以要读书求学，就是为了提升心智，开阔视野，以规范自己的行为。对那些不知道如何奉养父母的人，应该让他们看看古人如何用心体察父母的心意，和父母讲话时声音柔和，态度恭顺，不怕劳苦，为父母呈上鲜美柔软的食物，使他们感到惶恐羞愧，起身去仿效古人的

者，欲其观古人之守职无侵，见危授命，不忘诚谏，以利社稷，恻然[6]自念，思欲效之也；素骄奢者，欲其观古人之恭俭节用，卑以自牧[7]，礼为教本，敬者身基，瞿然[8]自失，敛容抑志也。素鄙吝者，欲其观古人之贵义轻财，少私寡欲，忌盈恶满，赒穷恤匮，赧然[9]悔耻，积而能散也；素暴悍者，欲其观古人之小心黜己[10]，齿弊舌存[11]，含垢藏疾[12]，尊贤容众，苶然[13]沮丧，若不胜衣也；素怯懦者，欲其观古人之达生[14]委命[15]，强毅正直，立言必信，求福不回[16]，勃然奋厉，不可恐慑也：历兹以往，百行皆然。纵不能淳，去泰去甚[17]。学之所知，施无不达。世人读书者，但能言之，不能行之，忠孝无闻，仁义不足；

做法；对那些不知道如何侍奉君主的人，应该让他们看看古人如何恪尽职守，不侵凌欺上，在危急关头勇于献出自己的生命，平时不忘忠心进谏，以国家社稷为重，使他们痛心疾首，自我反思，产生效法古人的想法；对那些平时骄横奢侈的人，应该让他们看看古人如何恭谨俭约，谦卑自守，以礼让为政教之本，以恭敬为立身之基，使他们震惊害怕，若有所失，收敛骄横的行为，抑制骄奢的心性。对那些平时鄙俗吝啬的人，应该让他们看看古人如何贵义轻财，少私寡欲，忌盈恶满，接济、救助那些比自己贫困的人，使他们感到懊悔羞耻，能够把自己的积蓄散发给穷苦的人；对那些平时暴虐凶悍的人，应该让他们看看古人如何小心谨慎，懂得刚者易折、柔者难毁的道理，宽容大度，既能尊重贤士，也能包容普通人，使他们气焰全消，一下子变得柔弱平和；对那些平时胆小懦弱的人，应该让他们看看古人如何顺其自然，听天由命，强毅正直，言出必行，求神赐福，不违祖训，使他们振奋兴起，不再恐慌害怕：以此类推，各种品行都可以用这种方法培养。即使做不到纯正，至少可以使那些过于

加以断一条讼，不必得其理；宰千户县[18]，不必理其民；问其造屋，不必知楣[19]横而棁[20]竖也；问其为田，不必知稷早而黍迟也；吟啸谈谑，讽咏辞赋，事既优闲，材增迂诞[21]，军国经纶，略无施用：故为武人俗吏所共嗤诋[22]，良由是乎！

严重的问题得到纠正。从中学到的知识，无论在哪方面都可以适用。世间的读书之人，只知空谈，不重实干，忠孝都做得不够，仁义也有所欠缺；再加上他们审理一条诉讼，不一定明白其中的情理；主管一个千户小县，不一定能够治理好百姓；问他们怎么造房子，不一定知道楣是横的棁是竖的；问他们怎么种田，不一定知道稷要早下种而黍要晚下种；整天只知道吟唱谈笑，写诗作赋，悠闲自在，迂阔荒诞，对治理军国大事，却没有一点办法：所以被那些武官和俗吏嘲笑辱骂，也确实是有原因的。

注释

1 先意承颜：指孝子不等父母开口就能顺父母的心意去做。

2 怡声下气：声音柔和，态度恭顺。

3 劬(qú)劳：劳苦，劳累。

4 甘腝(ruǎn)：鲜美柔软的食物。

5 惕然：惶恐的样子。

6 恻然：悲伤的样子。

7 卑以自牧：谦卑自守。语出《易·谦》："谦谦君子，卑以自牧也。"

8 瞿然：惊骇的样子。

9 赧然：羞愧的样子。

10 黜己：黜，贬下。这里指隐藏自己的锋芒。

11 齿弊舌存：出自汉刘向《说苑·敬慎》："老子曰：'夫舌之存也，岂非以其柔耶？齿之亡也，岂非以其刚耶？'"指刚者易折，柔者难毁。

12 含垢藏疾:形容宽容大度。
13 苶(nié)然:精神不振的样子。
14 达生:出自《庄子·达生》:“达生之情者,不务生之所无以为。”郭象注:“生之所无以为者,分外物也。”后因以“达生”指参透人生、不受世事牵累的处世态度。
15 委命:听任命运支配。
16 求福不回:出自《诗·大雅·旱麓》:“岂弟君子,求福不回。”回,违。
17 去泰去甚:出自《老子》:“天下神器不可为也。为者败之,执者失之……是以圣人去甚、去奢、去泰。”泰、甚都指过分。
18 千户县:《汉书·百官公卿表》:“县万户以上为令……减万户为长。”千户,指极小的县。
19 楣:房屋的横梁。
20 棁(zhuō):梁上的短柱。
21 迂诞:迂阔荒诞。
22 嗤诋:嘲笑辱骂。

原文

夫学者所以求益耳。见人读数十卷书,便自高大,凌忽长者,轻慢同列;人疾之如仇敌,恶之如鸱枭[1]。如此以学自损,不如无学也。

古之学者为己,以补不足也;今之学者为人,但能说之也。古之学者

译文

人们之所以学习,是为了从中获取知识。我看有的人读了几十卷书,就自高自大起来,冒犯长者,轻慢同辈;大家怨恨他如仇敌,厌恶他如鸱枭。像这样因为学习而损害自己的,倒不如不要学习。

古人学习是为了充实自己,以弥补自身的不足;现在的人学习是为了取悦别人,向别人炫耀自己的才华。古人学

为人,行道以利世也;今之学者为己,修身以求进也。夫学者犹种树也,春玩其华,秋登其实;讲论文章,春华也,修身利行,秋实也。

习是为了帮助大众,推行自己的主张以造福社会;现在的人学习是为了追求个人利益,修养身心,只为在仕途上有所发展。学习就像种树一样,春天赏玩它的花朵,秋天摘取它的果实;讲论文章,就好比赏玩春花,修身利行,就好比摘取秋实。

注释

1 鸱(chī)枭:猫头鹰一类的鸟。比喻邪恶之人。

原文

人生小幼,精神专利,长成已后,思虑散逸,固须早教,勿失机也。吾七岁时,诵《灵光殿赋》[1],至于今日,十年一理,犹不遗忘;二十之外,所诵经书,一月废置,便至荒芜矣。然人有坎壈[2],失于盛年,犹当晚学,不可自弃。孔子曰:“五十以学《易》,可以无大过矣。”[3]魏武[4]、袁遗[5],老而弥笃,此皆少学而至老不倦也。曾子七十乃学,名闻天下;荀卿[6]五十,始

译文

人在小时候,精神专注敏锐,长大成人以后,思想容易分散,所以教育要趁早,不能失去良机。我七岁时背诵的《灵光殿赋》,到今天,每十年温习一次,仍然没有忘记;二十岁以后背诵的那些经书,一个月不重温,就会荒废。人都会有不顺利的时候,如果在少壮时期失去求学的机会,就应该在晚年时努力,不能因此而自暴自弃。孔子说:“五十岁开始学《易经》,就可以没有大的过失。”魏武帝、袁遗越老越好学,他们都是从小勤奋,到老依然不倦的例子。曾子七十岁才开始学习,最后名闻天下;荀子五十岁才开始到齐

来游学，犹为硕儒；公孙弘[7]四十余，方读《春秋》，以此遂登丞相；朱云[8]亦四十，始学《易》《论语》；皇甫谧[9]二十，始受《孝经》《论语》：皆终成大儒，此并早迷而晚寤也。世人婚冠未学，便称迟暮，因循[10]面墙[11]，亦为愚耳。幼而学者，如日出之光；老而学者，如秉烛夜行，犹贤乎瞑目而无见者也。

国游学，仍然成为大儒；公孙弘四十多岁才开始读《春秋》，却因此登上丞相之位；朱云也是四十岁才开始学习《易经》《论语》；皇甫谧二十岁才开始学习《孝经》《论语》：他们最终都成了大儒，这些都是小时候错过机会，到后来才醒悟的例子。有的人在婚冠之年还没有在学业上取得成就，就认为太晚了，任光阴蹉跎，不思进取，实在是愚蠢。从小就开始求学的人，像太阳初升时的光芒；老来求学的人，像手持蜡烛在夜间行走，但还是比那些闭着眼睛什么也看不见的人要明智得多。

注释

1《灵光殿赋》：东汉文学家王延寿作。王延寿，字文秀，著名文学家王逸之子。灵光殿是西汉景帝之子鲁恭王刘余在鲁国曲阜建造的宫殿，规模宏大，在当时为世人瞩目。

2 坎壈(lǎn)：困顿，不顺利，不得志。

3 出自《论语·述而》。

4 魏武：即曹操。曹操在世时，担任东汉丞相，后为魏王，其子曹丕称帝后，追尊其为魏武帝。

5 袁遗：字伯业，是袁绍的堂兄。

6 荀卿：荀子，名况，字卿。战国末期赵国人，思想家、教育家。《史记·孟子荀卿列传》：“荀卿，赵人。年五十，始来游学于齐。”

7 公孙弘：名弘，字季。齐地菑川(今山东寿光)人，西汉名臣。《汉书·公孙弘传》:"年四十余,乃学《春秋》杂说……六十以贤良征为博士。"

8 朱云:《汉书》:"朱云,字游,鲁人也。……少时通轻侠……年四十,乃变节从博士白子友受《易》,又事前将军萧望之受《论语》,皆能传其业……当世以是高之。"

9 皇甫谧:字士安,安定朝那(今甘肃灵台)人。西晋时期医学家、史学家。曾著《帝王世纪》《玄晏春秋》等。

10 因循:蹉跎,延误。

11 面墙:面对着墙,一无所见。比喻不学无术,毫无才能。

原文

学之兴废,随世轻重。汉时贤俊,皆以一经弘圣人之道,上明天时,下该人事,用此致卿相者多矣。末俗[1]已来不复尔,空守章句,但诵师言,施之世务,殆无一可。故士大夫子弟,皆以博涉为贵,不肯专儒。梁朝皇孙以下,总丱[2]之年,必先入学,观其志尚,出身[3]已后,便从文史,略无卒业者。冠冕为此者,则有何胤[4]、刘瓛、明山宾[5]、周舍[6]、朱异[7]、周弘正[8]、贺琛[9]、贺革[10]、萧子政[11]、刘縚等,兼通文史,

译文

学习的风气是否兴盛,取决于社会对此是否重视。汉代的贤人才俊,都能靠一种经术来弘扬圣人之道,上知天命,下通人事,因此获得卿相官职的人有很多。近世以来的风俗不再是这样了,读书人空守章句之学,只知道背诵老师的言论,用在实事上,几乎没有一样行得通。所以士大夫子弟都以涉猎广泛为贵,不肯专攻一种经术。梁朝自皇孙以下的贵族子弟,在儿童时期都必须入学读书,观察他们的志向,入仕以后,就做一些文职,几乎没有一个能把学业坚持到底的。做官同时又为学的,有何胤、刘瓛、明山宾、周舍、朱异、周弘正、贺琛、贺革、萧子政、刘縚等人,他们都兼通文史,不是只有

不徒讲说也。洛阳亦闻崔浩[12]、张伟[13]、刘芳[14]，邺下又见邢子才[15]：此四儒者，虽好经术，亦以才博擅名。如此诸贤，故为上品。以外率多田野间人，音辞鄙陋，风操蚩拙[16]，相与专固，无所堪能，问一言辄酬数百，责其指归[17]，或无要会。邺下谚云："博士买驴，书券三纸，未有驴字。"使汝以此为师，令人气塞。孔子曰："学也，禄在其中矣。"[18]今勤无益之事，恐非业也。夫圣人之书，所以设教，但明练[19]经文，粗通注义，常使言行有得，亦足为人；何必"仲尼居"即须两纸疏义，燕寝[20]讲堂，亦复何在？以此得胜，宁有益乎？光阴可惜，譬诸逝水。当博览机要，以济功业；必能兼美，吾无间焉。

嘴上功夫。还有洛阳地区的崔浩、张伟、刘芳和邺下的邢子才：这四位学者虽然喜好经学，但同时也都享有博学多才的名声。以上这些贤能之士，都是读书人中的上品。除此之外，就大都是一些山野村夫，他们言语粗俗，品行拙劣，相互之间固执己见，什么事也干不成，问他一句话，动不动就回答几百句，让他讲明主旨，大概一点也说不出来。邺下地区有句谚语说："博士去买驴，契据写满三张纸，还没有提到'驴'字。"如果让你以这样的人为师，你一定会气坏。孔子说："用心学习，俸禄就在其中。"现在，有人在毫无益处的事情上下功夫，恐怕不是正事儿。圣人的书，是用来教育人的，只要熟悉经文，大致明白注文含义，经常用来规范自己的言行，就足够立世为人了；何必"仲尼居"三个字就要用两张纸来注释呢？是闲居之处也好，是讲学之处也好，又能去哪儿求证呢？就算争出个你输我赢，又能从中得到什么好处呢？光阴宝贵，就像流水般一去不返。应该博览经典的精义要旨，用来成就功名事业；如果能够做到两全其美，我对此无可非议。

注释

1 末俗:近世的风俗。

2 总丱(guàn):古时儿童束发为两角。借指童年。

3 出身:进入仕途。

4 何胤:字子季,庐江灊(今安徽霍山)人。《梁书·处士传》:"师事沛国刘瓛,受《易》及《礼记》《毛诗》;又入钟山定林寺听内典,其业皆通。……"注《周易》十卷,《毛诗总集》六卷,《毛诗隐义》十卷,《礼记隐义》二十卷,《礼答问》五十五卷。

5 明山宾:字孝若,平原鬲县(今山东德州东南)人。《梁书》本传:"时初,置五经博士,山宾首膺其选……累居学官,甚有训导之益。……所著《吉礼仪注》二百二十四卷,《礼仪》二十卷,《孝经丧礼服义》十五卷。"

6 周舍:字升逸,汝南安城(今河南汝南)人。《梁书》本传:"博学多通,尤精义理……居职屡徙,而常留省内,罕得休下,国史诏诰,仪体法律,军旅谋谟,皆兼掌之。日夜侍上,预机密,二十余年……而竟无一言漏泄机事,众尤叹服之。"

7 朱异:字彦和,吴郡钱唐(今浙江杭州)人。《梁书》本传:"遍治《五经》,尤明《礼》《易》,涉猎文史,兼通杂艺,博弈书算,皆其所长。"

8 周弘正:字思行,汝南安城(今河南汝南)人,周舍侄。《陈书》本传:"起家梁太学博士……累迁国子博士……特善玄言,兼明释典,虽硕学名僧,莫不请质疑滞。"所著《周易讲疏》《论语疏》《庄子疏》《老子疏》《孝经疏》及《集》行于世。

9 贺琛:字国宝,会稽山阴(今浙江绍兴)人,贺玚侄。《梁书》本传:"尤精'三礼'。……所撰《三礼讲疏》《五经滞义》及诸仪法,凡百余篇。"

10 贺革:字文明,会稽山阴(今浙江绍兴)人,贺玚子。《梁书·儒林传》:"少通'三礼',及长,遍治《孝经》《论语》《毛诗》《左传》。……王初于府置学,以革领儒林祭酒,讲'三礼',荆楚衣冠,听者甚众。"

11 萧子政:梁都官尚书。撰《周易义疏》十四卷,《系辞义疏》三卷,《古今篆隶杂字体》一卷。

12 崔浩:字伯渊,清河东武城(今山东武城)人。《魏书》本传:"少好文学,博览经史,玄象阴阳百家之言,无不关综;研精义理,时人莫及。"

13 张伟:字仲业,小名翠螭,太原中都(今山西晋中平遥)人。《魏书·儒林传》:"学通诸经,讲授乡里,受业者常数百人,儒谨泛纳,勤于教训,虽有顽固不晓,问至数十,伟告喻殷勤,曾无愠色。常依附经典,教以孝悌,门人感其仁化,事之如父。"

14 刘芳:字伯文,彭城(今江苏徐州)人。《魏书》本传:"芳才思深敏,特精经义,博闻强记,兼览《苍》《雅》,尤长音训,辨析无疑。"撰诸儒所注《周官》《仪礼》《尚书》《公羊》《穀梁》《国语》音,《后汉书音》《毛诗笺音义证》及《周官》《仪礼》《礼记》义证等书。

15 邢子才:名邵,字子才,小字吉,河间鄚(今河北任丘)人。《北齐书·邢邵传》:"孝昌初,与黄门侍郎李琰之对典朝仪。自孝明之后,文雅大盛;邵雕虫之美,独步当时,每一文初出,京师为之纸贵,读诵俄遍远近。……晚年,尤以《五经》章句为意,穷其指要,吉凶礼仪,公私咨禀,质疑去惑,为世指南。"

16 蚩拙:愚昧,笨拙。

17 指归:主旨,意向。

18 语出《论语·卫灵公》。

19 明练:熟悉,通晓。

20 燕寝:泛指闲居之处。

原文

俗间儒士,不涉群书,经纬[1]之外,义疏而已。吾

译文

世俗间的儒生,不博览群书,除了经书、纬书之外,只看一些注释和考

初入邺，与博陵[2]崔文彦交游，尝说《王粲[3]集》中难郑玄[4]《尚书》事，崔转为诸儒道之。始将发口，悬见[5]排蹙[6]，云："文集只有诗赋铭诔，岂当论经书事乎？且先儒之中，未闻有王粲也。"崔笑而退，竟不以《粲集》示之。魏收[7]之在议曹，与诸博士议宗庙事，引据《汉书》，博士笑曰："未闻《汉书》得证经术。"收便忿怒，都不复言，取《韦玄成[8]传》，掷之而起。博士一夜共披寻之，达明，乃来谢曰："不谓玄成如此学也。"

证方面的书而已。我刚到邺下时，和博陵的崔文彦结交，曾对他说起过《王粲集》中有反驳郑玄《尚书》注解的地方，崔文彦向诸儒生转述。刚一开口，就遭到了料想中的斥责，说："文集无非收录些诗赋铭诔之类，怎能议论经书呢？况且在先儒之中，也从没有听说过王粲这个名字。"崔文彦含笑离开，最终没有把《王粲集》拿出来给他们看。魏收在议曹任职时，和诸博士一起商议宗庙大事，引用《汉书》为论据，博士们笑话他："从没听说过《汉书》可以用来论证经术。"魏收大怒，不再多说什么，取出《韦玄成传》丢在他们面前，起身离开了。博士们批阅了一个通宵，等到天亮时，一起来向魏收道歉："不知道玄成居然有这样高深的学问。"

注释

1 经纬：经书和纬书。经书，指儒家的经典著作。纬书，指汉代依托儒家经义专论鬼神符箓的书。

2 博陵：郡名。今河北安平、饶阳、深州等地。

3 王粲：字仲宣，山阳郡高平（今山东邹城）人。东汉末年著名文学家，"建安七子"之一。

4 郑玄：字康成，北海高密（今山东高密）人。东汉末年儒家学者、经学大师。郑玄以毕生精力注释儒家经典，至今保存完整的有《周礼注》

《仪礼注》《礼记注》,合称“三礼注”,还有《毛诗传笺》。失传后,经后人辑佚而部分保存下来的,有《周易注》《古文尚书注》《孝经注》等。

5 悬见:预料。

6 排蹙(cù):排挤。引申为斥责。

7 魏收:字伯起,小字佛助,钜鹿下曲阳(今河北晋州)人。南北朝时期史学家、文学家。

8 韦玄成:字少翁,西汉邹(今山东邹城)人,丞相韦贤之子,《汉书》有传。

原文

夫老、庄之书,盖全真养性,不肯以物累己也。故藏名柱史[1],终蹈流沙;匿迹漆园[2],卒辞楚相,此任纵之徒耳。何晏[3]、王弼[4],祖述玄宗[5],递相夸尚,景[6]附草靡,皆以农、黄之化,在乎己身,周、孔之业,弃之度外。而平叔以党曹爽[7]见诛,触死权[8]之网也;辅嗣以多笑人被疾[9],陷好胜之阱也;山巨源[10]以蓄积取讥,背多藏厚亡[11]之文也;夏侯玄[12]以才望被戮,无支离拥肿[13]之鉴也;荀奉倩[14]丧妻,神伤而

译文

老子和庄子的书,讲的是修养身心,涵养天性,不受外物影响。所以,老子以柱下史来隐藏自己的名气,最终奔赴沙漠;庄子隐匿于漆园做小吏,最终拒绝了楚威王召他为相的邀请,他们都是任性放纵之人。后来有何晏、王弼效法老庄,一个接一个地夸耀推崇,如影随形,如草顺风,全都把发扬神农、黄帝的教化当作自己的责任,把周公、孔子的功业置之度外。后来,何晏因为党附于曹爽而被诛杀,触碰了依恋权势至死方休的罗网;王弼因为喜欢讥笑别人而遭忌恨,掉入了争强好胜的陷阱;山涛因为积聚了大量的财物而被世人讥讽,违背了多藏厚亡的古训;夏侯玄因为才气声望而被杀,没有以庄子所说的支离之人和拥肿之树为鉴;荀粲因为丧妻之

卒，非鼓缶之情[15]也；王夷甫[16]悼子，悲不自胜，异东门之达[17]也；嵇叔夜[18]排俗取祸，岂和光同尘[19]之流也；郭子玄[20]以倾动专势，宁后身外己[21]之风也；阮嗣宗[22]沉酒荒迷，乖畏途相诫[23]之譬也；谢幼舆[24]赃贿黜削，违弃其余鱼之旨[25]也：彼诸人者，并其领袖，玄宗所归。其余桎梏尘滓之中，颠仆名利之下者，岂可备言乎！直取其清谈雅论，剖玄析微，宾主往复，娱心悦耳，非济世成俗之要也。洎于梁世，兹风复阐，《庄》《老》《周易》，总谓"三玄"。武皇、简文，躬自讲论。周弘正奉赞大猷[26]，化行都邑，学徒千余，实为盛美。元帝在江、荆间，复所爱习，召置学生，亲为教授，废寝忘食，以夜继朝，至乃倦剧愁愤，辄以讲自

痛而送命，完全不是庄子鼓盆而歌的那种超脱；王夷甫因为哀悼儿子而悲不自胜，和东门吴的那种旷达大不相同；嵇康因排斥流俗而招来杀身之祸，岂是老子"和光同尘"的道理？郭象因声名显赫而当权，难道与老子"后身外己"的风教相符？阮籍沉湎于酒，荒乱迷醉，乖离了庄子畏途相诫的晓谕；谢鲲因家僮贪污而被罢官，违背了庄子舍弃多余财富的教旨：以上这些人，都是深谙道家之术的领袖人物。其余那些在凡尘俗世中为生计而奔波的平常人，就更不用说了。他们只选取老庄书中那些清谈雅论，剖析其中的玄秘微妙之处，宾主之间相互问答，只图让自己感到愉悦，对改良社会风气毫无帮助。到了梁朝，这种风气再次盛行，《庄子》《老子》《周易》，总称为"三玄"。梁武帝和简文帝都亲自讲论。周弘正奉命将"三玄"作为治国大道进行传播，一时之间，大小城镇，学徒千余人，盛况空前。梁元帝在江州、荆州期间，也非常喜欢研习"三玄"，他召集学生，亲自教育传授，废寝忘食，夜以继日，甚至在极度疲倦忧愁时，以讲解"三玄"来进行自我排解。

释。吾时颇预末筵[27]，亲承音旨，性既顽鲁，亦所不好云。

我当时偶尔也在末位落座，得以亲耳聆听元帝的教诲，可惜我生性顽劣愚钝，对此也没有兴趣，所以并未获取什么益处。

注释

1 柱史："柱下史"的简称，官职名，是周、秦时掌理天下图书、计籍的官吏。《列仙传》："老子姓李名耳，字伯阳，陈人也。生于殷，时为周柱下史。……关令尹喜者，周大夫也。善内学，常服精华，隐德修行，时人莫知。老子西游，喜先见其气，知有真人当过，物色而遮之，果得老子。老子亦知其奇，为著书授之。后与老子俱游流沙，化胡，服苣胜实，莫知其所终。"后世常以柱下史代指老子。

2 漆园：《史记·老子韩非列传》："庄子者，蒙人也，名周。周尝为漆园吏……楚威王闻庄周贤，使使厚币迎之，许以为相。庄周笑谓楚使者曰：'……子独不见郊祭之牺牛乎？养食之数岁，衣以文绣，以入太庙。当是之时，虽欲为孤豚，岂可得乎？子亟去，无污我。'"

3 何晏：字平叔，南阳宛（今河南南阳）人。三国时期魏国玄学家。

4 王弼：字辅嗣，山阳高平（今河南焦作）人。三国时期魏国玄学家。

5 玄宗：指道家所谓道的深奥旨意。

6 景：同"影"。

7 曹爽：字昭伯，沛国谯县（今安徽亳州）人。赵曦明曰："《魏志·曹真传》：'真子爽，字昭伯，明帝宠待有殊。帝寝疾，引入卧内，拜大将军，假节钺，都督中外诸军事，录尚书事，受遗诏，辅少主。乃进叙南阳何晏等为腹心。弟羲，深以为大忧，或时以谏谕，不纳，涕泣而起。车驾朝高陵，爽兄弟皆从。司马宣王先据武库，遂出屯洛水浮桥，奏免爽兄弟，以侯就第；收晏等下狱，后皆族诛。'"

8 死权：指贪恋权势至死不休。

9 辅嗣以多笑人被疾：赵曦明曰："何劭为《王弼传》：'弼论道，傅会文辞，不如何晏自然，有所拔得多晏也。颇以所长笑人，故时为士君子所疾。'"

10 山巨源：山涛，字巨源，河内郡怀县（今河南武陟）人。三国曹魏及西晋时期名士、政治家，"竹林七贤"之一。

11 多藏厚亡：《老子》："是故甚爱必大费，多藏必厚亡。"指积聚了很多财物，但是却不肯周济他人，以致引起众人的怨恨，最后反倒损失更大。

12 夏侯玄：字太初，沛国谯县（今安徽亳州）人。三国时期曹魏玄学家、文学家。

13 支离拥肿：支离，即支离疏，是《庄子·人间世》中的人物，其人身体残缺畸形，看似无用，却得以躲避灾祸，颐养天年。拥肿，见《庄子·逍遥游》："惠子谓庄子曰：'吾有大树，人谓之樗。其大本拥肿而不中绳墨，其小枝卷曲而不中规矩，立之涂，匠者不顾。'……庄子曰：'今子有大树，患其无用，何不树之于无何有之乡，……不夭斤斧，物无害者，无所可用，安所困苦哉？'"指因无所用处而得以保全。

14 荀奉倩：荀粲，字奉倩，颍川颍阴县（今河南许昌）人。三国时期曹魏玄学家。荀粲与妻子感情甚笃，妻子病亡后，荀粲悲痛过度，不久去世，年仅二十九岁。

15 鼓缶之情：《庄子·至乐》："庄子妻死，惠子吊之，庄子则方箕踞鼓盆而歌。惠子曰：'与人居，长子，老，身死，不哭，亦足矣，又鼓盆而歌，不亦甚乎！'庄子曰：'不然。是其始死也，我独何能无概然！察其始而本无生，非徒无生也，而本无形，非徒无形也，而本无气。……人且偃然寝于巨室，而我嗷嗷然随而哭之，自以为不通乎命，故止也。'"缶，瓦盆。

16 王夷甫：王衍，字夷甫，琅邪郡临沂县（今山东临沂）人。西晋时期清谈家。赵曦明曰："《晋书·王戎传》：'（戎从弟）衍，字夷甫……衍尝丧幼子，山简吊之，衍悲不自胜。简曰："孩抱中物，何至于此？"衍曰：

“圣人忘情,最下不及于情,然则情之所钟,正在我辈。”’”

17 东门之达:《列子·力命篇》:“魏人有东门吴者,其子死而不忧。其相室曰:‘公之爱子,天下无有,今子死不忧,何也?’东门吴曰:‘吾常无子,无子之时不忧;今子死,乃与向无子同,臣奚忧焉?’”

18 嵇叔夜:嵇康,字叔夜,谯国铚县(今安徽濉溪)人。三国曹魏玄学家、文学家,“竹林七贤”之一。

19 和光同尘:《老子》:“和其光,同其尘。”指不露锋芒,与世无争。

20 郭子玄:郭象,字子玄,洛阳(今河南洛阳)人。西晋时期玄学家。

21 后身外己:《老子》:“后其身而身先,外其身而身存。”意思是说有道的人把自己放在后面,反而能赢得爱戴;把自己置之度外,反而能保全生命。

22 阮嗣宗:阮籍,字嗣宗,陈留尉氏(今河南尉氏)人。三国曹魏玄学家、诗人,“竹林七贤”之一。

23 畏途相诫:《庄子·达生》:“夫畏涂者,十杀一人,则父子兄弟相戒也。”畏途,艰险可怕的道路。

24 谢幼舆:《晋书·谢鲲传》:“鲲字幼舆,陈国阳夏人也……好《老》《易》……东海王越闻其名,辟为掾,任达不拘,寻坐家僮取官槁,除名。鲲不徇功名,无砥砺行,居身于可否之间,虽自处若秽,而动不累高。”

25 余鱼之旨:《淮南子·齐俗篇》:“惠子从车百乘,以过孟诸,庄子见之,弃其余鱼。”是指庄子见惠子奢靡,便舍弃自己多余的鱼,以此来警示惠子要节俭。

26 大猷:治国大道。

27 末筵:末座,此处有自谦之意。

原文

齐孝昭帝[1]侍娄太后[2]疾,容色憔悴,服膳

译文

北齐孝昭帝照顾生病的母亲娄太后,面容憔悴,食欲减退。徐之才为娄太后灸

减损。徐之才[3]为灸两穴,帝握拳代痛,爪入掌心,血流满手。后既痊愈,帝寻疾崩,遗诏恨不见太后山陵之事[4]。其天性至孝如彼,不识忌讳如此,良由无学所为。若见古人之讥欲母早死而悲哭之,则不发此言也。孝为百行之首,犹须学以修饰之,况余事乎!

治两个穴位,孝昭帝让太后握住自己的手以减轻疼痛,太后的手指甲掐进掌心,孝昭帝的双手流满鲜血。娄太后痊愈了,孝昭帝却积劳成疾,不久就病死了,他临终前留下遗言,恨自己不能为母亲操办后事。孝昭帝的天性如此孝顺,却又不懂忌讳到这般地步,这完全是没有学识造成的。如果他能够看到古人对那些盼望母亲早死以便痛哭尽孝的人的讽刺,就不会说这种话了。孝道是百行之首,还需要通过学习去完善,何况其他事呢!

注释

1 孝昭帝:高演,字延安,北齐第三任皇帝,560—561 年在位。

2 娄太后:北齐高祖皇帝高欢之妻,讳昭君,孝昭帝高演生母。

3 徐之才:《北齐书·徐之才传》:"徐之才,丹阳人也……大善医术,兼有机辩。"

4 山陵之事:《水经注·渭水》:"秦名天子冢曰山,汉曰陵。"这里指娄太后的丧葬之事。

原文

梁元帝尝为吾说:"昔在会稽,年始十二,便已好学。时又患疥[1],手不得拳,膝不得屈。闲斋张葛帏[2]避蝇独坐,银瓯贮山阴甜

译文

梁元帝曾经对我说:"从前在会稽时,我刚满十二岁,就已经很喜欢学习了。当时我身患疥疮,手指不能弯,膝盖不能曲。我在空房子周围挂上葛布帷幔,避开苍蝇独坐,用小银盆装上山

酒，时复进之，以自宽痛。率意自读史书，一日二十卷，既未师受，或不识一字，或不解一语，要自重之，不知厌倦。”帝子之尊，童稚之逸，尚能如此，况其庶士冀以自达者哉？

阴甜酒，不时喝上一两口，以此来镇痛。我随意阅读史书，一天能读二十卷，当时没有老师传授，有时有不认识的字，有时有看不懂的话，关键是要自己对此足够重视，就不会感到厌倦。”梁元帝当时既是地位尊贵的太子，又处于悠闲的孩童时代，尚且能够这样用心学习，何况那些希望通过学习来改变自身命运的普通人呢？

注释

1 疥：疥疮，一种皮肤病。

2 葛帏：用葛布制成的帷幔。

原文

古人勤学，有握锥投斧[1]，照雪聚萤[2]，锄则带经[3]，牧则编简[4]，亦为勤笃。梁世彭城刘绮，交州刺史勃之孙，早孤家贫，灯烛难办，常买荻[5]，尺寸折之，然[6]明夜读。孝元初出会稽[7]，精选寮寀[8]，绮以才华，为国常侍兼记室[9]，殊蒙礼遇，终于金紫光禄[10]。义阳朱詹，

译文

古人勤学的例子很多，有握锥刺股的苏秦、投斧求学的文党；有映雪读书的孙康、聚萤照书的车胤；有干农活时也不忘带着经书的兒宽、常林、张纮；有放羊时将蒲草编成牒用来书写的路温舒。他们都是勤奋好学的人。梁朝时彭城人刘绮，是交州刺史刘勃的孙子，幼年丧父，家境贫寒，买不起灯烛，经常买些荻草，折成一尺来长，点燃后用以照明夜读。孝元帝刚到会稽做太守时，精选官员，刘绮因为才华出众，被任命为国常侍

世居江陵，后出扬都，好学，家贫无资，累日不爨[11]，乃时吞纸以实腹。寒无毡被，抱犬而卧。犬亦饥虚，起行盗食，呼之不至，哀声动邻，犹不废业，卒成学士，官至镇南录事参军，为孝元所礼。此乃不可为之事，亦是勤学之一人。东莞臧逢世，年二十余，欲读班固《汉书》，苦假借不久，乃就姊夫刘缓乞丐客刺[12]书翰纸末，手写一本，军府[13]服其志尚，卒以《汉书》闻。

兼记室，特别受器重，最后官至金紫光禄大夫。义阳人朱詹，世代居住在江陵，后来到了扬都，他刻苦好学，可是家境贫困，有时甚至好几天都揭不开锅，只好吃纸张来充饥。天冷时没有毡被，只好抱着狗来取暖。狗也饥饿难耐，于是跑出去偷东西吃，任凭朱詹怎么叫，狗都不肯回来，哀痛的呼唤声惊动了四邻，即使在这种情形下，朱詹也没有放弃学业，最后终于成为学士，官至镇南录事参军，被孝元帝重用。这是一般人做不到的，也是勤学的一个典型。东莞人臧逢世，在二十多岁时想读班固的《汉书》，苦于借来的书不能久读，于是就向姐夫刘缓讨要书写名片和书信后剩下的纸头，自己手抄了一本《汉书》，大将军府的人都佩服他的志气，他最终也因为研究《汉书》而闻名于世。

注释

1 握锥投斧：握锥，指战国时苏秦以锥刺股之事。《战国策·秦策》："读书欲睡，引锥自刺其股，血流至足。"投斧，指文党投斧求学之事。《太平御览》卷六一一引《庐江七贤传》："文党，字翁仲。未学之时，与人俱入丛木，谓侣人曰：'吾欲远学，先试投我斧高木上，斧当挂。'乃仰而投之，斧果上挂，因之长安受经。"

2 照雪聚萤：照雪，指晋人孙康映雪读书之事。《初学记》引《宋齐语》："孙康家贫，常映雪读书，清介，交游不杂。"聚萤，指晋人车胤借萤火虫之光读书之事。车胤,字武子,南平(今湖南津市和湖北公安一带)人。《晋书》:“博学多通。家贫,不常得油,夏月则练囊盛数十萤火以照书,以夜继日焉。”

3 锄则带经:《汉书·兒宽传》:“带经而锄,休息,辄读诵。”《三国志·魏书·常林传》注引《魏略》:“林少单贫,虽贫,自非手力,不取之于人。性好学,汉末为诸生,带经耕锄。”《太平御览》卷六一一引虞溥《江表传》:“张纮,事父至孝,居贫,躬耕稼,带经而锄,孜孜汲汲,以夜继日,至于弱冠,无不穷览。”

4 牧则编简:《汉书·路温舒传》:“路温舒,字长君,钜鹿东里人也。父为里监门,使温舒牧羊,温舒取泽中蒲,截以为牒,编用写书。”

5 荻:多年生草本植物,生在水边,叶子长形,似芦苇,秋天开紫花,茎可以编席箔。

6 然:“燃”的古字。

7 初出会稽:《梁书·元帝纪》:“十三年,封湘东郡王,邑二千户。初为宁远将军、会稽太守。”

8 寮寀(liáo cǎi):官舍。引申为官的代称。

9 国常侍兼记室:《隋书·百官志》:“皇子府,置……中录事、中记室、中直兵等参军,功曹史、录事、记室、中兵等参军,……王国置郎中令、将军、常侍官。”

10 金紫光禄:《隋书·百官志》:“特进、左右光禄大夫、金紫光禄大夫……并为散官,以加文武官之德声者。”

11 爨(cuàn):生火做饭。

12 客刺:名刺,名片。

13 军府:《三国志·魏书》“涿郡孙礼、卢毓始入军府,琰又名之”云云。军府义与此同,谓大将军府。

原文

齐有宦者内参[1]田鹏鸾,本蛮人也。年十四五,初为阍寺[2],便知好学,怀袖握书,晓夕讽诵。所居卑末,使役苦辛,时伺闲隙,周章询请。每至文林馆[3],气喘汗流,问书之外,不暇他语。及睹古人节义之事,未尝不感激沉吟久之。吾甚怜爱,倍加开奖。后被赏遇,赐名敬宣,位至侍中开府。后主之奔青州,遣其西出,参伺动静,为周军所获。问齐主何在,绐[4]云:“已去,计当出境。”疑其不信,欧[5]捶服之,每折一支[6],辞色愈厉,竟断四体而卒。蛮夷童丱,犹能以学成忠,齐之将相,比敬宣之奴不若也。

译文

北齐有个叫田鹏鸾的宦官,本来是个蛮人。他在十四五岁时,担任看守宫门的工作,那时他就很好学,身上经常带着书,早晚诵读。他的职位十分低,工作也很辛苦,但是他经常利用一切空余时间,到处询问请教。他每次到文林馆来,都汗流浃背,气喘吁吁,除了咨询书上的问题之外,没空多说一句话。每当看到书中那些古人重节守义的事迹,他都会流露出激动的样子,低声赞叹,久久不能平息。我非常喜欢他,对他加倍开导勉励。后来他得到皇帝的赏识,赐名为敬宣,做到了侍中开府的职位。齐后主出逃到青州时,派他到西面察看动静,被北周军队俘获。周军问他齐后主在哪里,他撒谎说:“逃走了,估计已经出了国境。”周军不信,殴打拷问,逼他说出真话,四肢每打断一条,他的言辞就更加严厉,最后四肢尽断而死。一个蛮夷童子,尚且能够通过学习而成就忠义之事,北齐那些文武大臣,连敬宣这样的奴仆都不如。

注释

1　内参:宦官。

2 阍寺:阍人和寺人。古代宫中掌管门禁的小官。

3 文林馆:官署名。由北齐后主设立的一个以文人学士为主体的机构。

4 绐:欺骗,欺诈。

5 欧:通“殴”。

6 支:通“肢”。

原文

邺平[1]之后,见徙入关。思鲁尝谓吾曰:“朝无禄位,家无积财,当肆筋力,以申供养。每被课笃[2],勤劳经史,未知为子,可得安乎?”吾命之曰:“子当以养为心,父当以学为教。使汝弃学徇财,丰吾衣食,食之安得甘?衣之安得暖?若务先王之道,绍家世之业藜羹[3]缊褐[4],我自欲之。”

译文

邺城被占领以后,我们被迫迁徙到关内。思鲁曾对我说:“我们在朝廷没有官衔,家中又没有积财,应当努力靠体力谋生,以尽供养之责。但我却总是被督促着致力于经史之学,您可知作为儿子,我怎么能够心安呢?”我教导他说:“做儿子的应该把供养之责放在心上,做父亲的则应该把学习当作教育子女的头等大事。如果你放弃学业去赚钱谋生,就算我丰衣足食,难道就能吃得香甜,穿得暖和吗?如果你能够致力于先王之道,继承家族传统,我就算吃藜羹穿缊袍,也心甘情愿。”

注释

1 邺平:指北齐都城邺城被北周占领。

2 笃:通“督”。

3 藜羹:藜,一年生草本植物,茎直立,嫩叶可吃。以藜作羹,比喻粗食。

4 缊褐:缊,乱麻,旧絮。褐,粗布。缊褐,指粗糙破旧的衣服。

原文

《书》曰:“好问则裕。”[1]《礼》云:“独学而无友,则孤陋而寡闻。”[2]盖须切磋相起明也。见有闭门读书,师心自是,稠人广坐,谬误差失者多矣。《穀梁传》称公子友与莒挐相搏,左右呼曰“孟劳”。[3]“孟劳”者,鲁之宝刀名,亦见《广雅》[4]。近在齐时,有姜仲岳谓:“‘孟劳’者,公子左右,姓孟名劳,多力之人,为国所宝。”与吾苦诤[5]。时清河郡守邢峙[6],当世硕儒,助吾证之,赧然而伏。又《三辅决录》[7]云:“灵帝殿柱题曰:‘堂堂乎张[8],京兆田郎。’”盖引《论语》,偶以四言,目京兆人田凤也。有一才士,乃言:“时张京兆及田郎二人皆堂堂耳。”闻吾此说,初大惊骇,其后寻愧悔焉。江南有一权贵,读误本[9]《蜀都赋》[10]注,

译文

《尚书》上说:“喜欢请教别人,则学识丰富。”《礼》云:“独自学习而不与他人交流,则孤陋寡闻。”由此可见,学习须要共同切磋,相互启发。我就见过很多闭门读书的人,他们自以为是,在大庭广众之下,谬误百出。《穀梁传》中说公子友与莒挐相搏斗,公子友的随从在旁边大喊“孟劳”。“孟劳”是鲁国的宝刀名,《广雅》对此也有解释。我最近在齐国碰到个叫姜仲岳的人,他说:“‘孟劳’是公子友的一个随从,姓孟名劳,是个大力士,被鲁国人看重。”他执此意见,极力和我争辩。当时,清河郡太守邢峙也在场,他是当代有名的大学者,出面帮我一起证实“孟劳”的真实含义,姜仲岳才羞愧地认输了。此外,《三辅决录》上说:“汉灵帝在殿柱上题了一行字:‘堂堂乎张,京兆田郎。’”这是引用《论语》中的话,以四言句式来赞美京兆人田凤。有一名才士,竟然认为这句话的意思是说:“当时张京兆和田郎都是相貌堂堂之人。”他听了我的解释以后,一开始惊慌失措,不久即感到羞愧懊悔。江南地区有一名权贵之人,

解“蹲鸱，芋也”，乃为“羊”字；人馈羊肉，答书云：“损惠[11]蹲鸱。”举朝惊骇，不解事义，久后寻迹，方知如此。元氏之世[12]，在洛京[13]时，有一才学重臣，新得《史记音》[14]，而颇纰缪[15]，误反“颛顼”字，顼当为许录反，错作许缘反，遂谓朝士言：“从来谬音‘专旭’，当音‘专翾’耳。”此人先有高名，翕然[16]信行；期年之后，更有硕儒，苦相究讨，方知误焉。《汉书·王莽赞》云：“紫色蛙声[17]，余分闰位[18]。”谓以伪乱真耳。昔吾尝共人谈书，言及王莽形状，有一俊士，自许史学，名价甚高，乃云：“王莽非直鸱目虎吻，亦紫色蛙声。”又《礼乐志》云：“给太官挏马酒。”李奇注：“以马乳为酒也，揰挏乃成。”二字并从手。揰挏，此谓撞捣挺

读了误本《蜀都赋》注，其中有一条注解“蹲鸱，芋也”，“芋”字误作“羊”字；后来有人送了羊肉给他，他写信表示感谢，信中说：“损惠蹲鸱。”满朝官员都感到惊讶，不知道他用的是什么典故，直到后来查到出处，才明白原来是这么一回事。北魏时期，有一名才学渊博的重臣，新得到一本《史记音》，这本书错误百出，把“颛顼”注错了音，“顼”字应该作“许录反”，却错注作“许缘反”，这名大臣就据此对朝中官员们说：“‘颛顼’向来被错读为‘专旭’，其实应该读作‘专翾’才对。”因为这个人早有名气，大家都对他的话深信不疑；过了一年，有其他大学者对此存疑；多方研究探讨之后，才知道错误出在哪里。《汉书·王莽赞》云：“紫色蛙声，余分闰位。”是讽刺王莽以假乱真。从前我和别人一起谈论《汉书》，说到王莽的相貌，中间有一个才华出众的人，自夸精通史学，名望很高，他竟然说：“王莽不但鹰目虎唇，还肤色发紫，声音像青蛙。”此外，《汉书·礼乐志》上说：“给太官挏马酒。”李奇注释：“以马乳为酒也，揰挏乃成。”“揰”字和“挏”字都

挏之，今为酪酒亦然。向学士又以为种桐时，太官酿马酒乃熟。其孤陋遂至于此。太山羊肃，亦称学问，读潘岳[19]赋“周文弱枝之枣”[20]，为“杖策”之“杖”；《世本》[21]：“容成造历。”以“历”为“碓磨”之“磨”。

从“手”旁。挏挏的意思是说上下捣击，现在做马奶酒依然使用这种方法。前面提到的那名学士又以为这句话的意思是指在种植桐树的时节，太官酿制的马奶酒才熟。他孤陋寡闻到这种地步！太山的羊肃，也以学问渊博著称，他读潘岳的赋“周文弱枝之枣”，把“枝”字当作“杖策”的“杖”；读《世本》：“容成造历。”把“历”字当作“碓磨”的“磨”字。

注释

1 裕：充裕，充足。见《尚书・商书・仲虺之诰》。

2 见《礼记・学记》。

3 事见《春秋穀梁传・鲁僖公元年》。

4《广雅》：训诂书。三国魏时张揖撰。

5 诤：通“争”。

6 邢峙：《北齐书・儒林传》：“邢峙，字士峻，河间鄚人也。……通‘三礼’《左氏春秋》。……皇建初，除清河太守，有惠政。”

7《三辅决录》：《隋书・经籍志》：“《三辅决录》七卷，汉太仆赵岐撰，挚虞注。”

8 见《论语・子张》：“堂堂乎张也，难与并为仁矣。”

9 误本：有错字的版本。

10《蜀都赋》：西晋文学家左思所作，为“三都赋”（另两篇为《吴都赋》《魏都赋》）之一。

11 损惠：谢人馈送礼物的敬辞。意谓对方降抑身份而加惠于己。

12 元氏之世：北魏太和二十一年(497)，孝文帝改拓跋姓为元氏。

13 洛京:洛阳。北魏太和十八年(494),孝文帝把都城由平城迁到洛阳。
14《史记音》:《隋书·经籍志》:"《史记音》三卷,梁轻车录事参军邹诞生撰。"
15 纰缪(pī miù):差错,谬误。
16 翕(xī)然:一致。
17 紫色蛙声:比喻用假的冒充真的。紫色,古代认为不是正色(朱是正色)。蛙声,不合正统乐律的声音。
18 闰位:非正统的帝位。
19 潘岳:即潘安,字安仁,河南荥阳中牟(今河南郑州中牟)人。西晋文学家。
20 见潘岳《闲居赋》。
21《世本》:书名。战国时史官所编,约成书于秦始皇十三年至十九年。

原文

谈说制文,援引古昔,必须眼学[1],勿信耳受。江南闾里间,士大夫或不学问,羞为鄙朴,道听涂说,强事饰辞:呼征质为周、郑[2],谓霍乱为博陆[3],上荆州必称陕西[4],下扬都言去海郡,言食则糊[5]口,道钱则孔方[6],问移则楚丘[7],论婚则宴尔[8],及王则无不仲宣[9],语刘则无不公干[10]。凡有一二百件,传相祖述,寻问

译文

谈话写文章,如果引用古代的事例,必须经过自己亲自考证,不能只相信耳朵听到的。在江南民间,有些士大夫不事学问,又不甘心当粗俗之辈,于是就把一些道听途说的东西拿来勉强修饰言辞:比如把征质说成周、郑,把霍乱叫作博陆,上荆州一定要称上陕西,下扬都一定要说去海郡,说吃饭就叫作糊口,谈钱财则称为孔方,问迁移就说楚丘,论婚嫁就说宴尔,凡是姓王的就都是王仲宣,凡是姓刘的就都是刘公干。这类典故大

莫知原由，施安时复失所。庄生有乘时鹊起之说，故谢朓[11]诗曰："鹊起登吴台。"[12]吾有一亲表，作七夕诗云："今夜吴台鹊，亦共往填河。"《罗浮山记》云："望平地树如荠[13]。"故戴暠诗云："长安树如荠。"[14]又邺下有一人咏树诗云："遥望长安荠。"又尝见谓矜诞为夸毗[15]，呼高年为富有春秋[16]，皆耳学之过也。

概有一两百个，在这些士大夫之间相互传承，询问出处，全都答不上来，应用之处往往都不恰当。庄子有"乘时鹊起"的说法，所以谢朓诗中说："鹊起登吴台。"我有一个表亲，写了一首七夕诗："今夜吴台鹊，亦共往填河。"《罗浮山记》说："望平地树如荠。"所以戴暠诗中说："长安树如荠。"于是邺下有一个人写了首咏树诗，说："遥望长安荠。"此外，还有些人把矜诞当作夸毗，称老年人为富有春秋，这些都是道听途说的害处。

注释

1 眼学：亲眼所见。指亲自阅读研习。

2 呼征质为周、郑：质，抵押。《左传·隐公三年》："周、郑交质。"

3 博陆：《汉书·霍光传》："霍光字子孟……封博陆侯。"

4 陕西：钱大昕曰："《南齐书·州郡志》：'江左大镇，莫过荆、扬。周世二伯总诸侯，周公主陕东，召公主陕西，故称荆州为陕西也。'"

5 糊：《说文·食部》："糊，寄食也。"

6 孔方：钱的谑称。旧时铜钱外圆，中有方孔，故名。

7 语出《左传·闵公二年》："僖之元年，齐桓公迁邢于夷仪。二年，封卫于楚丘。邢迁如归，卫国忘亡。"

8 语出《诗经·邶风·谷风》："宴尔新昏，如兄如弟。"

9 仲宣：王粲。

10 公干：刘桢，字公干，东平宁阳（今山东宁阳）人，东汉名士。

11 谢朓：字玄晖，陈郡阳夏（今河南太康）人。南朝齐诗人。
12 见谢朓《和伏武昌登孙权故城诗》。“吴台”，《文选》作“吴山”。
13 荠：荠菜。
14 见戴暠《度关山诗》。戴暠，南北朝梁文学家。
15 矜诞：指自大狂妄。 夸毗：指以谄谀、卑屈取媚于人。二者意思相反。
16 富有春秋：年少，年轻。春秋，指年龄。

原文

夫文字者，坟籍[1]根本。世之学徒，多不晓字：读五经者，是徐邈而非许慎[2]；习赋诵者，信褚诠而忽吕忱[3]；明《史记》者，专徐、邹而废篆籀[4]；学《汉书》者，悦应、苏而略“苍”《雅》[5]。不知书音是其枝叶，小学[6]乃其宗系。至见服虔、张揖[7]音义则贵之，得《通俗》[8]《广雅》而不屑。一手之中，向背如此，况异代各人乎？

译文

文字是古籍的根本。世上的求学之人，很多都不精通文字：读五经的人，肯定徐邈而否定许慎；学习赋诵的人，信奉褚诠而忽视吕忱；读《史记》的人，只对徐广、邹诞生的书感兴趣，而废弃了对字义的研究；学习《汉书》的人，喜欢应劭、苏林而忽略“三苍”《尔雅》。他们不明白研究字音只是文字的枝叶，小学才是文字的根本。看到服虔、张揖的音义著作就很重视，对《通俗文》《广雅》则不屑一顾。对同一个人的著作尚且态度迥异，何况不同时代不同人的著作呢？

注释

1 坟籍：古代典籍。
2 徐邈：字仙民，东晋经学家，曾撰《五经音训》。 许慎：字叔重，汝南郡召陵县（今河南漯河）人，东汉经学家、文字学家，曾撰《五经异义》。

3 褚诠:《隋书·经籍志》:"《百赋音》十卷,宋御史褚诠之撰。"疑即褚诠而脱一"之"字。 吕忱:字伯雍,任城人。《隋书·经籍志》:"《字林》七卷,晋弦令吕忱撰。"

4 徐、邹:徐指徐广,字野民,东莞姑幕(今山东诸城)人,著《史记音义》十二卷。邹指邹诞生,南朝梁人,撰《史记音》三卷。 篆籀:篆文和籀文。

5 应、苏:应指应劭,苏指苏林。赵曦明曰:"《汉书叙例》:'应劭,字仲瑗,汝南南顿人。后汉萧令、御史营令、泰山太守。苏林,字孝友,陈留外黄人。魏给事中……黄初中,迁博士,封安成亭侯。'"应劭著有《汉书集解》《风俗通义》等。苏林著有《汉书音义》《孝经注》,均佚。"苍":指"三苍",又作"三仓"。汉代合李斯《仓颉》、赵高《爰历》、胡母敬《博学》三书为一,称为《仓颉篇》。魏晋时,又以《仓颉篇》为上卷,扬雄《训纂篇》为中卷,贾魴《滂喜篇》为下卷,合为一部,称为"三苍"。《雅》:指《尔雅》,是我国古代最早解释词义的专著,由汉代学者缀辑而成。

6 小学:研究文字字形、字义及字音的学问。包括文字学、音韵学及训诂学。

7 服虔:东汉经学家,字子慎,初名重,又名祇,后更名虔,河南荥阳(今河南荥阳)人。 张揖:字稚让,三国时魏国清河(今河北清河)人,著《广雅》。

8《通俗》:指《通俗文》,服虔撰。

原文

夫学者贵能博闻也。郡国山川,官位姓族,衣服饮食,器皿制度,皆欲根

译文

求学之人都崇尚博闻。他们对郡国山川、官位姓族、衣服饮食、器皿制度等问题,都想要刨根问底,了解清楚

寻，得其原本；至于文字，忽不经怀，己身姓名，或多乖舛，纵得不误，亦未知所由。近世有人为子制名：兄弟皆山傍立字，而有名峙[1]者；兄弟皆手傍立字，而有名機[2]者；兄弟皆水傍立字，而有名凝[3]者。名儒硕学，此例甚多。若有知吾钟之不调[4]，一何可笑。

本源。对于文字，却疏忽大意，漫不经心，甚至连自己的姓名都经常搞错，即使不出差错，也不知道它的由来。近代有些人给孩子起名字：兄弟都用"山"字旁的字，而有名字带"峙"的；兄弟都用"手"字旁的字，而有名字带"機"字的；兄弟都用"水"字旁的字，而有名字带"凝"字的。在那些有名的大学者中，这种例子有很多。如果他们碰上像师旷那样能听出晋平公钟音不调的行家，该有多可笑。

注释

1 峙：清代学者段玉裁："《说文》有'峙'无'峙'，后人凡从'止'之字，每多从'山'；至如'岐'字本从'山'，又改'路岐'之'岐'从'止'，则又'山'变为'止'也。颜意谓从'山'之'峙'不典，不可以命名。"

2 機：按文意，此处起名字所用的"機"字正确写法应该为"手"旁，但《说文》中并无"擜"字，颜之推以此讽刺其用字不规范。

3 凝：段玉裁："此亦颜时俗字。凝本从仌，俗本从水，故颜谓其不典，今本正文仍作正体，则又失颜意矣。"

4 吾钟之不调：《淮南子·修务训》："昔晋平公令官为钟，钟成而示师旷，师旷曰：'钟音不调。'平公曰：'寡人以示工，工皆以为调；而以为不调，何也？'师旷曰：'使后世无知音者则已，若有知音者，必知钟之不调。'"

原文

吾尝从齐主[1]幸并州[2]，自井陉关[3]入上艾县[4]，东数十里，有猎闾村。后百官受马粮在晋阳东百余里亢仇城侧。并不识二所本是何地，博求古今，皆未能晓。及检《字林》《韵集》[5]，乃知猎闾是旧䓴余聚，亢仇旧是䅘䬣亭，悉属上艾。时太原王劭欲撰乡邑记注，因此二名闻之，大喜。

译文

我曾跟随文宣帝一起到并州，从井陉关进入上艾县，向东行走数十里，有个猎闾村。后来，文武百官在晋阳以东百余里的亢仇城边接受马粮。大家都不知道猎闾村和亢仇城这两个地方在哪里，翻阅大量的古今书籍，都没有找到记载。后来查到《字林》和《韵集》，才知道猎闾就是以前的䓴余聚，亢仇就是以前的䅘䬣亭，都属于上艾县。当时太原王劭正要撰写乡邑记注，我把这两个地名告诉他，他非常高兴。

注释

1 齐主：指北齐文宣帝高洋。

2 并州：古州名，今河北保定和山西太原、大同一带地区。

3 井陉关：要隘名。即井陉口，又称土门关，古九塞之一。故址在今河北井陉北井陉山上。

4 上艾县：西汉置县，属并州。

5《字林》：字书，晋吕忱撰。《韵集》：韵书，晋吕静撰。

原文

吾初读《庄子》"螝二首"，《韩非子》曰："虫有螝者，一身两口，争食相龁[1]，

译文

我刚开始读到《庄子》"螝二首"这一句，对照《韩非子》上面说的："虫类中有一种叫螝的，一个身子两张嘴，

遂相杀也。”茫然不识此字何音，逢人辄问，了无解者。案：《尔雅》诸书，蚕蛹名螝，又非二首两口贪害之物。后见《古今字诂》[2]，此亦古之“虺”字，积年凝滞，豁然雾解。

为了争抢食物互相龁咬，于是互相残杀。”我茫然不解，不明白这个字究竟该怎么读，逢人便问，却没有人知道。按：《尔雅》等书，把“螝”解释为蚕蛹，但蚕蛹又不是那种两个头两张嘴贪婪凶残的怪物。后来查阅《古今字诂》，才明白“螝”是“虺”的古字，我多年来的疑问，终于豁然开朗。

注释

1 龁(hé)：咬。

2《古今字诂》：《隋书·经籍志》：“《古今字诂》三卷，张揖撰。”

原文

尝游赵州[1]，见柏人城[2]北有一小水，土人亦不知名。后读城西门徐整碑云：“洦流东指。”众皆不识。吾案《说文》，此字古魄字也，洦，浅水貌。此水汉来本无名矣，直以浅貌目之，或当即以洦为名乎？

译文

我曾经去过赵州，看到柏人城北有一条小河，本地人也不知道叫什么名字。后来读位于柏人城西门的徐整碑，上面说：“洦流东指。”大家都不认识这个“洦”字。我查阅《说文》，这个字就是古“魄”字，洦，浅水的意思。这条河从汉代到现在都没有名字，只是因为水浅就称它为“洦流”，或许应该用“洦”字给它命名？

注释

1 赵州：今河北赵县。据《北齐书·颜之推传》记载，河清末，颜之推被举为赵州功曹参军。

2 柏人城：位于今河北隆尧境内。

原文

世中书翰，多称勿勿，相承如此，不知所由，或有妄言此忽忽之残缺耳。案：《说文》："勿者，州里所建之旗也，象其柄及三斿[1]之形，所以趣[2]民事。故匆遽[3]者称为勿勿。"

译文

世上的书信，经常用到"勿勿"一词，向来如此，不知道它的来由，有的人乱说是"忽忽"二字的残缺。按：《说文》上说："勿，指乡里竖立的旗子，字形就像是旗杆和三条穗子，以此来督促民事。所以就把匆忙急促称为'勿勿'。"

注释

1 斿(liú)：同"旒"。古代旌旗下边或边缘上悬垂的装饰品。

2 趣(cù)：催促，督促。

3 匆遽(jù)：急忙，匆忙。

原文

吾在益州[1]，与数人同坐，初晴日晃，见地上小光，问左右："此是何物？"有一蜀竖[2]就视，答云："是豆逼耳。"相顾愕然，不知所谓。命取将来，乃小豆也。穷访蜀土，呼粒为逼，时莫之

译文

我在益州的时候，与几个人一起闲坐，天气初晴，阳光明亮，我看到地上有些小光点，就问旁边的人："这是什么东西？"有一个蜀地的童仆上前查看，回答说："是豆逼。"大家听了以后，惊讶地相互看着，不知道他说的是什么。我让他拿过来看，原来是小豆。我问遍了在座的蜀地之人，都把"粒"叫作"逼"，当时谁也

解。吾云："'三苍'《说文》，此字白下为匕，皆训粒，《通俗文》音方力反。"众皆欢悟。

说不出是什么原由。我说："'三苍'和《说文》中，这个字都是'白'下加一个'匕'字，解释为粒，《通俗文》的注音是方力反。"大家都十分高兴，终于弄清楚是怎么回事了。

注释

1 益州：古州名。《通典》："益州，今理成都、蜀二县。"

2 竖：童仆。

原文

慜楚[1]友婿[2]窦如同从河州[3]来，得一青鸟，驯养爱玩，举俗呼之为鹖。吾曰："鹖出上党[4]，数曾见之，色并黄黑，无驳杂也。故陈思王《鹖赋》云：'扬玄黄之劲羽。'"试检《说文》："鴧雀似鹖而青，出羌中。"《韵集》音介。此疑顿释。

译文

慜楚的友婿窦如同从河州来，他在那边得到一只青鸟，驯养成为喜爱的玩物，所有人都称这只鸟为鹖。我说："鹖出产在上党，我曾见过多次，通体黄黑，没有杂色。所以曹植在《鹖赋》中说：'举起它黑黄色有力的翅膀。'"我试着查阅《说文》，上面说："鴧雀的样子长得像鹖而毛色发青，出产在羌中。"《韵集》的注音为"介"。于是疑惑顿时解开。

注释

1 慜(mǐn)楚：颜慜楚，颜之推次子，生卒不详。

2 友婿：即连襟，姊妹的丈夫彼此互称。

3 河州：古州名。《通典》："河州，古西羌地，秦属陇西郡……前秦苻坚置河州……后魏亦为河州。"

4 上党:古郡名。北魏时上党治壶关,在今山西长治东南。

原文

梁世有蔡朗者讳纯,既不涉学,遂呼莼[1]为露葵[2]。面墙之徒,递相仿效。承圣[3]中,遣一士大夫聘齐,齐主客郎[4]李恕[5]问梁使曰:"江南有露葵否?"答曰:"露葵是莼,水乡所出。卿今食者绿葵菜耳。"李亦学问,但不测彼之深浅,乍闻无以核究。

译文

梁朝有个叫蔡朗的避讳"纯"字,他没有学过什么知识,就直接把莼菜称为露葵。那些不学无术之徒,也一个跟着一个效仿。承圣年间,朝廷派遣一名士大夫出使北齐,北齐主客郎李恕问梁朝使者:"江南有露葵吗?"他回答说:"露葵是莼菜,是水乡特产。您今天吃的是绿葵菜。"李恕也是有学问的人,但是因为不了解对方深浅,猛地一听,一时也无法核实推究。

注释

1 莼(chún):莼菜。多年生水草,叶子椭圆形,开暗红色花。茎和叶背面都有黏液,可食。

2 露葵:葵菜,又名冬葵。多年生草本,叶互生,开淡红色花。有黏液,多野生,可食。《本草纲目》:"古人采葵,必待露解,故曰露葵。"

3 承圣:南朝梁元帝萧绎的年号。

4 主客郎:职官名。《隋书·百官志》:"掌诸蕃杂客等事。"

5 李恕:清朝学者李慈铭曰:"李恕之'恕'当作'庶'。"《北史·李庶传》:"常摄宾司,接对梁客,梁客徐陵深叹美焉。"

原文

思鲁等姨夫彭城刘灵，尝与吾坐，诸子侍焉。吾问儒行、敏行曰："凡字与谘议[1]名同音者，其数多少，能尽识乎？"答曰："未之究也，请导示之。"吾曰："凡如此例，不预研检，忽见不识，误以问人，反为无赖所欺，不容易也。"因为说之，得五十许字。诸刘叹曰："不意乃尔！"若遂不知，亦为异事。

译文

思鲁他们的姨夫彭城刘灵，曾与我同坐闲谈，他的几个孩子都在旁边陪侍。我问儒行和敏行："凡是和你们的父亲名字同音的，大概有多少字，你们能全部认识吗？"他们回答说："我们没有研究过这个问题，请您指教。"我说："像这一类字，如果不事先研究翻检，突然看到时不认识，问错了人，反而会被无赖所欺骗，不容忽视啊。"于是我就给他们解说，一共说出了五十多个字。刘家的孩子们都感叹说："想不到竟然这么多！"如果他们就这样一点都不了解，也是一件怪事。

注释

1 谘(zī)议：职官名。《隋书·百官志》："皇弟皇子府，置……谘议参军。"刘灵官谘议，颜之推在刘灵诸子面前不便直呼其名，以官职代称。

原文

校定书籍，亦何容易，自扬雄[1]、刘向[2]，方称此职耳。观天下书未遍，不得妄下雌黄[3]。或彼以为非，此以为是；或本同末

译文

校对订正书籍，谈何容易，只有扬雄和刘向二人才算得上称职。如果没有读遍天下的书籍，就不能随便修改。或者那个版本认为是错的，这个版本却认为是对的；或者是由同一版本产生的

异；或两文皆欠，不可偏信一隅也。	不同看法；或者两个版本都有所欠缺，不能偏信任何一方。

注释

1 扬雄：字子云，西汉官吏、学者。蜀郡成都（今四川成都）人。

2 刘向：字子政，西汉学者。西汉沛县（今江苏沛县）人。

3 雌黄：矿物名，橙黄色，可作染料。古人用黄纸写字时，常以雌黄涂抹错误之处再改易。这里指篡改文字。

卷四

文章第九

导读

本篇主要谈论写文章的问题。首先，颜之推认为文章的作用是“敷显仁义，发明功德，牧民建国”，在他看来，屈原、东方朔、司马相如等历代名家，或露才扬己，或滑稽不雅，或窃赀无操，各有不足。究其根本，是因为他们忽略了文章“标举兴会，发引性灵”的本质，恃才自夸，“忽于持操，果于进取”，甚至有“一事惬当，一句清巧”，便得意忘形，目中无人，所以给自己招来各种祸患。其次，颜之推认为人在写文章时最好有自知之明，如果才华不足，就不要做自以为是的“詅痴符”。再次，颜之推认为写文章“当以理致为心肾，气调为筋骨，事义为皮肤，华丽为冠冕”，不能“趋末弃本”，华而不实，最好“以古之制裁为本，今之辞调为末”。颜之推为自己的父亲而自豪，认为父亲的文章“不偶于世，无郑、卫之音”，十分典正。颜之推非常赞同沈约的“三易”原则，认为好文章应该通俗易懂。颜之推强调文章中如果涉及地理知识，必须要准确，但就其所举梁简文帝的《雁门太守行》一诗而言，未免有些苛刻，毕竟像李白的“千里江陵一日还”一样，古诗中经常用到夸张手法，不能全部用地理学来评判。除以上几点之外，颜之推在本篇还讽刺了扬雄鄙薄诗赋的态度，又借刘逖之口，反驳了席毗对文学的轻视。在本篇中，颜之推再次重申了不可乱用典故的观点。

原文

夫文章者，原出“五经”：诏命策檄[1]，生于《书》者也；序述论议[2]，生于《易》者也；歌咏赋颂，生于《诗》者也；祭祀哀诔[3]，生于《礼》者也；书奏箴铭[4]，生于《春秋》者也。朝廷宪章，军旅誓诰[5]，敷显[6]仁义，发明功德，牧民建国，施用多途。至于陶冶性灵，从容讽谏[7]，入其滋味，亦乐事也。行有余力，则可习之。然而自古文人，多陷轻薄：屈原[8]露才扬己，显暴君过；宋玉[9]体貌容冶[10]，见遇俳优[11]；东方曼倩[12]，滑稽不雅；司马长卿，窃赀[13]无操；王褒[14]过章《僮约》[15]；扬雄德败《美新》[16]；李陵[17]降辱夷虏；刘歆[18]反覆莽世；傅毅[19]党附权门；班固盗窃父史[20]；赵元叔[21]抗竦[22]过度；冯敬通[23]浮华摈压[24]；

译文

文章原本都出自“五经”：诏、命、策、檄，是从《书》衍生出来的；序、述、论、议，是从《易》衍生出来的；歌、咏、赋、颂，是从《诗》衍生出来的；祭、祀、哀、诔，是从《礼》衍生出来的；书、奏、箴、铭，是从《春秋》衍生出来的。朝廷的典章制度，军队的告诫之文，用来传布仁义，宣扬功德，治理百姓，建设国家，用途很广泛。至于陶冶自身情操，或者婉言劝谏旁人，只要体会到个中滋味，都是快乐的事。如果有多余的精力，也可以学写这类文章。然而自古以来，文人大多身陷轻薄：屈原表露才华，自我宣扬，显露君主的过错；宋玉相貌美艳，被当作俳优；东方朔言行滑稽，不够庄重；司马相如攫取卓王孙的财物，不讲节操；王褒擅入寡妇之门的过失，在《僮约》中显露；扬雄的品德，因为《剧秦美新》受到损伤；李陵投降匈奴，屈身受辱；刘歆在王莽新朝摇摆不定；傅毅依附权贵；班固私改国史；赵壹过分恃才倨傲；冯衍因为浮夸而遭摈弃；马融因谄媚而被讥诮；蔡邕因同情董卓而被诛杀；吴质因横行霸道而冒犯乡里；曹

马季长[25]佞媚获诮；蔡伯喈同恶受诛[26]；吴质[27]诋忤乡里；曹植悖慢犯法[28]；杜笃[29]乞假[30]无厌；路粹[31]隘狭已甚；陈琳[32]实号粗疏；繁钦[33]性无检格[34]；刘桢屈强输作[35]；王粲率躁见嫌；孔融[36]、祢衡[37]，诞傲[38]致殒；杨修[39]、丁廙[40]，扇动取毙；阮籍无礼败俗；嵇康凌物[41]凶终；傅玄[42]忿斗[43]免官；孙楚[44]矜夸凌上；陆机犯顺[45]履险；潘岳干没[46]取危；颜延年[47]负气摧黜；谢灵运[48]空疏乱纪；王元长[49]凶贼自诒；谢玄晖[50]侮慢见及。凡此诸人，皆其翘秀者，不能悉纪，大较如此。至于帝王，亦或未免。自昔天子而有才华者，唯汉武[51]、魏太祖、文帝、明帝[52]、宋孝武帝[53]，皆负世议，非懿德之君也。自子游、子夏[54]、荀况、孟轲[55]、枚乘[56]、贾谊[57]、苏武[58]、张衡[59]、左思[60]之俦，有盛名而免过患者，时复闻之，但其损

植因傲慢无礼而触犯刑法；杜笃向人借贷，不知满足；路粹心胸过于狭窄；陈琳确实粗枝大叶；繁钦生性不检点；刘桢脾气倔强，被罚作劳役；王粲轻率急躁，被人嫌弃；孔融、祢衡狂放傲慢，招致杀身之祸；杨修、丁廙煽动蛊惑，自取灭亡；阮籍不守礼节，伤风败俗；嵇康盛气凌人，不得善终；傅玄忌恨好斗，丢了官职；孙楚骄傲自夸，冒犯上司；陆机违反正道，身处险境；潘岳投机取巧，自寻死路；颜延之意气用事，遭遇贬谪；谢灵运放纵不羁，扰乱法纪；王融凶狠残暴，咎由自取；谢朓侮慢他人，遭到陷害。以上这些人，都是文人中出类拔萃的，不能一一记载，大致就是这样。至于帝王，也难幸免。自古以来，身为天子而又有才华的，只有汉武帝、魏太祖、魏文帝、魏明帝、宋孝武帝，他们都遭到世人的议论，不是完美的君主。至于像子游、子夏、荀况、孟轲、枚乘、贾谊、苏武、张衡、左思这类负有盛名而又能避免过失的，不时也能听到，但是他们中遭遇了祸患的还是占据

败居多耳。每尝思之,原其所积,文章之体,标举[61]兴会[62],发引性灵,使人矜伐[63],故忽于持操,果于进取。今世文士,此患弥切,一事惬当,一句清巧,神厉九霄,志凌千载,自吟自赏,不觉更有傍人。加以砂砾所伤,惨于矛戟[64],讽刺之祸,速乎风尘,深宜防虑,以保元吉[65]。

多数。我经常思考这些问题,推究它们产生的原因,文章的本质,是表达感想,抒发情怀,这就容易使人恃才自夸,因而忽略操守,勇于宣扬。现在的文人,这些弊病更加严重,有一个典故用得高明恰当,有一句诗文写得清新奇巧,便神采飞扬,得意忘形,孤芳自赏,目中无人。再加上以言辞伤人,比矛和戟还要厉害;因讽刺而招来的祸患,比风扬起尘土还要快。所以要特别防范,以保全自己的福分。

注释

1 诏命策檄:四种官方公文。《文心雕龙·诏策》:"命者,使也。秦并天下,改命曰制。汉初定仪则,则命有四品:一曰策书,二曰制书,三曰诏书,四曰戒敕。敕戒州部,诏诰百官,制施赦命,策封王侯。策者,简也。制者,裁也。诏者,告也。敕者,正也。"檄,指用于征召或声讨的文书。

2 序述论议:四种文体。序,指序文,是用于文章或书籍开头的介绍性的文字。述,用来叙述的文字。论、议,均用来阐明事物或陈述意见。

3 祭祀哀诔:四种文体。祭,指祭文。祀,郊庙祭祀的乐歌。哀,用于悼念死者的哀辞。诔,指诔文,用于悼念死者。

4 书奏箴铭:四种文体。书,书简,臣子向国君进言陈词,或亲朋之间来往的信件,都称为书。奏,奏章。箴,以告诫规劝为主的文字。铭,抱着持久或公开的记载目的而刻写或题写的文辞。

5 誓诰:誓,告诫将士的言辞。诰,告诫之文。

6 敷显:传布宣扬。

7 讽谏:婉言相劝。

8 屈原:芈姓,屈氏,名平,字原;又自云名正则,字灵均。战国时期楚国诗人、政治家。

9 宋玉:又名子渊。战国时期鄢(今湖北宜城)人。辞赋家。

10 容冶:相貌美艳。

11 俳优:古代演滑稽戏杂耍的艺人。

12 东方曼倩:东方朔,字曼倩。平原郡厌次县(今山东德州陵城)人,西汉文学家。

13 窃赀:占有别人的财物。《汉书·扬雄传》:"司马长卿,窃赀于卓氏。"《汉书·司马相如传》:"卓王孙有女文君新寡,好音,故相如缪与令相重,而以琴心挑之。……文君窃从户窥之,心悦而好之,恐不得当也。既罢,相如乃使人重赐文君侍者,通殷勤。文君夜亡奔相如。相如乃与驰归成都,家居徒四壁立。……相如与俱之临邛,尽卖其车骑,买一酒舍。……卓王孙不得已,分予……财物,文君乃与相如归成都,买田宅,为富人。"

14 王褒:字子渊,蜀资中(今四川资阳)人。西汉辞赋家。

15 过章《僮约》:章,显露。《僮约》为王褒所作,是一篇记录奴婢契约的文章,文中说"蜀郡王子渊以事到湔,止寡妇杨惠舍",到寡妇家里在古代是非礼之事。

16《美新》:指扬雄所作《剧秦美新》一文,文中对王莽新朝歌功颂德。

17 李陵:字少卿,陇西成纪(今甘肃天水秦安)人,西汉名将李广之孙。武帝时,率兵抗击匈奴,战败投降,事见《史记·李将军列传》。

18 刘歆:字子骏,后改名秀,字颖叔,刘向之子,沛(今江苏沛县)人。西汉目录学家、天文学家,古文经学的开创者。王莽执政后,立古文经博士,重用刘歆。后来刘歆与人合谋诛王莽,遭人告发,自杀。

19 傅毅:字武仲,扶风茂陵(今陕西兴平东北)人,东汉辞赋家。《后汉书·文苑传》:"及宪迁大将军,复以毅为司马,班固为中护军,宪府文章之盛,冠于当世。”

20 盗窃父史:《后汉书》:“父彪卒,归乡里。固以彪所续前史未详,乃潜精研思,欲就其业。既而有人上书显宗,告固私改作国史者,有诏下郡,收固系京兆狱,尽取其家书。”颜之推对此事的看法实际上是一种偏见。

21 赵元叔:赵壹,嬴姓,赵氏,字元叔,汉阳郡西县(今甘肃陇南礼县)人。东汉辞赋家。《后汉书·文苑传》称赵壹“恃才倨傲,为乡党所摈……屡抵罪,几至死,友人救,得免”。作《穷鸟赋》,又作《刺世疾邪赋》,以纾其怨愤。

22 抗竦:高傲,倨傲。

23 冯敬通:冯衍,字敬通,京兆杜陵(今陕西西安)人,东汉辞赋家。《后汉书·冯衍传》称冯衍“为曲阳令,诛斩剧贼……当封,以谗毁,故赏不行。……建武末,上疏自陈……犹以前过不用……显宗即位,又多短衍以文过其实,遂废于家”。

24 摈压:摈弃压抑。

25 马季长:马融,字季长,扶风茂陵(今陕西兴平东北)人,东汉经学家。《后汉书·马融传》称马融“才高博洽,为世通儒。……惩于邓氏,不敢复违忤势家,遂为梁冀草奏李固,又作大将军《西第颂》,以此颇为正直所羞”。

26 蔡伯喈同恶受诛:《后汉书·蔡邕传》:“蔡邕字伯喈,陈留圉人也。……董卓为司空……举高第……三日之间,周历三台。……及卓被诛,邕在司徒王允坐,殊不意,言之而叹,有动于色。允勃然叱之……收付廷尉治罪……邕遂死狱中。”

27 吴质:字季重,兖州济阴郡(今山东菏泽定陶西北)人。汉末三国时期文学家。《三国志·魏书·王粲传》注:“质字季重……始质为单家,少游遨贵戚间,盖不与乡里相沉浮,故虽已出官,本国犹不与之士名。”又引《吴质别传》称“质先以怙威肆行,谥曰丑侯。质子应仍上书论枉，至正元中，乃改谥威侯”。

28 曹植悖慢犯法：《三国志·魏书·陈思王植传》：“善属文……特见宠爱……几为太子者数矣。……文帝即王位……植与诸侯并就国。黄初二年，监国谒者灌均希指，奏植醉酒悖慢，劫胁使者。有司请治罪。帝以太后故，贬爵安乡侯。”

29 杜笃：字季雅，京兆杜陵（今陕西西安）人，东汉学者。《后汉书·文苑传》称杜笃“博学不修小节，不为乡人所礼。居美阳，与美阳令游，数从请托，不谐，颇相恨。令怒，收笃送京师”。

30 乞假：借贷。

31 路粹：字文蔚，后汉陈留（今河南开封东南）人。《三国志·魏书·王粲传》注引《典略》：“粹字文蔚……与陈琳、阮瑀等典记室……承指数致融罪……融诛之后，人睹粹所作，无不嘉其才而畏其笔也。至十九年，粹转为秘书令，从大军至汉中，坐违禁贱请驴，伏法。”

32 陈琳：字孔璋，广陵（今江苏扬州）人。东汉文学家，“建安七子”之一。

33 繁（pó）钦：字休伯，东汉颍川（今河南禹州）人。

34 检格：检正约束。

35 输作：因犯罪罚作劳役。《三国志·魏书·王粲传》注引《典略》：“太子……命夫人甄氏出拜。坐中众人咸伏，而桢独平视。太祖闻之，乃收桢，减死输作。”

36 孔融：字文举，鲁国（今山东曲阜）人。东汉文学家，“建安七子”之一。

37 祢衡：字正平，平原般县（今山东乐陵）人。东汉文学家，与孔融交好。

38 诞傲：狂放傲慢。

39 杨修：字德祖，弘农郡华阴（今陕西华阴）人，东汉末年文学家。才思敏捷，积极辅助曹植，屡次猜透曹操的心思，见忌于曹操，后被杀。

40 丁廙（yì）：字敬礼，三国时期沛郡（今安徽濉溪）人。与曹植亲近，常劝曹操立曹植为太子，及曹丕继位，被杀。

41 凌物：傲视、凌辱他人。

42 傅玄:字休奕,北地郡泥阳县(今甘肃宁县)人,西晋时期文学家、思想家。《晋书·傅玄传》:"帝初即位,广纳直言,开不讳之路。玄及散骑常侍皇甫陶共掌谏职……俄迁侍中。初,玄进皇甫陶,及入而抵,玄以事与陶争,言喧哗,为有司所奏,二人竟坐免官。"

43 忿斗:忌恨好斗。

44 孙楚:字子荆,太原中都(今山西平遥)人,西晋官员、文学家。《晋书·孙楚传》:"才藻卓绝,爽迈不群,多所陵傲,缺乡曲之誉。年四十余,始参镇东军事……楚后迁佐著作郎,复参石苞骠骑军事。楚既负其材气,颇侮易于苞,初至,长揖曰:'天子命我参卿军事。'因此而嫌隙遂构。"

45 犯顺:违背情理,违反正道。《晋书·陆机传》:"时成都王颖推功不居,劳谦下士,机……遂委身焉。……太安初,颖与河间王颙起兵讨长沙王乂,假机后将军河北大都督……战于鹿苑,机军大败……宦人孟玖……言其有异志……颖大怒,使秀密收机……遂遇害于军中。"

46 干没:侥幸取利。《晋书·潘岳传》:"岳性轻躁,趋世利。……其母数诮之曰:'尔当知足,而干没不已乎!'而岳终不能改。"

47 颜延年:颜延之,字延年,琅邪临沂(今山东临沂)人。南朝宋文学家。《南史·颜延之传》:"好读书,无所不览,文章冠绝当时……疏诞,不能取容当世。……湛恨焉,言于彭城王义康,出为永嘉太守。延之甚怨愤,乃作《五君咏》……湛及义康以其辞旨不逊,大怒,欲黜为远郡,文帝与义康诏曰:'宜令思愆里间,犹复不悛,当驱往东土,乃至难恕者,自可随事录之。'于是延之屏居不豫人间者七载。"

48 谢灵运:原名公义,字灵运,以字行于世,小名客儿,世称谢客,陈郡阳夏(今河南太康)人。南朝宋文学家。

49 王元长:王融,字元长,琅邪临沂(今山东临沂)人。南朝齐文学家。《南史·王弘传》:"(曾孙)融字元长……文辞捷速,有所造作,援笔可待,王子良特相友好。武帝疾笃暂绝……融戎服绛衫,于中书省阁口断东宫仗不得进,欲矫诏立子良。诏草已立上重苏,朝事委西昌侯鸾……俄而帝崩。融乃处分以子良兵禁诸门。西昌侯闻,急驰到云龙门,不得进……仍排而入,奉太孙登殿,命左右扶出子良……郁林深怨融,即位十余日,收下廷尉狱……赐死。”

50 谢玄晖:即谢朓,见《勉学第八》。《南史·谢朓传》:“先是,朓常轻祏为人。祏常诣朓,朓因言有一诗,呼左右取,既而便停。祏问其故,云:‘定复不急。’祏以为轻己。后祏及弟祀、刘沨、刘晏俱候朓,朓谓祏曰:‘可谓带二江之双流。’以嘲弄之。祏转不堪,至是构而害之。”

51 汉武:汉武帝刘彻。

52 魏太祖、文帝、明帝:魏太祖即曹操。文帝即魏文帝曹丕。明帝即魏明帝曹叡。

53 宋孝武帝:南朝宋孝武帝刘骏。

54 子游、子夏:子游姓言,名偃,字子游。子夏姓卜,名商,字子夏。二人都是孔子弟子。

55 孟轲:即孟子,名轲,字子舆,邹(今山东邹城)人。战国思想家、教育家。

56 枚乘:字叔,淮阴(今江苏淮安)人。西汉辞赋家。

57 贾谊:字太傅,洛阳(今河南洛阳)人。西汉政论家、文学家。

58 苏武:字子卿,杜陵(今陕西西安)人。西汉大臣。

59 张衡:字平子,南阳西鄂(今河南南阳)人。东汉天文学家、文学家。

60 左思:字太冲,西晋齐国临淄(今山东淄博)人。西晋文学家。

61 标举:揭示,标明。

62 兴会:偶有所感而产生的意趣。

63 矜伐:恃才夸功,夸耀。

64 加以砂砾所伤,惨于矛戟:《荀子·荣辱》:“伤人之言,深于矛戟。”这里以砂砾比喻言辞。

65 元吉:大吉,洪福。

原文

学问有利钝，文章有巧拙。钝学累功，不妨精熟；拙文研思，终归蚩鄙[1]。但成学士，自足为人。必乏天才，勿强操笔。吾见世人，至无才思，自谓清华，流布丑拙，亦以众矣，江南号为詅痴符[2]。近在并州，有一士族，好为可笑诗赋，誂撆[3]邢、魏[4]诸公，众共嘲弄，虚相赞说，便击牛釃酒，招延[5]声誉。其妻，明鉴妇人也，泣而谏之。此人叹曰："才华不为妻子所容，何况行路！"至死不觉。自见之谓明，此诚难也。

译文

做学问有聪敏和愚钝之分，写文章有精巧和拙劣之别。愚钝的人只要肯不断努力，就可以变得精通熟练；文章拙劣的人即使反复钻研，终究还是难免粗野鄙俗。只要能成为有学问的人，就足以安身立命。如果天生缺乏才气，就不要勉强执笔。我看世上有些人，一点才思都没有，却自称文章清丽华美，拿着拙劣不堪的文章四处传播，这样的人实在太多了，江南称之为"詅痴符"。最近在并州有一名士族，喜欢写一些可笑的诗赋，调侃邢邵、魏收等人，大家一起捉弄他，表面上都称赞他写得好，他就宰牛釃酒，想赢得更多赞誉。他的妻子是个明白事理的人，哭着劝他不要这样。他却叹息道："我的才华连妻子都不看重，何况是外人呢！"一直到死都没有觉悟。人能自知才能称得上聪明，这确实不容易做到啊。

注释

1 蚩鄙：粗野拙劣。

2 詅痴符：据文意，或为古代江南地区的方言。

3 誂撆(tiǎo piē)：嘲弄，戏弄。

4 邢、魏：指邢邵、魏收。

5 招延：招致，求取。

原文

学为文章，先谋亲友，得其评裁[1]，知可施行，然后出手[2]；慎勿师心自任，取笑旁人也。自古执笔为文者，何可胜言。然至于宏丽精华，不过数十篇耳。但使不失体裁，辞意可观，便称才士；要须动俗盖世，亦俟河之清乎！

译文

学写文章，要先向亲友请教，经过他们品评裁断，觉得已经达到可以传布的水平，然后再脱稿；千万不要自以为是，被别人耻笑。自古以来，执笔写文章的人数不胜数，但是称得上宏丽精华的不过数十篇而已。只要结构合理，文辞值得一看，就可以称作才士；如果一定要把文章写得惊天动地、超群绝伦，恐怕要等到黄河的水变清了。

注释

1 评裁：品评裁断。
2 出手：指诗文脱稿。

原文

不屈二姓，夷、齐[1]之节也；何事非君，伊、箕[2]之义也。自春秋已来，家有奔亡，国有吞灭，君臣固无常分[3]矣。然而君子之交绝无恶声，一旦屈膝而事人，岂以存亡而改虑[4]？陈

译文

不屈身于两个王朝，是伯夷、叔齐的气节；对任何君主都尽心侍奉，这是伊尹、箕子的道义。自春秋以来，国破家亡是常有的事，君臣之间已经没有定分了。然而，君子之间即使断绝交往，彼此也不会有怨言，一旦屈膝效忠于人，又怎能因为存亡而改变想法

孔璋居袁[5]裁书[6]，则呼操为豺狼；在魏制檄，则目绍为蛇虺[7]。在时君所命，不得自专，然亦文人之巨患也，当务从容消息[8]之。

呢？陈琳在袁绍手下时，写檄文称曹操为豺狼；后来到了曹操手下，则写檄文视袁绍为蛇虺。这是受当时君主之命，身不由己。然而这也是文人的大忌，务必要好好斟酌。

注释

1 夷、齐：指伯夷、叔齐，是商末孤竹君的两个儿子。据《史记·伯夷列传》记载，周武王伐纣，二人叩马谏阻。武王灭商后，他们耻食周粟，隐居首阳山，采薇而食，后饿死。

2 伊、箕：指伊尹、箕子。伊尹，名挚，夏末商初人，辅助商汤灭夏，是商朝初期著名的政治家、思想家。箕子，名胥余，是商纣王的叔父，与微子、比干并称"殷末三仁"。周武王灭商后，曾向箕子请教治国之道。

3 常分：定分，确定的名分。

4 虑：思想，意念。

5 居袁：指陈琳在袁绍手下任职。袁绍失败后，陈琳被魏军俘虏，曹操因爱其才，任命他为司空军谋祭酒、丞相门下督。

6 裁书：草写檄文。

7 虺(huǐ)：古书上说的一种毒蛇。

8 消息：斟酌。

原文

或问扬雄曰："吾子[1]少而好赋？"雄曰："然。童子雕虫篆刻，壮夫不为也。"[2]余窃

译文

有人问扬雄："您从小就喜欢写赋吗？"扬雄回答说："是的。不过是小孩子的雕虫小技，成年人不该再干这个。"我个人是不同意这种说法的：虞舜作《南风》，周公作《鸱

非之曰：虞舜歌《南风》[3]之诗，周公作《鸱鸮》[4]之咏，吉甫、史克《雅》《颂》之美者[5]，未闻皆在幼年累德[6]也。孔子曰："不学《诗》，无以言。"[7]"自卫返鲁，乐正，《雅》《颂》各得其所。"[8]大明孝道，引《诗》证之。扬雄安敢忽之也？若论"诗人之赋丽以则，辞人之赋丽以淫"[9]，但知变[10]之而已，又未知雄自为壮夫何如也？著《剧秦美新》，妄投于阁[11]，周章[12]怖慑[13]，不达天命，童子之为耳。桓谭[14]以胜老子，葛洪[15]以方仲尼，使人叹息。此人直以晓算术，解阴阳，故著《太玄经》，数子为所惑耳；其遗言余行，孙卿[16]、屈原之不及，安敢望大圣[17]之清尘[18]？且《太玄》今竟何用乎？不啻覆酱瓿[19]而已。

鸮》，尹吉甫、史克在《雅》《颂》中各有篇章，并没有听说他们因此累损了德行。孔子说："不学《诗》就不善辞令。"又说："我从卫国回到鲁国后，开始整理修订乐章，使《雅》乐和《颂》乐各得其所。"孔子弘扬孝道，引用《诗》中的诗句为证。扬雄怎么敢轻视诗赋呢？如果说到他提出的"诗人的赋华丽而规范，辞人的赋华丽而淫滥"，则说明他只是知道如何分辨二者的不同，却不知道他自身作为一个成年人究竟该怎样去做。扬雄写了《剧秦美新》一文歌颂王莽新朝，后来却惊慌地从天禄阁上跳下去，惶恐不安，不能通达天命，这才是小孩子的行为啊！桓谭称他超越了老子，葛洪将他和孔子相提并论，这实在令人叹息。扬雄只不过通晓算术，懂得阴阳之学，所以写了《太玄经》，桓谭、葛洪等人就被他迷惑了；他的遗言余行，连荀子、屈原都赶不上，又怎敢和老子、孔子这些大圣人相比？况且《太玄经》现在究竟有什么用呢？不过拿来盖酱瓿罢了。

注释

1 吾子:古时对人的尊称,相当于“您”。

2 见扬雄《法言·吾子》。 雕虫篆刻:比喻辞章小技或微不足道的技能。雕,雕刻。虫,指鸟虫书,古代汉字的一种字体。

3《南风》:古代乐曲名,相传为舜帝所作。《礼记·乐记》:“昔者舜作五弦之琴,以歌南风。”

4《鸱鸮》:见《诗经·豳风》。《毛诗序》:“《鸱鸮》,周公救乱也。成王未知周公之志,公乃为诗以遗王,名之曰《鸱鸮》焉。”

5 据《毛诗序》,《大雅》中《崧高》《蒸民》《韩奕》,皆尹吉甫美宣王之诗。“《駉》,颂僖公也,僖公能遵伯禽之法……鲁人尊之,于是季孙行父请命于周,而史克作是颂。”尹吉甫,兮氏,名甲,字伯吉父(一作甫),尹是官名。周宣王大臣,《诗经》的主要采集者。 史克:鲁国史官。

6 累德:对德行有损。累,累损。

7 见《论语·季氏》。

8 见《论语·子罕》。 乐正:修订乐章。

9 见扬雄《法言·吾子》。

10 变:通“辨”。

11 妄投于阁:《汉书·扬雄传》:“王莽时,刘歆、甄丰皆为上公。莽既以符命自立,即位之后,欲绝其原以神前事,而丰子寻,歆子棻复献之。莽诛丰父子,投棻四裔,辞所连及,便收不请。时雄校书天禄阁上,治狱使者来,欲收雄,雄恐不能自免,乃从阁上自投下,几死。莽闻之曰:‘雄素不与事,何故在此?’间请问其故,乃刘棻尝从雄学作奇字,雄不知情,有诏勿问。然京师为之语曰:‘惟寂寞,自投阁;爰清静,作符命。’”

12 周章:仓皇惊恐的样子。

13 怖慑:恐惧,害怕。

14 桓谭:字君山,沛国相(今安徽淮北)人。东汉哲学家、经学家、琴师、天文学家。《汉书·扬雄传》:"时大司空王邑、纳言严尤闻雄死,谓桓谭曰:'子尝称扬雄书,岂能传于后世乎?'谭曰:'必传。顾君与谭不及见也。……昔老聃著虚无之言两篇,薄仁义,非礼学,然后世好之者尚以为过于《五经》,自汉文、景之君及司马迁皆有是言。今扬子之书,文义至深,而论不诡于圣人,若使遭遇时君,更阅贤知,为所称善,则必度越诸子矣。'"

15 葛洪:字稚川,自号抱朴子,丹阳郡句容(今江苏句容)人。东晋道教学者、炼丹家、医学家。在其著作《抱朴子·尚博》中说:"世俗率神贵古昔,而黩贱同时……虽有益世之书,犹谓之不及前代之遗文也。是以仲尼不见重于当时,《太玄》见蚩薄于比肩也。"

16 孙卿:即荀子。

17 大圣:道德完美的大圣人。

18 清尘:车后扬起的尘埃。亦用作对尊贵者的敬称。

19 酱瓿(bù):盛酱的器皿。《汉书·扬雄传》:"时有好事者载酒肴从游学,而钜鹿侯芭常从雄居,受其《太玄》《法言》焉。刘歆亦尝观之,谓雄曰:'空自苦!今学者有禄利,然尚不能明《易》,又如《玄》何?吾恐后人用覆酱瓿也。'"

原文

齐世有席毗者,清干[1]之士,官至行台[2]尚书,嗤鄙[3]文学,嘲刘逖[4]云:"君辈辞藻,譬若荣华,须臾之玩,非宏才也;岂比吾徒千丈松树,常有风霜,不可凋悴[5]矣!"刘应之曰:"既有

译文

齐朝有个叫席毗的人,清廉干练,官位做到行台尚书,他瞧不起文学,嘲讽刘逖说:"你们这类人卖弄辞藻,就好比草木荣华,只能供人赏玩片刻,不是栋梁之材;哪里比得上我们这样的千丈松树,虽然经常有风霜侵袭,依然不会凋零枯败。"刘逖回答他说:"既

寒木，又发春华，何如也？”席笑曰：“可哉！”

是耐寒的大树，又能绽放春花，怎么样呢？”席毗笑着说：“那当然好！”

注释

1 清干：清廉干练。

2 行台：台省在外者称行台。魏晋始有之，为出征时随其所驻之地设立的代表中央的政务机构，北朝后期，称尚书大行台，设置官属无异于中央，自成行政系统。

3 嗤鄙：轻视，不屑。

4 刘逖：字子长，彭城丛亭里（今江苏徐州）人。北齐文人。

5 凋悴：凋零枯败。

原文

凡为文章，犹人乘骐骥[1]，虽有逸气[2]，当以衔勒[3]制之，勿使流乱轨躅[4]，放意填坑岸[5]也。

译文

撰写文章，就像人骑良马一样，良马虽然有飘逸之气，却要用衔勒来控制它，不能让它错乱轨迹任意行驶，以至于跌落沟壑。

注释

1 骐骥（qí jì）：骏马，良马。

2 逸气：超脱尘俗的气质。

3 衔勒：套住马口以驾驭马匹的器具。

4 轨躅（zhú）：车行的痕迹。引申为法则，规范。

5 坑岸：沟壑。

原文

文章当以理致[1]为心肾，气调[2]为筋骨，事义[3]为皮肤，华丽为冠冕[4]。今世相承，趋末弃本，率多浮艳[5]。辞与理竞，辞胜而理伏；事与才争，事繁而才损。放逸[6]者流宕而忘归，穿凿者补缀而不足。时俗如此，安能独违？但务去泰去甚耳。必有盛才重誉，改革体裁者，实吾所希。

译文

文章应该以义理情致为心肾，以气韵才调为筋骨，以思想内容为皮肤，以华丽辞藻为服饰。现代人相互传承，弃本求末，大多过于浮艳。文辞和义理相争，文辞优美而义理含糊；内容与才华相争，内容繁杂而才华亏损。那些豪放不羁的，行文流畅恣肆却忘掉了文章的主旨；那些穿凿附会的，东拉西扯却无法掩盖文采的不足。风气是这样，又怎能独自违背呢？只求不要太极端就好。如果能有才华横溢而又声誉崇高的人来改变这种风气，那实在是我所期望的。

注释

1 理致：义理情致。
2 气调：气韵，才调。
3 事义：思想内容。
4 冠冕：这里指服饰。
5 浮艳：指文辞华而不实。
6 放逸：豪放不羁。

原文

古人之文，宏材逸气，体度风格，去今实远；但缉缀疏

译文

古人的文章，气势宏大，超凡脱俗，体裁风格与现在差别非常大；

朴,未为密致耳。今世音律谐靡[1],章句偶对,讳避精详,贤于往昔多矣。宜以古之制裁为本,今之辞调为末,并须两存,不可偏弃也。

但遣词造句略显粗疏,不够严密细致。现在的文章,音律和谐美妙,章句对仗工整,讳避精确详尽,比过去要好得多。应当以古文的体裁为根本,以今人的文辞声韵为枝叶,两者并存,不能偏废。

注释

1 谐靡:和谐美妙。

原文

吾家世文章,甚为典正,不从流俗,梁孝元在蕃邸[1]时,撰《西府新文》[2],讫无一篇见录者,亦以不偶于世,无郑、卫之音[3]故也。有诗赋铭诔书表启疏二十卷,吾兄弟始在草土[4],并未得编次,便遭火荡尽,竟不传于世。衔酷[5]茹恨,彻于心髓!操行见于《梁史·文士传》及孝元《怀旧志》[6]。

译文

先父的文章,十分典雅规范,不追随社会上流行的风气,梁孝元帝被封为湘东王时,命人编撰了《西府新文》,最终没有收录先父的任何文章,这也是因为他的文章不合世俗的品位,没有靡丽的文风的缘故。先父有诗、赋、铭、诔、书、表、启、疏等各体文章共二十卷,我们兄弟在服丧期间,还没有来得及编辑整理,就被大火烧光了,以致不能流传于世。我无比惨痛遗恨,痛彻心扉。先父的节操品行在《梁史·文士传》以及孝元帝的《怀旧志》中都有记载。

注释

1 蕃邸：指梁孝元帝被封为湘东王时的府邸。

2《西府新文》：梁孝元帝命其幕僚萧淑辑录的诸位臣僚的文章合集。

3 郑、卫之音：本指春秋战国时郑、卫等国的民间音乐，儒家认为其音淫靡，不同于雅乐，故斥之为淫声。这里指靡丽的文风。

4 草土：居亲丧。古代居父母之丧者睡草席枕土块，故称草土。

5 衔酷：心情惨痛。

6《怀旧志》：《隋书·经籍志》："《怀旧志》九卷，梁元帝撰。"

原文

沈隐侯[1]曰："文章当从三易：易见事[2]，一也；易识字，二也；易读诵，三也。"邢子才常曰："沈侯文章，用事不使人觉，若胸忆语也。"深以此服之。祖孝徵亦尝谓吾曰："沈诗云：'崖倾护石髓[3]。'此岂似用事邪？"

译文

沈隐侯说："文章应该遵从'三易'：一是典故明白易懂，二是用字常见易识，三是语句通俗易读。"邢子才经常说："沈侯的文章，用典自然，令人察觉不出来，就好像是自己的内心话一样。"我对此非常佩服。祖孝徵也曾对我说过："沈约诗中说：'崖倾护石髓。'这像是在用典故吗？"

注释

1 沈隐侯：即沈约，字休文，吴兴武康（今浙江湖州德清）人，南朝史学家、文学家。历仕宋、齐、梁三朝，梁武帝时，官至尚书仆射，封建昌县侯，后官至尚书令，卒谥隐，后人因称"隐侯"。

2 事：典故。

3 石髓：即石钟乳，古人用于服食，也可入药。《晋书·嵇康传》："康又遇王烈，共入山，烈尝得石髓如饴，即自服半，余半与康，皆凝而为石。"

原文

邢子才、魏收俱有重名，时俗准的，以为师匠。邢赏服[1]沈约而轻任昉[2]，魏爱慕任昉而毁沈约，每于谈宴，辞色以之。邺下纷纭，各有朋党。祖孝徵尝谓吾曰："任、沈之是非，乃邢、魏之优劣也。"

译文

邢子才和魏收都有盛名，当时被人们视为楷模，奉为宗师。邢子才欣赏佩服沈约而瞧不起任昉，魏收爱慕任昉而诋毁沈约，他们每次宴饮聊天时，都为此争得面红耳赤。邺下人众说纷纭，两人各有自己的拥护者。祖孝徵曾对我说："任昉、沈约的是非，其实是邢子才和魏收的优劣。"

注释

1 赏服：欣赏佩服。

2 任昉：字彦昇，小字阿堆，乐安郡博昌（今山东博兴）人。南朝梁文学家、地理学家、藏书家。

原文

《吴均[1]集》有《破镜赋》。昔者，邑号朝歌，颜渊不舍；里名胜母，曾子敛襟[2]：盖忌夫恶名之伤实也。破镜乃凶逆之兽[3]，事见《汉书》，为文幸避此名也。比世往往见有和人诗者，题云敬同，《孝经》云："资于事父以事君而敬同。"[4]不

译文

《吴均集》中有《破镜赋》。从前，有座城邑号称朝歌，颜渊不肯在那里留宿；有条街巷名叫胜母，曾子路过时就要整理衣襟：他们大概是忌讳这些不好听的名字损伤了本来的含义。破镜是一种凶恶悖逆的野兽，《汉书》有相关记载，写文章最好避免使用这种名字。近来往往看到有和别人诗作的，题名敬同，《孝经》上说："资于事

可轻言也。梁世费旭诗云:“不知是耶非。”[5]殷沄诗云:“飖飏[6]云母舟[7]。”简文曰:“旭既不识其父[8],沄又飖飏其母。”此虽悉古事,不可用也。世人或有文章[9]引《诗》“伐鼓渊渊”[10]者,《宋书》已有屡游之诮[11];如此流比[12],幸须避之。北面[13]事亲,别舅摛[14]《渭阳》[15]之咏;堂上[16]养老,送兄赋桓山之悲[17],皆大失也。举此一隅,触涂[18]宜慎。

父以事君而敬同。”“敬同”这两个字是不能随便乱说的。梁朝的费旭有首诗说:“不知是耶非。”殷沄有首诗说:“飖飏云母舟。”简文帝嘲讽他们道:“费旭不认识父亲,殷沄又令母亲四处飘荡。”这些虽然都有典可循,但却不能随便乱用。世人有写文章引用《诗经》“伐鼓渊渊”的,《宋书》对此已有出游太多的批评;以此类推,希望你们能够避免这种错误。有人侍奉着母亲,告别舅舅时却咏读《渭阳》这首诗;有人父母健在,送别兄长时却引用“桓山之悲”这种典故,都是极不妥当的。举这些例子,是希望你们处处留心,慎重对待。

注释

1 吴均:字叔庠,吴兴故鄣(今浙江安吉)人。南朝文学家。

2 敛襟:整理衣襟。

3 破镜乃凶逆之兽:《汉书·郊祀志》:“古天子常以春解祠,祠黄帝用一枭、破镜。”孟康注:“枭,鸟名,食母。破镜,兽名,食父。”

4 资于事父以事君而敬同:用侍奉父亲的态度去侍奉国君,恭敬之意相同。资,取,取用。

5 费旭:王利器谓当作费昶。费昶为江夏人,生卒不详,曾官新田令,善为乐府。《隋书·经籍志》有《费昶集》三卷。 不知是耶非:原诗已佚。《乐府诗集》有费昶《巫山高》诗:“彼美岩之曲,宁知心是非。”或即该诗,因被简文帝嘲讽,故修改。

6 飖飏(yáo yáng)：摇曳摆荡。

7 云母舟：用云母作装饰的船。

8 旭既不识其父：南朝时俗称父亲为耶，简文帝故有此说。

9 世人或有文章：梁元帝《金楼子》载："太宰之言屡游，鲍照之伐鼓……不可不避耳。"可知世人或有文章指鲍照《行药至城东桥》诗："鸡鸣关吏起，伐鼓早通晨。"

10 伐鼓渊渊：见《诗·小雅·采芑》。

11 屡游之诮：伐鼓之意，正言指出征，反语为戒晨昏出游，故而使用不当则有屡游之诮。

12 流比：同类比照类推。

13 北面：古礼，臣拜君，卑幼拜尊长，皆面向北行礼，因而居臣下、晚辈之位曰"北面"。

14 摛(chī)：铺陈，详细地叙述(多指文章)。

15《渭阳》：见《诗经·秦风·渭阳》。《毛诗序》："《渭阳》，康公念母也。康公之母，晋献公之女。文公遭丽姬之难，未反，而秦姬卒。穆公纳文公，康公时为太子，赠送文公于渭之阳，念母之不见也，我见舅氏，如母存焉。"这首诗表达的是在送别舅父归国时产生的对亡母的思念之情。北面事亲说明母亲尚在世，因此用《渭阳》作别不妥当。

16 堂上：指父母。

17 桓山之悲：《孔子家语》：孔子在卫国时，听到有人哭得非常哀痛，就向颜回询问，颜回说："我听说桓山之鸟，生了四只小鸟，羽翼既成，将分于四海，其母悲鸣而送之，声音与此相似。"孔子派人去问哭者，那人果然说："父死家贫，卖子以葬。"父母健在，用桓山之悲的典故不妥当。

18 触涂：处处，各处。

原文

江南文制[1],欲人弹射[2],知有病累,随即改之,陈王得之于丁廙[3]也。山东风俗,不通击难[4]。吾初入邺,遂尝以此忤人,至今为悔;汝曹必无轻议也。

译文

江南人写文章,希望得到他人的批评指正,知道缺点所在,马上进行修改,曹植从丁廙那里学到了这种做法。山东地区的风俗,是不愿意听从他人的批评。我刚到邺城时,就曾经因为这个而得罪别人,至今仍感到后悔,你们一定不要轻率地评论别人的文章。

注释

1 文制:写文章。

2 弹射:用言语指责人。

3 陈王得之于丁廙:陈王即曹植。事见《三国志·魏书》:"仆常好人讥弹其文,有不善者,应时改定。昔丁敬礼尝作小文,使仆润饰之。仆自以才不过若人,辞不为也。敬礼谓仆:'卿何所疑难乎,文之佳丽,吾自得之,后世谁相知定吾文者邪?'吾常叹此达言,以为美谈。"

4 击难:批评,指责。

原文

凡代人为文,皆作彼语,理宜然矣。至于哀伤凶祸之辞,不可辄代。蔡邕为胡金盈[1]作《母灵表颂》曰:"悲母氏之不永,然委我而夙丧。"[2]又为胡颢[3]作其父铭曰:"葬

译文

凡是替他人写文章,都要用对方的语气,这是理所当然的。至于涉及哀伤凶祸的文章,则不能随便代笔。蔡邕替胡金盈写《母灵表颂》,说:"悲母氏之不永,然委我而夙丧。"又替胡颢为他父亲写了墓志铭,说:"葬我考议郎君。"又替人写了《袁三公颂》,说:"猗欤我祖,

我考议郎君。”[4]《袁三公颂》曰：“猗欤我祖，出自有妫。”[5]王粲为潘文则《思亲诗》云：“躬此劳悴，鞠予小人；庶我显妣，克保遐年。”[6]而并载乎邕、粲之集，此例甚众。古人之所行，今世以为讳。陈思王《武帝诔》，遂深永蛰[7]之思；潘岳《悼亡赋》，乃怆手泽之遗[8]：是方父于虫，匹妇于考也。蔡邕《杨秉碑》云：“统大麓[9]之重。”潘尼《赠卢景宣诗》云：“九五[10]思飞龙。”孙楚《王骠骑诔》云：“奄忽[11]登遐[12]。”陆机《父诔》云：“亿兆宅心，敦叙百揆。”[13]《姊诔》云：“伣[14]天之和。”今为此言，则朝廷之罪人也。王粲《赠杨德祖诗》云：“我君饯之，其乐泄泄。”[15]不可妄施人子，况储君乎？

出自有妫。”王粲替潘文则写《思亲诗》，说：“躬此劳悴，鞠予小人；庶我显妣，克保遐年。”这些都收录在蔡邕、王粲的文集中，像这样的例子非常多。古人通行的做法，如今则成为忌讳。曹植的《武帝诔》是哀悼父亲的，却用“永蛰”一词来表达深切的哀痛之情；潘岳的《悼亡赋》是怀念亡妻的，却用“手泽”一词来表达看到妻子遗物时的悲伤：这是把父亲比作昆虫，把妻子等同于父亲。蔡邕的《杨秉碑》说：“统大麓之重。”潘尼的《赠卢景宣诗》说：“九五思飞龙。”孙楚的《王骠骑诔》说：“奄忽登遐。”陆机的《父诔》说：“亿兆宅心，敦叙百揆。”《姊诔》说：“伣天之和。”现在写文章如果用这些词语，就是朝廷的罪人了。王粲的《赠杨德祖诗》说：“我君饯之，其乐泄泄。”这种形容母子和好如初的话，不能随便用在别人的子女身上，何况是对太子呢？

注释

1 胡金盈：东汉大臣胡广之女。

2 悲母氏之不永，然委我而夙丧：悲叹母亲不能长寿，抛下我而早早过世。

3 胡颢:胡广之孙。

4 葬我考议郎君:安葬我的父亲议郎君。考,原指父亲,后多指已死去的父亲。议郎,官名。

5 猗欤(yī yú)我祖,出自有妫:啊!我的祖先,他们出自妫姓。《左传·昭公八年》杜预注:“胡公满,遂之后也,事周武王,赐姓曰妫,封诸陈。”《广韵》:“袁姓出陈郡、汝南、彭城三望,本自胡公之后。”猗欤,叹词,表示赞美。

6 鞠:养育,抚养。 显妣:对亡母的美称。 遐年:高龄,长寿。以上四句的意思是:您不辞辛劳,把我抚养长大,希望我的亡母,灵魂能够永远长存。

7 蛰:昆虫冬眠。

8 手泽之遗:今潘岳《悼亡赋》无“手泽”一词,而《皇女诔》中有“手泽未改,领腻如初”句,《悼亡赋》或当为《皇女诔》之误。手泽,语出《礼记 · 玉藻》:“父殁而不能读父之书,手泽存焉尔。”指先人所遗留下来的器物或手迹。

9 大麓:犹总领。谓领录天子之事。

10 九五:《易经 · 乾卦 · 九五》:“飞龙在天,利见大人。”孔颖达正义:“言九五,阳气盛至于天,故云飞龙在天。此自然之象,犹若圣人有龙德,飞腾而居天位。”后因以九五比喻君位。

11 奄忽:忽然,倏忽。

12 登遐:原本指人死亡,后特指帝王之死。

13 亿兆宅心,敦叙百揆(kuí):百姓归心,百官亲睦。亿兆,众多之义,指百姓。宅心,归心。敦叙,又作“敦序”,亲睦和顺之义。百揆,百官。

14 俔(qiàn):如同,好比。

15 泄泄(xiè xiè):和乐之貌。见《左传·隐公元年》:“公入而赋:‘大隧之中,其乐也融融。’姜出而赋:‘大隧之外,其乐也泄泄。’遂为母子如初。”讲述了郑庄公与其母姜氏赋诗和好的事。

原文

挽歌辞者，或云古者《虞殡》[1]之歌，或云出自田横[2]之客，皆为生者悼往告哀之意。陆平原[3]多为死人自叹之言，诗格既无此例，又乖制作本意。

译文

挽歌辞的起源，有人说是出自古代的《虞殡》，有人说是出自田横的门客，都是生者用来悼念死者表达哀痛之意的。陆机经常用死者口吻写些自叹之言，诗格中没有这样的体例，同时也违背了挽歌辞的本义。

注释

1《虞殡》：送葬歌曲。见《左传·哀公十一年》："公孙夏命其徒歌《虞殡》。"杜预注："送葬歌曲。"

2 田横：秦末起义首领，原为齐国贵族。田横与兄田儋、田荣反秦自立，兄弟三人先后占据齐地为王。刘邦统一天下，田横不肯称臣于汉，率五百门客逃往海岛，刘邦派人招抚，田横被迫乘船赴洛，在途中距洛阳三十里地的首阳山自杀。海岛五百部属听闻田横的死讯，也全部自杀。

3 陆平原：即陆机。曾历任平原内史、祭酒、著作郎等职，故世称"陆平原"。

原文

凡诗人之作，刺箴美颂，各有源流，未尝混杂，善恶同篇也。陆机为《齐讴篇》[1]，前叙山川物产风教之盛，后章忽鄙山川之情[2]，殊失厥[3]体。其为《吴趋行》，何不陈子光[4]、夫

译文

凡是诗人的作品，无论是讽刺劝谏，还是赞美歌颂，各自都有源流，没有混杂在一起，使善恶同在一篇的。陆机的《齐讴篇》，前面叙述山川、物产、风教的丰富兴盛，后面却忽然鄙视起山川之情，太背离该诗的体制了。他写《吴趋行》，怎么不陈述子光和夫差的

差[5]乎？《京洛行》[6]，胡不述赧王[7]、灵帝[8]乎？

事呢？写《京洛行》，怎么不讲述周赧王、汉灵帝的事呢？

注释

1《齐讴篇》：即《齐讴行》。

2 指《齐讴行》中“鄗哉牛山叹，未及至人情”句。

3 厥(jué)：其。

4 子光：即吴王阖闾(hé lǘ)，姬姓，名光，又称公子光。公元前515年，公子光派专诸刺杀吴王僚，夺得吴国王位。

5 夫差：阖闾之子，吴国末代国君。夫差好战，先后攻占越国，大败齐兵，又与晋国争霸，后被越王勾践灭国，夫差自杀。

6《京洛行》：已佚。

7 赧王：即周赧王。姬姓，名延，亦称王赧。周朝最后一个君主。

8 灵帝：即汉灵帝刘宏。在其统治期间，党锢之祸兴起，宦官把持大权，公开标价卖官，肆意大兴土木，百姓难以为生。在位晚年，爆发了黄巾起义。

原文

自古宏才博学，用事误者有矣；百家杂说，或有不同，书傥湮灭，后人不见，故未敢轻议之。今指知决纰缪者，略举一两端以为诫。《诗》云：“有鷕雉鸣。”又曰：“雉鸣求其牡。”[1]毛《传》[2]亦曰：“鷕，雌雉声。”

译文

自古以来，那些博学多才的人，也有用错典故的；百家杂说，对同一问题或有不同的看法，他们的著作倘若已经湮灭，后人则无法看到，所以我对此不敢妄加评论。现在就略举一两个我所知道的绝对谬误的事例，希望你们能够引以为戒。《诗经·邶风·匏有苦叶》中说：“有鷕雉鸣。”又

又云:"雉之朝雊,尚求其雌。"[3]郑玄注《月令》[4]亦云:"雊,雄雉鸣。"潘岳赋曰:"雉鷕鷕以朝雊。"[5]是则混杂其雄雌矣。《诗》云:"孔怀兄弟。"[6]孔,甚也;怀,思也,言甚可思也。陆机《与长沙顾母书》,述从祖弟士璜死,乃言:"痛心拔脑,有如孔怀。"心既痛矣,即为甚思,何故方言有如也?观其此意,当谓亲兄弟为孔怀。《诗》云:"父母孔迩。"[7]而呼二亲为孔迩,于义通乎?《异物志》[8]云:"拥剑[9]状如蟹,但一螯[10]偏大尔。"何逊[11]诗云:"跃鱼如拥剑。"是不分鱼蟹也。《汉书》:"御史府中列柏树,常有野鸟数千,栖宿其上,晨去暮来,号朝夕鸟。"[12]而文士往往误作乌鸢用之。《抱朴子》[13]说项曼都诈称得仙,自云:"仙人以流

说:"雉鸣求其牡。"《毛诗故训传》也解释为:"鷕,雌雉声。"《诗经·小雅·小弁》中又说:"雉之朝雊,尚求其雌。"郑玄注《月令》也说:"雊,雄雉鸣。"潘岳《射雉赋》中说:"雉鷕鷕以朝雊。"则是混淆了雄野鸡和雌野鸡叫声的区别。《诗经·小雅·常棣》中说:"孔怀兄弟。"孔,很的意思;怀,思念的意思。孔怀,意思是非常思念。陆机在《与长沙顾母书》一文中,讲述从祖弟士璜之死,却说:"痛心拔脑,有如孔怀。"心情既然沉痛,就表示非常思念,为什么要加上"有如"二字呢?按照文意,应该是把"孔怀"当作亲兄弟的意思了。《诗经·周南·汝坟》中说:"父母孔迩。"依此类推,把"父母"称为"孔迩",这能说得通吗?《异物志》中说:"拥剑的形状像蟹,但是有一只螯偏大。"何逊的诗说:"跃鱼如拥剑。"这是没有分辨鱼、蟹的区别。《汉书·朱博传》说:"御史府中有几行柏树,经常有数千只野鸟栖息在上面,晨去暮来,被称为朝夕鸟。"文人们往往把这些鸟误当作"乌鸢"。《抱朴子》中记载项曼都谎称自己遇见了神仙,说:"仙人给我饮用了一杯流霞,于是我就不感到

霞一杯与我饮之，辄不饥渴。”[14]而简文诗云：“霞流抱朴碗。”[15]亦犹郭象以惠施[16]之辨为庄周言也。《后汉书》：“囚司徒崔烈以锒铛锁。”[17]锒铛，大锁也；世间多误作金银字。武烈太子[18]亦是数千卷学士，尝作诗云：“银锁三公脚，刀撞仆射头。”为俗所误。

饥渴了。”而简文帝的诗说：“霞流抱朴碗。”这就像郭象把惠施的辩论之辞当作庄子的言论一样张冠李戴了。《后汉书·崔骃传》附《崔烈传》记载：“用锒铛将司徒崔烈锁起来。”锒铛，指大锁；世人却大多把“锒”字误作“金银”的“银”字。武烈太子也是饱读诗书的文人，他曾作了一首诗：“银锁三公脚，刀撞仆射头。”这就是被世俗误导了。

注释

1 见《诗经·邶风·匏有苦叶》。 鷕(yǎo)：雌野鸡的叫声。 牡(mǔ)：雄性的鸟或兽。这里指雄野鸡。

2 毛《传》：即《毛诗故训传》，是研究《诗经》的重要文献。其作者和传授渊源，自汉迄唐，诸说不一。现代一般根据东汉郑玄的《诗谱》和三国时期陆玑的《毛诗草木鸟兽虫鱼疏》，定为鲁人毛亨所作。

3 见《诗经·小雅·小弁》。 雊(gòu)：雄野鸡的叫声。

4《月令》：《礼记》篇名。

5 见潘岳《射雉赋》。

6 见《诗经·小雅·常棣》。

7 见《诗经·周南·汝坟》。 迩：近。

8《异物志》：《隋书·经籍志》：“《异物志》一卷，后汉议郎杨孚撰。”

9 拥剑：一种两螯大小不一的蟹。因其大螯利如剑，故称。

10 蝥：同“螯”。螃蟹等节肢动物变形的第一对脚，形状像钳子。

11 何逊：字仲言，东海郯(今山东郯城)人。南朝梁诗人。

12 见《汉书·朱博传》。
13《抱朴子》:道教典籍,晋葛洪撰。
14 见《抱朴子·袪惑》。
15 饮流霞之说本出于王充《论衡·道虚》,简文帝将之归于《抱朴子》。
16 惠施:即惠子,姓惠,名施,战国中期宋国商丘(今河南商丘)人。战国时期政治家、哲学家。
17 见《后汉书·崔骃传》附《崔烈传》。
18 武烈太子:即梁元帝萧绎长子萧方等,字实相,谥武烈太子。

原文

文章地理,必须惬当。梁简文《雁门[1]太守行》乃云:"鹅[2]军攻日逐[3],燕骑荡康居[4],大宛[5]归善马,小月[6]送降书。"萧子晖[7]《陇头[8]水》云:"天寒陇水急,散漫俱分泻,北注徂黄龙[9],东流会白马[10]。"此亦明珠之颣[11],美玉之瑕,宜慎之。

译文

文章中涉及地理知识的,必须要恰当。梁简文帝在《雁门太守行》一诗中写道:"鹅军攻日逐,燕骑荡康居,大宛归善马,小月送降书。"(匈奴王日逐和康居、大宛、小月这些西域国名,都和雁门郡毫不相干。)萧子晖的《陇头水》说:"天寒陇水急,散漫俱分泻,北注徂黄龙,东流会白马。"(黄龙城在东北,白马津在中原,而陇水在西北,三者风马牛不相及。)这种错误就像是明珠中的斑点,美玉上的瑕疵,应该慎重。

注释

1 雁门:郡名。治今山西右玉南。
2 鹅:《左传·昭公二十一年》:"公子城……与华氏战于赭丘,郑翩愿为鹳,其御愿为鹅。"杜预注:"鹳、鹅,皆阵名。"

3 日逐:匈奴王号。后亦以泛称古代北方少数民族首领。

4 康居:古西域国名。东界乌孙,西达奄蔡,南接大月氏,东南临大宛,约在今巴尔喀什湖和咸海之间,王都卑阗城。

5 大宛:古西域国名。盛产名马。

6 小月:即小月氏(zhī)。古西域国名。

7 萧子晖:字景光,兰陵(今江苏常州)人。南朝梁文学家。

8 陇头:陇山,位于宁夏、甘肃、陕西交界处。陇头,借指边塞。

9 黄龙:古城名,又名龙城,北燕建都于此,南朝宋称其为黄龙国,在今辽宁朝阳。

10 白马:白马津,渡口名,是古代黄河上的重要军事和行旅客商往来通道,在今河南滑县北。

11 纇(lèi):缺点,毛病。

原文

王籍[1]《入若耶溪》诗云:"蝉噪林逾静,鸟鸣山更幽。"江南以为文外断绝,物无异议。简文吟咏,不能忘之,孝元讽味[2],以为不可复得,至《怀旧志》载于《籍传》。范阳[3]卢询祖[4],邺下才俊,乃言:"此不成语,何事于能?"魏收亦然其论。《诗》云:"萧萧马鸣,悠悠旆旌。"[5]毛《传》曰:"言不喧哗也。"吾每

译文

王籍的《入若耶溪》诗说:"蝉噪林逾静,鸟鸣山更幽。"江南人认为这是诗文中独一无二的佳作,没有人对此有异议。简文帝吟咏这两句诗后,久久不能忘怀,孝元帝讽诵以后,也认为没有人能够超越,甚至在《怀旧志》中将该诗收录进《王籍传》。范阳人卢询祖是邺下的才俊之士,竟说:"王籍这两句诗语不成文,凭什么认为他有才能呢?"魏收也对这个观点深以为然。《诗经》中有两句诗:"萧萧马鸣,悠悠旆旌。"毛《传》说:"这两句诗是

叹此解有情致，籍诗生于此耳。

表示幽静的意思。”我时常叹服这个解释有情致，王籍的诗就是受了这两句的启发。

注释

1 王籍：字文海，琅邪临沂（今山东临沂北）人。南朝梁诗人。

2 讽味：讽诵玩味。

3 范阳：郡名。今河北涿州。

4 卢询祖：《北齐书》：“子询祖，袭祖爵大夏男。有术学，文章华靡，为后生之俊，举秀才入京。”

5 见《诗经·小雅·车攻》。

原文

兰陵萧悫[1]，梁室上黄侯之子，工于篇什。尝有《秋诗》云：“芙蓉露下落，杨柳月中疏。”时人未之赏也。吾爱其萧散，宛然在目。颍川荀仲举[2]、琅邪诸葛汉[3]，亦以为尔。而卢思道[4]之徒，雅所不惬。

译文

兰陵人萧悫，是梁朝上黄侯萧晔之子，擅长写诗。他曾写了一首《秋诗》，说：“芙蓉露下落，杨柳月中疏。”当时的人都不欣赏它。我喜爱这首诗潇洒散淡的风格，诗中所描写的景物仿佛就在眼前。颍川人荀仲举和琅邪人诸葛汉也都深以为然，而卢思道这类人就不怎么喜欢这首诗。

注释

1 萧悫（què）：《北齐书·文苑传》：“萧悫，字仁祖，梁上黄侯晔之子。天保中，入国，武平中太子洗马。”

2 荀仲举：字士高，颍川（今安徽阜阳）人。北齐诗人。

3 诸葛汉：《北史·文苑传》：“诸葛颖字汉，丹杨建康人……有集二十卷。”《隋书》亦有传。

4 卢思道：字子行，范阳（今河北涿州）人。隋朝诗人。

原文

何逊诗实为清巧，多形似之言；扬都论者，恨其每病苦辛，饶贫寒气，不及刘孝绰之雍容也。虽然，刘甚忌之，平生诵何诗，常云：“‘蘧车响北阙’，懽懽不道车。”[1]又撰《诗苑》，止取何两篇，时人讥其不广。刘孝绰当时既有重名，无所与让；唯服谢朓，常以谢诗置几案间，动静辄讽味。简文爱陶渊明文，亦复如此。江南语曰：“梁有三何，子朗最多。”三何者，逊及思澄、子朗也。[2]子朗信饶清巧。思澄游庐山，每有佳篇，亦为冠绝。

译文

何逊的诗确实清新巧妙，有很多生动形象的用语；扬都的评论者们不喜欢他的风格，认为其中经常提到病痛艰辛，充满贫寒之气，不如刘孝绰的诗雍容大度。尽管如此，刘孝绰对何逊仍然非常忌讳，平时读何逊的诗，经常说：“‘蘧车响北阙’这句诗，和蘧伯玉‘至阙而止，过阙复有声’的事不符，是乖戾无道之车。”他编撰《诗苑》，只选了何逊两首诗，当时的人都指责他收录得太少。刘孝绰在当时已经大名鼎鼎，没有什么好谦让的，他只佩服谢朓一人，经常把谢朓的诗放在桌子上，时不时拿起来讽诵玩味。简文帝喜爱陶渊明的诗文，也像刘孝绰这样。江南有句谚语：“梁有三何，子朗最多。”所谓三何，是指何逊、何思澄、何子朗三人。何子朗的诗文的确清新巧妙。何思澄游览庐山时，常常诞生佳作，也堪称出类拔萃。

注释

1 见何逊《早朝车中听望诗》。该诗前四句作"诘旦钟声罢，隐隐禁门通。蘧(qú)车响北阙，郑履入南宫"，分别用了蘧伯玉和郑崇的典故。《列女传·仁智》："灵公与夫人夜坐，闻车声辚辚，至阙而止，过阙复有声。公问夫人曰：'知此谓谁？'夫人曰：'此必蘧伯玉也。'公曰：'何以知之？'夫人曰：'妾闻礼下公门，式路马，所以广敬也。夫忠臣与孝子，不为昭昭信节，不为冥冥堕行。蘧伯玉，卫之贤大夫也，仁而有智，敬于事上。此其人必不以暗昧废礼，是以知之。'公使视之，果伯玉也。"蘧伯玉之车"至阙而止，过阙复有声"，而何逊诗中说"蘧车响北阙"，所以被刘孝绰嘲讽为乖戾无礼。　懂(huò)懂：乖戾之貌。

2 思澄：《梁书·文学传》："何思澄，字元静，东海郯人……少勤学，工文辞……文集十五卷。"　子朗：即何子朗，字世明。何子朗与何逊、何思澄是同族中人。

名实第十

导读

本篇主要讨论名实之间的关系。名实如同形影，"不修身而求令名于世者，犹貌甚恶而责妍影于镜"，只有德行深厚，才能名实相符，表里如一。做人要言行一致，"巧伪不如拙诚"。有些人既想要美名，又不愿舍弃欲望，于是便耍一些自以为高明的手段欺瞒他人，以求名利双收。但无论他们伪装得多么巧妙，只要深入考察，最终都会被识破。比如伯石、王莽假意推辞任命的事,他们自认为做得天衣无缝,实际上他们虚伪的言行令人"骨寒毛竖",只不过他们自己不知道罢了。又比如某个原本有孝顺口碑的大官,在居丧时,为了显示自己悲伤到整天以泪洗面的样子,他用巴豆涂脸,让脸上长出疮,这种举动,不禁使人连他平日里表露的孝顺之举也一并表示怀疑了。同样,一个人如果没有真才实学,却偏好附庸风雅,沽名钓誉,也迟早会露出马脚。"人死后神灭形消,空留嘉名美誉,对死者而言又有什么用呢?"当今社会,人们也常常会有这样的疑问,颜之推对此进行了精彩的解答。美名不仅可以勉励一个人自身的言行,同时还能勉励他人,帮助树立良好的社会风气。正因为有伯夷、季札、柳下惠、史鱼等人,人们在追求清白、仁爱、坚贞、刚直等美德时才有了榜样。人死后,美名还可以恩泽子孙。

原文

名之与实,犹形之与影也。德艺周厚[1],则名必善焉;容色姝丽,则影必美焉。今不修身而求令名于世者,犹貌甚恶而责妍影于镜也。上士忘名,中士立名,下士窃名。忘名者,体道合德,享鬼神之福祐,非所以求名也;立名者,修身慎行,惧荣观[2]之不显,非所以让名也;窃名者,厚

译文

名与实之间的关系,就好比形体和影子。德才兼备的人,名声必然美好;容貌秀美的人,身影必然美丽。如今有些不注重修养身心而一味追求美名的人,就如同那些相貌丑陋却妄想从镜子中照出美丽形象的人一样。上等德行的人忘记名声这回事,中等德行的人努力树立名声,下等德行的人只会欺世盗名。忘记名声的人,自身与德行融为一体,受到鬼神赐福保佑,不会去追求名声;想要树立名声的人,修身养性,谨慎行事,担心自己的荣誉不能显扬,在名誉面前不会谦让;欺世盗名的人,表面忠厚而内心非常奸诈,他们

貌深奸，干浮华之虚称，非所以得名也。

追求的是浮华的虚名，不会获取真正的名声。

注释

1 周厚：丰厚。
2 荣观：荣名，荣誉。

原文

人足所履，不过数寸，然而咫尺之途，必颠蹶[1]于崖岸，拱把[2]之梁，每沉溺于川谷者，何哉？为其旁无余地故也。君子之立己，抑亦如之。至诚之言，人未能信，至洁之行，物或致疑，皆由言行声名，无余地也。吾每为人所毁，常以此自责。若能开方轨[3]之路，广造舟[4]之航，则仲由之言信[5]，重于登坛[6]之盟，赵熹之降城[7]，贤于折冲[8]之将矣。

译文

人的脚踩踏的范围，只不过几寸，但是在咫尺宽的山路上行走，常常会跌落山崖，从拱把粗细的独木桥上走过，往往会淹死在河中，这是为什么呢？是因为旁边没有余地的缘故。君子要在世上立足，也差不多是这个道理。最真诚的言语，别人不肯相信，最高洁的行为，反倒招来别人的怀疑，这都是因为言语和行为的名声太好，没有留下一点余地。我每次被别人诋毁时，都会以此自省。如果能够开辟平坦的大道，拓展浮桥的宽度，就能像子路那样，说话真实可信，胜过诸侯间登坛结盟的誓约，或像赵熹以信义劝降那样，不费一兵一卒，胜过克敌制胜的猛将。

注释

1 颠蹶(jué):跌落,跌倒。

2 拱把:指径围大如两手合围。

3 方轨:车辆并行,即平坦的大道。

4 造舟:并船为桥,即浮桥。

5 仲由之言信:见《左传·哀公十四年》:"小邾射以句绎来奔,曰:'使季路要我,吾无盟矣。'使子路,子路辞。季康子使冉有谓之曰:'千乘之国,不信其盟,而信子之言,子何辱焉?'对曰:'鲁有事于小邾,不敢问故,死其城下可也。彼不臣而济其言,是义之也,由弗能。'"仲由,字子路,又字季路,鲁国卞人(今山东泗水)人,孔子的学生,"孔门十哲"之一。

6 登坛:登上坛场。古时会盟、祭祀、帝王即位、拜将,多设坛场,举行隆重的仪式。

7 赵熹之降城:见《后汉书·赵熹传》:"舞阴大姓李氏拥城不下,更始遣柱天将军李宝降之,不肯,云:'闻宛之赵氏有孤孙熹,信义著名,愿得降之。'……使诣舞阴,而李氏遂降。"

8 折冲:克敌制胜。

原文

吾见世人,清名登而金贝[1]入,信誉显而然诺亏,不知后之矛戟,毁前之干橹[2]也。虙子贱[3]云:"诚于此者形于彼。"人之虚实真伪在乎心,无不见乎

译文

我看世上有些人,因清美的声誉而获利,信誉越来越显著之后,不再言而有信,他们不知道后面的矛戟,可以刺穿前面的盾牌,前后自相矛盾。虙子贱说:"在一方面诚恳,就在另一方面树立了榜样。"人的虚实真伪都发自内心,没有不显露在行迹中的,只不过没有仔细观察罢了。一旦留

迹，但察之未熟耳。一为察之所鉴，巧伪不如拙诚，承之以羞大矣。伯石让卿[4]，王莽辞政[5]，当于尔时，自以巧密；后人书之，留传万代，可为骨寒毛竖也。近有大贵，以孝著声，前后居丧，哀毁[6]逾制，亦足以高于人矣。而尝于苫块[7]之中，以巴豆[8]涂脸，遂使成疮，表哭泣之过。左右童竖，不能掩之，益使外人谓其居处饮食，皆为不信。以一伪丧百诚者，乃贪名不已故也。

心观察鉴别，再巧妙的伪装都不如笨拙的真实状态，被拆穿伪装的人，会遭受极大的羞辱。伯石假意推辞卿相之位，王莽假意请辞大司马之职，在当时，他们都自以为伪装得巧妙周密，但是后人却将他们的言行记录下来，留传万代，读之令人毛骨悚然。近来有个大官，以孝顺而闻名，他前后两次居丧守孝，都因悲伤过度而损伤了身体，哀痛之情超越常礼，孝顺之心也足以称得上胜过常人。但是他曾经在居丧期间，把巴豆涂在脸上，使脸上生疮，以此来制造自己哀痛欲绝痛哭不止的假象。他身边的小童仆，没能为他保守秘密，结果反倒使外人对他居丧期间的衣、食、住、行都产生了怀疑。因为一次作假而毁掉了一百次的诚信，这是由于对名声贪得无厌而造成的。

注释

1 金贝：金钱财货。

2 干橹：盾牌。

3 虙(fú)子贱：一作宓子贱，名不齐，字子贱。春秋时期鲁国人，孔子的学生。

4 伯石让卿：见《左传·襄公三十年》："伯有既死，使大史命伯石为卿，辞。大史退，则请命焉。复命之，又辞。如是三，乃受策入拜。子产是以恶其为人也，使次己位。"

5 王莽辞政：赵曦明曰："《汉书》本传：'大司马王根，荐莽自代，上遂擢莽为大司马。哀帝即位，莽上疏乞骸骨。哀帝曰："先帝委政于君而弃群臣,朕得奉宗庙,诚嘉与君同心合意。今君移病求退……朕甚悲伤焉。已诏尚书待君奏事。"又遣丞相孔光等白太后曰:"大司马即不起,皇帝即不敢听政。"太后复令莽视事。已因傅太后怒,复乞骸骨。'"

6 哀毁:谓居亲丧悲伤异常而毁损其身。

7 苫(shān)块:古代居丧时以干草为席,土块为枕,称为"苫块"。苫,草席。块,土块。

8 巴豆:植物名。又称巴菽。根、叶及果实均可入药。

原文

有一士族,读书不过二三百卷,天才钝拙,而家世殷厚,雅自矜持,多以酒犊珍玩,交诸名士,甘其饵者,递共吹嘘。朝廷以为文华,亦尝出境聘[1]。东莱王韩晋明[2]笃好文学,疑彼制作,多非机杼[3],遂设宴言[4],面相讨试。竟日欢谐,辞人满席,属音赋韵,命笔[5]为诗,彼造次[6]即成,了非向韵。众客各自沉吟,遂无觉者。韩退叹曰:"果如所量!"韩又尝问曰:"玉珽杼上终葵首,当作何形?"[7]

译文

有一个士族子弟,只读了两三百卷书,天性愚钝笨拙,但是因为家道殷实富有,便有些骄矜自负,经常靠酒肉和珍玩来结交名人雅士,那些得到好处的人,争相吹捧他。朝廷以为他真的有才华,曾经任命他为出访友邦的使节。东莱王韩晋明十分爱好文学,他怀疑这个士族所写的东西大都不是本人构思的,于是就设宴请他前来交谈,想要当面考考他。宴会从早到晚,气氛欢乐和谐,文人雅士聚集一堂,大家吟诗作赋,互相唱和,这位士族也拿起笔来一挥而就,但是他这次写的诗却完全没有以往的韵味。众宾客都在专心地沉思品味,没有人发觉有何不妥。韩晋明在退席后感叹道:"果然不出我所料。"韩晋明还曾经问他说:"玉珽杼上终葵首,会变成什么样子呢?"那位士族回答说:"玉

乃答云:"珽头曲圜,势如葵[8]叶耳。"韩既有学,忍笑为吾说之。

笏的头部弯而圆,形状就像蔠葵叶一样。"韩晋明是个有学问的人,他觉得这位士族的回答实在可笑,忍着笑对我讲了这件事。

注释

1 聘:访问。古代指代表国家访问友邦。

2 韩晋明:北齐大司马、安德郡王韩轨之子。袭父爵。后改封东莱王。

3 机杼:织布机。比喻创作诗文的巧思、结构。

4 宴言:宴饮谈说。

5 命笔:指执笔作诗文或书画。

6 造次:慌忙,仓猝。

7 玉珽:玉制手板,玉笏。 杼:薄,削薄,减削。 终葵:椎。《周礼·考工记·玉人》:"大圭长三尺,杼上终葵首,天子服之。"贾公彦疏:"谓于三尺圭上,除六寸之下,两畔杀去之,使已上为椎头。""玉珽杼上终葵首"的意思是说:把玉笏向上削,直到椎头为止。

8 葵:这里指蔠葵,一名"蘩露""落葵",可作菜蔬,也可药用。

原文

治点[1]子弟文章,以为声价,大弊事也。一则不可常继,终露其情;二则学者有凭,益不精励。

译文

为子弟修改润色文章,以此来抬高他们的名誉身价,是非常糟糕的事。一来不可能长期为他们修改润色,终究有露出真相的一天;二来因为初学的人一旦有了依靠,就更加不肯努力用功了。

注释

1 治点:修改润色。

原文

邺下有一少年，出为襄国[1]令，颇自勉笃。公事经怀，每加抚恤，以求声誉。凡遣兵役，握手送离，或赍[2]梨枣饼饵，人人赠别，云："上命相烦，情所不忍；道路饥渴，以此见思。"民庶称之，不容于口。及迁为泗州[3]别驾[4]，此费日广，不可常周，一有伪情，触涂难继，功绩遂损败矣。

译文

邺下有一名少年，出任襄国县令，非常勤勉笃厚。他对公事十分尽心，对百姓也很体恤安抚，一心想要有一个好名声。凡是有当地百姓去服兵役，他都握手送别，或者把一些梨枣糕饼赠送给他们，和他们一一告别，说："这是上级的命令，我于心不忍，怕你们路上饥渴，用这些东西略表我的心意。"百姓对他赞不绝口。等到他升迁为泗州别驾时，这项费用日益增多，无法每次都照顾到所有人，一旦表现出虚情假意，就处处难以为继，之前的功绩也因此被毁掉了。

注释

1 襄国：古县名，治所在今河北邢台。

2 赍(jī)：把东西送给别人。

3 泗州：《隋书·地理志》："下邳郡，后魏置南徐州……后周改为泗州。"泗州城位于今江苏盱眙境内。

4 别驾：官名。汉置，为州刺史的佐官。

原文

或问曰："夫神灭形消，遗声余价，亦犹蝉壳蛇皮，兽远[1]鸟迹耳，何预于死者，而

译文

有人问我："人死以后，灵魂和躯体都灰飞烟灭，遗留下来的名声，也像蝉壳和蛇皮那样，只不过是鸟

圣人以为名教乎？”对曰：“劝也，劝其立名，则获其实。且劝一伯夷，而千万人立清风矣；劝一季札[2]，而千万人立仁风矣；劝一柳下惠[3]，而千万人立贞风矣；劝一史鱼[4]，而千万人立直风矣。故圣人欲其鱼鳞凤翼[5]，杂沓[6]参差，不绝于世，岂不弘哉？四海悠悠，皆慕名者，盖因其情而致其善耳。抑又论之，祖考之嘉名美誉，亦子孙之冕服[7]墙宇也，自古及今，获其庇荫者亦众矣。夫修善立名者，亦犹筑室树果，生则获其利，死则遗其泽。世之汲汲者，不达此意，若其与魂爽[8]俱升，松柏偕茂者，惑矣哉！”

兽的痕迹，对死者毫无意义，但是圣人为什么还要把这个作为教化呢？”我回答他说：“那是为了劝勉，劝勉大家先树立名声，继而做到名副其实。劝勉人们学习伯夷，就会在社会上形成清白自守的风气；劝勉人们学习季札，就会在社会上形成仁爱的风气；劝勉人们学习柳下惠，就会在社会上形成坚贞的风气；劝勉人们学习史鱼，就会在社会上形成正直的风气。所以圣人希望天下人都能效仿这些名人，不分资质，世代相传，名人的精神不就得到弘扬了吗？四海之内，悠悠众生，都爱慕名声，要根据每个人的具体情况来引导他，使他达到更高的境界。或者也可以这样说：祖先们的美名和荣誉，就像子孙们的礼服和房屋，从古至今，得到祖先庇荫的人非常多。那些广行善事，树立美名的人，就好比盖房子、种果树一样，生前能得到好处，死后还可以造福后代。世上有些急功近利的人，不明白这个道理，如果他们的名声和魂魄能够一起升天，像松柏那样长青，那就是怪事了。”

注释

1 迒(háng)：兽类的脚印。

2 季札：姬姓，寿氏，名札，又称公子札。春秋时吴王寿梦第四子，多次推让王位，见《史记 · 吴太伯世家》。

3 柳下惠：展氏，名获，字子禽（一字季），谥号惠。春秋时鲁国大夫，以操守闻名。

4 史鱼：名佗，字子鱼，也称史鳅。春秋时卫国大夫，以秉性正直闻名。

5 鱼鳞凤翼：形容人数众多，密集相从。

6 杂沓：纷杂繁多。

7 冕服：古代大夫以上所穿的礼服。

8 魂爽：魂魄，精神。

涉务第十一

导读

本篇主要谈论如何正确对待社会事务，传达了颜之推积极务实的人生态度。人生在世，“贵能有益于物”，要成为有益于物之人，实干胜过空谈。无论身居何职，只要有实干精神，能忠于职守，就可以问心无愧。那些身在其位，不谋其职，整天品评古今的人，是做不好任何实事的。颜之推批判了当时的文学之士，认为他们只知空谈，不知“丧乱之祸”“战陈之急”“劳役之勤”，无法担负国家重任。相比之下，那些有实干精神的人，哪怕有些瑕疵，也可以在监督处罚之后被任用。颜之推还讽刺了当时的士大夫们，他们生活奢靡，出入全靠他人服侍，以致肤脆骨柔、体羸气弱，遇上兵荒马乱，只能坐以待毙。甚至像建康令王复那种连马都害怕，以为是老虎的人，还被称为儒雅，当时社会风气之腐朽由此可见一斑。颜之推在本篇还强调了农业的重要性。农业是中国古代文明发展的基础，颜之推认为一个人如果不了解农事，就不懂社会上的任何其他事务，“治官则不了，营家则不办”，这个观点是非常具有指导意义的。

原文

士君子之处世，贵能有益于物耳，不徒高谈虚论，左琴右书，以费人君禄位也。国之用材，大较不过六事：一则朝廷之臣，取其鉴达治体[1]，经纶[2]博雅；二则文史之臣，取其著述宪章，不忘前古；三则军旅之臣，取其断决有谋，强干习事[3]；四则藩屏之臣[4]，取其明练[5]风俗，清白爱民；五则使命之臣[6]，取其识变从宜[7]，不辱君命；六则兴造之臣[8]，取其程功[9]节费，开略[10]有术，此则皆勤学守行者所能辨也。人性有长短，岂责具美于六涂哉？但当皆晓指趣[11]，能守一职，便无愧耳。

译文

士大夫立身处世，贵在能对社会有所贡献，而不只是高谈阔论，弹琴习书，白白浪费君主所给的俸禄和官职。国家选用的人才，不外乎以下六种：第一种是朝廷之臣，需要通晓政治法度，学识渊博，品行端正，能够运筹帷幄；第二种是文史之臣，需要撰写典章制度，能够吸取前人的经验和教训；第三种是军旅之臣，需要足智多谋，精明干练，谙熟事理；第四种是藩屏之臣，需要熟悉当地风俗，廉洁清正，爱护百姓；第五种是使命之臣，需要随机应变，机智灵活，不辱没君主的使命；第六种是兴造之臣，需要衡量功效，节约开支，管理有方。这些都是勤奋好学、有道德品行的人能够明察的。人各有长处和短处，怎能要求同时具备以上六种才能呢？只要明白它们的意义所在，能够忠于自己的本职，就问心无愧了。

注释

1 治体:政治法度。

2 经纶:比喻筹划治理国家大事。

3 习事:谙熟事理。

4 藩屏之臣:指负责国家安全事务的大臣。

5 明练:熟悉,通晓。

6 使命之臣:指处理外交事务的大臣。

7 识变从宜:指认识事物的变化,灵活地处理问题。

8 兴造之臣:指负责施工建造事务的大臣。

9 程功:衡量功绩;计算完成的工作量。

10 开略:开创经营。

11 指趣:宗旨,意义。

原文

吾见世中文学之士,品藻古今,若指诸掌,及有试用,多无所堪。居承平之世,不知有丧乱之祸;处庙堂之下,不知有战陈[1]之急;保俸禄之资,不知有耕稼之苦;肆吏民之上,不知有劳役之勤,故难可以应世经务也。晋朝南渡[2],优借[3]士族;故江南冠带[4],有才干者,擢为令仆[5]已下尚书郎[6]中书舍人[7]已上,典

译文

我看世上这些文人,品评古今,对大道理了如指掌,等到让他们自己去做些什么的时候,大多不堪一用。他们生活在和平年代,不知道丧乱的危害;在朝廷做官,不知道战事的急迫;有固定的俸禄,不知道农事的辛苦;高踞于吏民之上,不知道劳役的艰辛,所以他们不会处理世务。东晋建立以后,朝廷优待士族,所以江南的官吏,只要有才能,都被提拔到尚书令、尚书仆射以下,尚书郎、中书舍人以上的位置,掌管机要大事。其余那些只会舞文弄

掌机要。其余文义之士，多迂诞浮华，不涉世务；纤微过失，又惜行捶楚[8]，所以处于清高，盖护其短也。至于台阁[9]令史，主书监帅[10]，诸王签省[11]，并晓习吏用[12]，济办时须，纵有小人之态，皆可鞭杖肃督，故多见委使，盖用其长也。人每不自量，举世怨梁武帝父子[13]爱小人而疏士大夫，此亦眼不能见其睫耳。

墨的读书人，大多迂阔荒诞，不切实际，不涉世务；对于他们的细小过失，君主又不忍心责罚，所以就给他们安排一些名声清高的闲职，以此来掩饰他们的短处。至于尚书省的令史、主书、监帅，以及诸王身边的典签、省事等官员，都是些可用之材，办事及时，即使他们中的有些人表现不好，可以通过鞭杖来严加督促，以此来发挥他们的长处。但是世人往往没有自知之明，全都抱怨梁武帝父子亲近小人而疏远士大夫，这就如同自己看不到自己的睫毛一样。

注释

1 战陈：战争阵法。也作“战阵”。

2 晋朝南渡：指西晋灭亡，建武元年(317)，司马睿南渡，在建康(今江苏南京)称帝，建立东晋。

3 优借：优待，借重。

4 冠带：指官吏、士绅。

5 令仆：指尚书令与尚书仆射。《晋书·职官志》：“尚书令秩千石……受拜则策命之，以在端右故也。……仆射，服秩印绶与令同。……尚书本汉承秦置……及渡江，有吏部、祠部、五兵、左民、度支五尚书。”

6 尚书郎：《晋书·职官志》：“郎主作文书起草。”

7 中书舍人：《晋书·职官志》：“中书舍人，案：晋初初置舍人、通事各一人，江左合舍人、通事，谓之通事舍人，掌呈奏案章。”

8 捶楚：杖击，鞭打。

9 台阁：尚书省。下文中的令史、主书都是尚书省属下官员。
10 监帅：监督军务的官员。
11 签省：典签与省事。与上文令史等均属低级官员。
12 吏用：即吏才，指做官为政的才干。
13 梁武帝父子：指梁武帝萧衍和他的儿子梁简文帝萧纲、梁元帝萧绎。

原文

梁世士大夫，皆尚褒衣博带，大冠高履，出则车舆，入则扶侍，郊郭之内，无乘马者。周弘正为宣城王[1]所爱，给一果下马[2]，常服御之，举朝以为放达[3]。至乃尚书郎乘马，则纠劾[4]之。及侯景之乱，肤脆骨柔，不堪行步，体羸气弱，不耐寒暑，坐死仓猝者，往往而然。建康令王复性既儒雅，未尝乘骑，见马嘶歕陆梁[5]，莫不震慑，乃谓人曰："正是虎，何故名为马乎？"其风俗至此。

译文

梁朝的士大夫们，都喜欢着宽袍，系阔带，戴大帽子，穿高齿屐，外出时以车代步，回到家有人搀扶陪侍，城内城外，都看不到骑马的。周弘正深得宣城王宠爱，宣城王赐给他一匹果下马，他经常骑，满朝官员都认为他太放肆。以至于像尚书郎这样的官员骑马，就会遭到弹劾。后来遭遇侯景之乱，他们一个个细皮嫩肉、筋骨柔弱，受不了步行之累，又体瘦气虚，耐不住寒热之苦，因此而匆忙急迫的，往往有很多。建康令王复性情儒雅，从来没有骑过马，一看到马嘶鸣跳跃，就感到惊慌害怕，他对别人说："这是老虎才对，为什么要叫马呢？"那时的风气竟然已经到了这种地步。

注释

1 宣城王：即梁简文帝萧纲的嫡长子萧大器，字仁宗，中大通四年(532)，封宣城郡王，食邑二千户。

2 果下马：一种在当时非常珍贵的小马。因身材矮小，骑着它能穿行于果树下，因此得名。

3 放达：放肆，不拘礼法。

4 纠劾：举发弹劾。

5 陆梁：跳跃貌。

原文

古人欲知稼穑之艰难，斯盖贵谷务本之道也。夫食为民天，民非食不生矣，三日不粒，父子不能相存[1]。耕种之，茠[2]锄之，刈获[3]之，载积之，打拂之，簸扬[4]之，凡几涉手，而入仓廪，安可轻农事而贵末业[5]哉？江南朝士，因晋中兴，南渡江，卒为羁旅[6]，至今八九世，未有力田，悉资俸禄而食耳。假令有者，皆信僮仆为之，未尝目观起一墢[7]土，耘一株苗；不知几月当下，几月当收，安识

译文

古人想要了解农事的艰难，这是重视农业生产，以农为本的道理。民以食为天，没有粮食，百姓就不能生存，三天不吃饭，父子之间也顾不上相互问候。耕地、播种、除草、松土、收割、运载、堆积、脱粒、簸扬，粮食要经过许多道工序，最后才存进粮仓，怎能轻视农事而重视工商业呢？江南的朝廷官员，是因为东晋建立，所以才渡江南下的，都是客居异乡之人，到现在已经有八九代了，依然不懂农事，全靠俸禄过活。即使家里有田地，全凭僮仆耕种，没有亲眼看过挖一块土，除一株草；不知道何时播种，何时收获，这样的人又怎么会懂得世间的其他事务呢？所以

世间余务乎？故治官则不了，营家则不办，皆优闲之过也。	他们做官不通世务，治家不懂经营，这全都是生活优闲造成的危害。

注释

1 相存：互相问候。

2 茠(hāo)：同“薅”，除草。

3 刈(yì)获：收割，收获。

4 簸(bǒ)扬：扬去谷物中的糠秕等杂物。

5 末业：古代指手工业、商业。与称为“本业”的农业相对。

6 羁旅：寄居他乡。

7 墢(fá)：量词，相当于次、番。

卷五

省事第十二

导读

本篇所谈内容非常切合“家训”这一主题,其中处处透露了颜之推的“私心”,之所以有这些“私心”,和当时的社会历史背景以及作者的个人经历密不可分,并非作者天性保守自私所致。颜之推一生饱经离乱,如何避免招惹灾祸,如何洞察人情险恶,如何明哲保身,这些都是他必须关心的问题。在乱世中生活,稍不留神,就有可能导致个人乃至整个家族的灭亡。因此,颜之推在本篇所讲的,都不是冠冕堂皇的大道理,不过是私心为子孙书写的一篇乱世生存指南。所谓省事,即不多言,不多事,安本职,守本分,顺其自然。在做人方面,颜之推主张慎言,不出风头,提倡救人于危难,反对游侠一类替人报私仇的行为。在为官方面,颜之推反对动不动就向君主上书陈述意见的行为,认为那些人上书的目的无非“贾诚以求位,鬻言以干禄”,即使他们陈述的意见有幸被采纳,还是难免留下隐患,像严助、朱买臣等人一样“终陷不测之诛”。即使身居谏诤之职,也最好“就养有方,思不出位”,不要越职冒犯国君。颜之推认为官运“信由天命”,君子应“守道崇德,蓄价待时”,反对靠投机钻营晋升官职,至于北齐末年那些通过外戚谋求官职的人,其行径更加应该鄙视。在学习方面,颜之推主张“多为少善,不如执一”,专心学习一种技能,不要追求样样精通。

原文

铭金人云："无多言，多言多败；无多事，多事多患。"[1]至哉斯戒也！能走者夺其翼，善飞者减其指，有角者无上齿，丰后者无前足，盖天道不使物有兼焉也。古人云："多为少善，不如执一；鼫鼠[2]五能，不成伎术。"近世有两人，朗悟[3]士也，性多营综，略无成名，经不足以待问，史不足以讨论，文章无可传于集录，书迹未堪以留爱玩，卜筮[4]射六得三，医药治十差五，音乐在数十人下，弓矢在千百人中，天文、画绘、棋博，鲜卑语、胡书，煎胡桃油[5]，炼锡为银，如此之类，略得梗概，皆不通熟。惜乎，以彼神明，若省其异端，当精妙也。

译文

孔子在太庙看到铜人，背上铭刻这样的文字："无多言，多言多败；无多事，多事多患。"（意思是说不要多说话，言多必失；不要多管事，管事多则祸患也多。）这真是一番中肯的告诫之言。擅长行走的动物没有翅膀，善于飞行的动物没有前爪，头上长角的动物没有上齿，后肢发达的动物前肢退化，这是自然的法则，不让它们同时兼具各种优点。古人说："多为少善，不如执一；鼫鼠五能，不成伎术。"（意思是说如果做得多但是做得好的少，还不如只专心做一件事；鼫鼠看似有五种本领，实际上没有一种本领是精通的。）近代有两个人，都是天资聪明之辈，他们兴趣广泛，却一无所长，经学知识经不起提问，史学知识不足以与他人讨论，文章不能编印传世，书法不堪收藏把玩，为人卜筮六次只正确三次，替人看病十个只痊愈五个，音乐水平在数十人之下，射箭水准居于普通人之中，天文、绘画、博弈，鲜卑语、胡人文字，煎胡桃油、炼锡成银等杂艺，稍微懂得一些皮毛，没有一样精通。可惜啊，以他们的聪明才智，如果能心无旁骛，专心去研习一门技艺，应该能达到精妙的程度。

注释

1 见《说苑·敬慎篇》:"孔子之周,观于太庙。右陛之前,有金人焉,三缄其口,而铭其背曰:'古之慎言人也,戒之哉! 戒之哉! 无多言,多言多败;无多事,多事多患。'"

2 鼫(shí)鼠:哺乳纲啮齿目。头似兔,尾短、眼红,毛有黑、白、褐等色,喜食粟豆及栗柿等。危害农作物。亦称"大飞鼠"或"五技鼠"。《说文》:"鼫,五技鼠也,能飞不能过屋,能缘不能穷木,能游不能渡谷,能穴不能掩身,能走不能先人。"

3 朗悟:聪颖,敏悟。

4 卜筮:古时预测吉凶,用龟甲称卜,用蓍草称筮,合称卜筮。

5 胡桃油:胡桃煎制的油。北齐时用以涂画。

原文

上书陈事,起自战国,逮于两汉,风流弥广。原其体度:攻人主之长短,谏诤之徒也;讦群臣之得失,讼诉之类也;陈国家之利害,对策之伍也;带私情之与夺,游说之俦也。总此四涂,贾诚以求位,鬻言以干禄。或无丝毫之益,而有不省之困,幸而感悟人主,为时所纳,初获不赀[1]之赏,终陷不测之诛,则严助、

译文

向君主上书陈述意见,起源自战国,到两汉时期,更加盛行。推究它的体度,共有以下四种:直言君主的长短,属于谏诤一类;揭露群臣的得失,属于讼诉一类;陈述国家政策的利弊,属于对策一类;带着私情进行褒贬,属于游说一类。总的看来,这四种类型都靠出卖忠诚来谋求地位,靠贩售言论来获取利禄。有的意见本身没有丝毫用处,甚至极有可能给国君带来困扰,即使侥幸感悟国君,被及时采纳,起初能凭这个获得丰厚的赏赐,到最后却因此而陷入难以预测的灾祸,像严助、朱买臣、吾丘寿王、主父偃

朱买臣、吾丘寿王、主父偃之类甚众。[2]良史[3]所书，盖取其狂狷[4]一介，论政得失耳，非士君子守法度者所为也。今世所睹，怀瑾瑜[5]而握兰桂者，悉耻为之。守门诣阙，献书言计，率多空薄，高自矜夸，无经略之大体，咸秕糠[6]之微事，十条之中，一不足采，纵合时务，已漏先觉，非谓不知，但患知而不行耳。或被发奸私，面相酬证，事途回穴[7]，翻惧愆尤[8]；人主外护声教，脱[9]加含养[10]，此乃侥幸之徒，不足与比肩也。

之类的人有很多。优秀的史官所记载的，不过是他们狂狷耿介，敢于议论时政得失罢了，这些并不是谨守法度的人愿意做的。现在我们可以看到，那些德才兼备的人，都以此为耻。那些守候在国君门外或者到朝堂上，向国君上书献计的人，大多空洞浅薄，他们高谈阔论，自卖自夸，不懂任何治国的要领，议论的全是些毫无意义的小事，十条当中，没有一条值得采纳的。即使有个别切合时务的见解，却忘记这是大家早已经知道的，真正应该担心的不是大家不知道，而是知道了以后不实行。有时上书之人被别人揭发出奸诈营私之事，当面对证，事态变化无常，他们反而要担惊受怕；国君为了在外面维护朝廷的声威教化，或许会对他们加以包容，这种只能算是侥幸之辈，不值得与他们为伍。

注释

1 不赀(zī)：无从计量，表示多或贵重。

2 严助：本名庄助，西汉中期会稽郡吴县(今江苏苏州)人，辞赋家。《汉书·严助传》："郡举贤良，对策百余人，武帝善助对，由是独擢助为中大夫。"后因与淮南王刘安谋反一事有牵连，被诛。朱买臣：字翁子，西汉吴县(今江苏苏州)人。汉武帝时，为中大夫，累官至会稽太守、主爵都尉，位列九卿，晚年被诛。 吾丘寿王：字子赣，西汉时期赵国人。曾做过侍中中郎，坐法免，上书愿击匈奴，被拜为东郡都尉，征入为光禄大夫侍中，后坐事被诛。 主父偃：西汉齐国临淄（今山东临淄）人。《汉书·主父偃传》："上书阙下，朝奏，暮召入见。……偃数上疏言事，迁谒者、中郎、中大夫，岁中四迁。……大臣皆畏其口，赂遗累千金。……及其为齐相，出关，即使人上书，告偃受诸侯金，以故诸侯子多以得封者。及齐王以自杀闻，上大怒，以为偃劫其王令自杀，乃征下吏治。……乃遂族偃。"

3 良史：优秀的史官。指能秉笔直书、记事信而有征者。

4 狂狷(juàn)：指过于激进与过于保守的人。

5 瑾瑜：美玉。比喻美德。

6 秕糠(bǐ kāng)：秕谷和米糠。比喻没有价值或无用的东西。

7 回穴：风势回旋不定貌。引申为变化无常。

8 僽(qiān)尤：罪过，过失。僽，同"愆"。

9 脱：或许。

10 含养：包容养育。形容帝德博厚。

原文

谏诤之徒，以正人君之失尔，必在得言之地，当尽匡赞[1]之规，不容苟免偷安，垂头塞耳；至于就养[2]有方，思不出位，干非其任，斯则罪人。故《表记》[3]云："事君，远而谏，则谄也；近而不谏，则尸利[4]

译文

那些直言进谏的人，是要纠正国君的过失，所以必须处在能够说得上话的地位，去尽匡正辅佐的职责，不能苟且偷安，装聋作哑；至于侍奉国君，则要讲究方式，不能抱超越本分的想法，如果干预职权以外的事务，那就会成为朝廷的罪人。所以《礼记·表记》上说："事君，远而谏，则谄也；近而不谏，则尸利也。"（意思是说侍奉君主，关系疏远却去劝谏，那就是谄媚；关系

也。"《论语》曰:"未信而谏,人以为谤己也。"[5]

亲近却不劝谏,那就是尸位素餐。)《论语》上说:"还没取得信任就去劝谏,君主会以为你在诽谤他。"

注释

1 匡赞:匡正辅佐。

2 就养:侍奉父母。这里指侍奉国君。

3《表记》:《礼记》篇名。

4 尸利:指居位受禄而无所作为。

5 见《论语·子张》:"信而后谏。未信,则以为谤己也。"

原文

君子当守道崇德,蓄价待时,爵禄不登,信由天命。须求趋竞[1],不顾羞惭,比较材能,斟量功伐[2],厉色扬声,东怨西怒;或有劫持宰相瑕疵,而获酬谢,或有喧聒[3]时人视听,求见发遣[4];以此得官,谓为才力,何异盗食致饱,窃衣取温哉!世见躁竞[5]得官者,便谓"弗索何获";不知时运之来,不求亦至也。见静退[6]未遇者,便谓"弗为胡

译文

君子应该坚守正道,崇尚道德,积蓄身价,以待时机,如果不能提升爵位和俸禄,那就听从上天的安排。如果为了功名利禄而竞相奔走钻营,不顾羞耻,去比较才能高低,估量功劳大小,声色俱厉,抱怨这个,指责那个,甚至抓住宰相的小把柄进行要挟,以此获得报酬;或哗众取宠,混淆视听,以此谋求任用。靠这些方法得到官职,还自认为有才能,这与那些偷盗食物来填饱肚子,窃取衣服来取暖的人有什么区别!人们看到那些急于求成的人获得官职,就说"不去索取,又怎么能得到呢";他们不知道,时运到来时,不索取也会得到。看

成”；不知风云[7]不与，徒求无益也。凡不求而自得，求而不得者，焉可胜算乎！

到那些淡泊名利的人没有被重用，就说“不去争取，又怎么能成功”；他们不知道，时机不到，徒然追求并没有什么意义。世上那些不求而得的人和求而不得的人，哪里可以数得清呢！

注释

1 趋竞：为功名利禄竞相奔走钻营。
2 功伐：功劳。
3 喧聒：喧嚣刺耳。
4 发遣：派遣，差遣。
5 躁竞：性急而好与人争权势。
6 静退：恬淡谦逊，不竞名利。
7 风云：指机遇。

原文

齐之季世[1]，多以财货托附外家[2]，喧动女谒[3]。拜守宰[4]者，印组[5]光华，车骑辉赫，荣兼九族，取贵一时。而为执政所患，随而伺察，既以利得，必以利殆，微染风尘，便乖肃正，坑阱[6]殊深，疮痏[7]未复，纵得免死，莫不破家，然后噬脐[8]，亦复何及。吾自南及北，未尝

译文

北齐末年，那些想当官的人，大多用财物托附外戚，鼓动宫中受宠得势的嫔妃为他们美言。靠这个被任命为地方长官的人，印绶华丽，车骑显赫，荣耀九族，贵极一时。因而遭到执政者的憎恶，派人随时侦察，既然他们靠钱财谋利，必然也会因为钱财致祸，只要他们有一点纰漏，便会被当作违法乱纪加以惩处，这个陷阱非常深，创伤难以平复，即使能够免除一死，也没有不因此而家道破落的，此时再后悔又有什么用呢！我从南方来到

一言与时人论身分也，不能通达，亦无尤焉。

北方，从来没有对别人讲过一句有关自己从前身份地位的话，即使不能亨通显达，也没有任何怨言。

注释

1 季世：末代，衰败时期。
2 外家：指外戚。
3 女谒：宫中得势嫔妃的进言。
4 守宰：地方长官。
5 印组：即印绶。印信和系印信的丝带。
6 坑阱：陷阱。
7 疮痏(wěi)：创伤，伤痕。
8 噬脐：用嘴咬自己的肚脐，是不可能做到的事。比喻后悔不及。

原文

王子晋[1]云："佐饔[2]得尝，佐斗得伤。"[3]此言为善则预，为恶则去，不欲党人非义之事也。凡损于物，皆无与焉。然而穷鸟入怀[4]，仁人所悯；况死士[5]归我，当弃之乎？伍员之托渔舟[6]，季布之入广柳[7]，孔融之藏张俭[8]，孙嵩之匿赵岐[9]，前代之所贵，而吾之所

译文

王子晋说："佐饔得尝，佐斗得伤。"（意思是说帮别人做饭的人可以品尝美味，帮别人争斗的人难免受伤。）这是指看到别人做好事可以参与，看到别人做坏事则应当避开，不和他人结党去做不义之事。凡是对人有害的事，都不要参与。但是走投无路的小鸟投入怀抱，仁慈的人都会怜悯它；何况敢死的勇士前来投靠我，我又怎能抛弃他呢？伍子胥托渔夫相救，季布被藏身在广柳车中，孔融藏匿张俭，孙嵩收留赵岐，这些行为都

行也，以此得罪，甘心瞑目。至如郭解[10]之代人报仇，灌夫之横怒求地[11]，游侠[12]之徒，非君子之所为也。如有逆乱之行，得罪于君亲者，又不足恤焉。亲友之迫危难也，家财己力，当无所吝；若横生图计，无理请谒，非吾教也。墨翟之徒，世谓热腹[13]，杨朱之侣，世谓冷肠[14]；肠不可冷，腹不可热，当以仁义为节文[15]尔。

是前人所推崇的，也是我所奉行的，即使因此得罪权贵，我也心甘情愿。至于像郭解替人报仇，灌夫怒骂田蚡索取田地，都是游侠之类的行为，不是君子应当做的。如果有叛乱悖逆之举，因此得罪于君主和父母的，就更加不值得同情。亲友处于危急关头时，无论是家产还是自身的精力，都不应该吝惜；如果图谋不轨，提出无理的请求，那我就不提倡你们去管了。墨家主张"兼爱"，被人称为热腹；杨朱学派主张"重己"，被人称为冷肠。人不能过于自私冷漠，也不能过于慷慨热情，应当以仁义作为准则。

注释

1 王子晋：名晋，字子乔，又称王子乔、王乔，是周灵王太子。

2 饔(yōng)：做饭，烹煮。

3 佐饔得尝，佐斗得伤：见《国语·周语》："佐饔者尝焉，佐斗者伤焉。"

4 穷鸟入怀：走投无路的小鸟投入人的怀抱。比喻穷困的人来求助、投靠。

5 死士：不怕死的勇士。

6 伍员之托渔舟：伍员，即伍子胥，名员，字子胥，春秋时期楚国人。伍子胥之父伍奢与兄伍尚皆被楚平王杀害，伍子胥逃往吴国，成为吴王阖闾的重臣，后率兵击败楚国。他在逃往吴国的途中，曾得到一个渔夫的帮助，事见《史记·伍子胥列传》："伍胥惧，乃与胜俱奔吴……追者在后。至江，江上有一渔父乘船，知伍胥之急，乃渡伍胥。伍胥既渡，解其剑曰：'此剑直百金，以与父。'父曰：'楚国之法，得伍胥者赐粟五万石,爵执珪,岂徒百金剑邪!’不受。”

7 季布之入广柳:见《史记·季布列传》:“季布者,楚人也。为气任侠,有名于楚。项籍使将兵,数窘汉王。及项羽灭,高祖购求布千金,敢有舍匿,罪及三族。季布匿濮阳周氏。周氏曰:‘汉购将军急,迹且至臣家,将军能听臣,臣敢献计;即不能,愿先自刭。’季布许之。乃髡钳季布,衣褐衣,置广柳车中,并与其家僮数十人,之鲁朱家所卖之。朱家心知是季布,乃买而置之田。诫其子曰:‘田事听此奴,必与同食。’”广柳车,古代载运棺柩的大车,以柳为装饰。

8 孔融之藏张俭:见《后汉书·孔融传》:“山阳张俭为中常侍侯览所怨,览为刊章下州郡,以名捕俭。俭与融兄褒有旧,亡抵于褒,不遇。时融年十六,俭少之而不告。融见其有窘色,谓曰:‘兄虽在外,吾独不能为君主邪?’因留舍之。后事泄,国相以下,密就掩捕,俭得脱走,遂并收褒、融送狱。”张俭,字元节,山阳高平(今山东微山)人,东汉时期名士。

9 孙嵩之匿赵岐:见《后汉书·赵岐传》:“赵岐字邠卿,京兆长陵人也。……岐少明经,有才艺。……仕州郡,以廉直疾恶见惮。……先是中常侍唐衡兄玹为京兆虎牙都尉,郡人以玹进不由德,皆轻侮之。岐及从兄袭又数为贬议,玹深毒恨。延熹元年,玹为京兆尹,岐惧祸及,乃与从子戬逃避之。玹果收岐家属宗亲,陷以重法,尽杀之。岐遂逃难四方,江、淮、海、岱,靡所不历。自匿姓名,卖饼北海市中。时安丘孙嵩年二十余,游市见岐,察非常人,停车呼与共载。岐惧失色,嵩乃下帷,令骑屏行人。密问岐曰:‘视子非卖饼者,又相问而色动,不有重怨,即亡命乎?我北海孙宾石,阖门百口,势能相济。’岐素闻嵩名,即以实告之,遂以俱归。嵩先入白母曰:‘出行,乃得死友。’迎入上堂,飨之极欢。藏岐复壁中数年,岐作《厄屯歌》二十三章。”孙嵩,字宾石,一作宾硕,北海安丘(今山东安丘)人。汉末三国时期名士,因救助赵岐被其举荐为青州刺史,后官至豫州刺史。

10 郭解：字翁伯，河内轵（今河南济源）人。西汉时期游侠，后被族诛，事见《史记·游侠传》。

11 灌夫之横怒求地：见《史记·魏其武安侯列传》："丞相（武安侯田蚡）尝使籍福请魏其城南田，魏其大望曰：'老仆虽弃，将军虽贵，宁可以势夺乎？'不许。灌夫闻，怒，骂籍福。籍福恶两人有郄，乃谩自好谢丞相，曰：'魏其老且死，易忍，且待之。'已而武安闻魏其、灌夫实怒不予田，亦怒，曰：'魏其子尝杀人，蚡活之。蚡事魏其，无所不可，何爱数顷田？且灌夫何与也？吾不敢复求田！'武安由此大怨灌夫、魏其。"灌夫，字仲孺，西汉颍阴（今河南许昌）人。横怒，震怒，暴怒。

12 游侠：好交游，重义气，能救困扶危的人。

13 墨翟之徒，世谓热腹：墨子主张"兼爱"和"非攻"，认为"若使天下兼相爱，爱人若爱其身"，就会天下太平。并认为社会上之所以有强执弱、富侮贫、贵傲贱的现象，是因为天下人不相爱所致。

14 杨朱之侣，世谓冷肠：杨朱，字子居，魏国（一说秦国）人，战国初期思想家、哲学家。杨朱主张"贵己""重生""人人不损一毫"的思想。

15 节文：谓制定礼仪，使行之有度。

原文

前在修文令曹[1]，有山东学士与关中[2]太史[3]竞历，凡十余人，纷纭累岁，内史[4]牒[5]付议官[6]平[7]之。吾执论曰："大抵诸儒所争，四分[8]并减分[9]两家尔。历象之要，可以晷景[10]测之；今验其分至[11]薄蚀[12]，

译文

从前在修文令曹时，有一名山东学者和一名关中太史争论历法，共有十几个人参与，众说纷纭，争论了好几年也没有结果，后来内史下文请议官来平议此事。我坚持自己的观点："根据各位学者争论的内容，大抵可以分为四分历和减分历两家。历法的要点，是可以通过日晷的影子来测量的。现

则四分疏而减分密。疏者则称政令有宽猛，运行致盈缩，非算之失也；密者则云日月有迟速，以术求之，预知其度，无灾祥也。用疏则藏奸而不信，用密则任数[13]而违经。且议官所知，不能精于讼者，以浅裁深，安有肯服？既非格令所司，幸勿当也。”举曹贵贱，咸以为然。有一礼官，耻为此让，苦欲留连，强加考核。机杼既薄，无以测量，还复采访讼人，窥望长短，朝夕聚议，寒暑烦劳，背春涉冬，竟无予夺，怨诮[14]滋生，赧然而退，终为内史所迫：此好名之辱也。

在以此来检验两种历法的春分、秋分、冬至、夏至、日食、月食，可以看出四分历算法较粗疏而减分历算法较精密。四分历的一方称政令有宽大和严厉之分，日月运行也有盈有缩不断变化，并不是算法有误；减分历的一方称日月运行有快有慢，用正确的方法来推算，可以预先知道它们的度数，没有吉凶灾变的征兆。算法粗疏，可能隐藏奸邪而有失真实；算法精密，可能顺应天数但有违经义。况且议官们的历法知识，还不如这两方，让浅薄的人来裁断渊博的人，怎么会有人服气呢？既然此事不归律令所管，我们最好还是不要做裁判了。”所有令曹官员不分地位高低，全都同意我的看法。只有一名礼官，以这样退让为耻辱，强烈要求留下来，想方设法对两种历法进行考核。但是他的历法知识不足，无从测量，于是反复咨询争论者双方，想要从中分出优劣，他们从早到晚聚在一起商议，冒着严寒酷暑，不胜烦劳，从春忙到冬，还是没有定论，怨声四起，他只好羞愧地退出了，最终还被内史官责难：这就是追求虚名带来的耻辱。

注释

1 前在修文令曹：齐武平中，颜之推任文林馆待诏，撰《修文殿御览》等。

2 关中：指今陕西一带。

3 太史：西周、春秋时太史掌记载史事、编写史书、起草文书，兼管国家典籍和天文历法等。秦汉称太史令，汉属太常，掌天时星历。魏晋以后，修史之职归著作郎，太史专掌历法。

4 内史：官名，掌民政。

5 牒：文书，证件。

6 议官：言官，谏官。

7 平：平议。公平地论定是非曲直。

8 四分：即四分历，亦称“后汉四分历”。东汉元和二年(85)实行，该历法规定一年（回归年）为 $365\frac{1}{4}$日，一月（朔望月）为 $29\frac{499}{940}$日，19年闰7次，因岁余为$\frac{1}{4}$日，故名。

9 减分：即减分历。《后汉书·律历志》：“一术，以蔀法除朔小余，所得以减日半度也。余以减分，即月夜半所在度也。”

10 晷：日晷，古代测日影定时刻的仪器。 景：同“影”。

11 分至：指春分、秋分、冬至、夏至。

12 薄蚀：日月激会相掩，即日食、月食。

13 任数：顺从命运，顺应天数。

14 诮(qiào)：责备，谴责。

止足第十三

导读

本篇主要谈论“少欲知足”这一观点。所谓止足，是指凡事适可而止，不要贪得无厌。颜之推认为宇宙有其边界,人的欲望却没有止境,要少欲知足,为自己设立一个界限。凡事都忌讳太满,“谦虚冲损,可以免害”。人生在世,“衣趣以覆寒露,食趣以塞饥乏”是根本,其他方面保持中等就可以。生活上,不能奢侈浪费,奴婢、田地、房屋、车马、钱财等数量都要适中,以能够保障家庭的日常运转为标准,“不啻此者,以义散之;不至此者,勿非道求之”。做官不要太大,树大招风,“前望五十人,后顾五十人”,处在中等官位上,可以“免耻辱,无倾危”。尤其身在乱世,要格外当心,避免“旦执机权,夜填坑谷”的悲剧。

原文

《礼》云:“欲不可纵,志不可满。”[1]宇宙可臻其极,情性不知其穷,唯在少欲知足,为立涯限尔。先祖靖侯戒子侄曰:“汝家书生门户,世无富贵;自今仕宦不可过二千石,婚姻勿贪势家[2]。”吾终身服膺,以为名言也。

译文

《礼记》上说:“欲不可纵,志不可满。”(意思是说欲望不可放纵,志向不可太满。)宇宙可以找到边界,人的欲望却没有止境,只有少欲知足,才能有限度。先祖靖侯这样告诫子侄:“我们家是书香门第,世世代代都没有大富大贵;从今往后,你们不要做超过二千石俸禄的大官,婚姻嫁娶也不要高攀有权势的人家。”我把这番话当作至理名言,终生铭记在心。

注释

1 欲不可纵,志不可满:见《礼记·曲礼》。

2 势家:有权势的人家。

原文

天地鬼神之道,皆恶

译文

天地万物的法则,都嫌恶满盈。谦

满盈。谦虚冲损[1],可以免害。人生衣趣[2]以覆寒露,食趣以塞饥乏耳。形骸之内,尚不得奢靡,己身之外,而欲穷骄泰[3]邪?周穆王[4]、秦始皇、汉武帝,富有四海,贵为天子,不知纪极[5],犹自败累,况士庶乎?常以二十口家,奴婢盛多,不可出二十人,良田十顷,堂室才蔽风雨,车马仅代杖策[6],蓄财数万,以拟吉凶急速,不啻此者,以义散之;不至此者,勿非道求之。

虚淡泊,可以免除祸患。人生在世,穿衣只是为了避寒,吃饭只是为了充饥。衣食这些与身体本身有关的事,尚且不能奢靡,那些身外之物,又怎可穷奢极欲呢?周穆王、秦始皇、汉武帝都坐拥整个国家的一切财富,他们身为天子,挥霍无度,还造成国家衰败的后果,何况是一般人呢?我常以为,二十口的人家,奴婢不可超出二十人,良田不可超过十顷,房屋只要能遮风避雨,车马只要够代步,手边有几万钱财,以备不时之需。如果超出这个数量,应当仗义疏财;如果没达到这个数量,也不要靠不正当的手段去获取。

注释

1 冲损:淡泊谦让。

2 趣:表示范围,相当于“才”“仅”。

3 骄泰:骄恣放纵。

4 周穆王:姬姓,名满。周昭王之子,西周第五位君主。

5 纪极:终极,限度。

6 杖策:手执马鞭。谓策马而行。

原文

仕宦称泰，不过处在中品，前望五十人，后顾五十人，足以免耻辱，无倾危也。高此者，便当罢谢，偃仰[1]私庭。吾近为黄门郎，已可收退；当时羁旅，惧罹谤讟[2]，思为此计，仅未暇尔。自丧乱已来，见因托风云，侥幸富贵，旦执机权，夜填坑谷[3]，朔欢卓、郑[4]，晦泣颜、原[5]者，非十人五人也。慎之哉！慎之哉！

译文

仕途平稳的最佳方式，是做中等品阶的官，向前看有五十人，向后望也有五十人，这样就足以避免耻辱，没有什么风险。高过这个品阶的，就应当辞去官职，安居在家。我近来担任黄门侍郎，自认为已经可以告退了，只是寄居异乡，担心遭受怨恨毁谤，虽然有这个想法，却找不到机会。自天下大乱以来，我看有些人乘时就势，侥幸获得了富贵，他们白天还大权在握，晚上就填尸沟壑，月初还像卓氏、程郑般享乐，月底却像颜回、原宪般困顿，这样的人何止十个五个。要慎重啊！慎重啊！

注释

1 偃仰：安居，游乐。

2 谤讟(dú)：怨恨毁谤。

3 坑谷：沟壑溪谷。

4 卓：指卓氏。《史记·货殖列传》："蜀卓氏之先，赵人也，用铁冶富。秦破赵，迁卓氏。……致之临邛，大喜，即铁山鼓铸，运筹策，倾滇蜀之民，富至僮千人。田池射猎之乐，拟于人君。" 郑：指程郑。《史记·货殖列传》："程郑，山东迁虏也，亦冶铸，贾椎髻之民，富埒卓氏，俱居临邛。"

5 颜：指颜回。 原：指原宪，字子思，春秋末年宋国人，孔子弟子，孔门七十二贤之一。颜回与原宪都出身贫寒。

诫兵第十四

导读

本篇主要劝诫子孙不要习武从军。颜之推一生“三为亡国之人”,对战争带来的灾难和破坏深有体会,因此,他希望子孙后代把精力放在读书仕宦上。颜之推认为那些在乱世中聚众起兵的衣冠之士,“违弃素业,侥幸战功”;那些血气方刚的士大夫,“微行险服,逞弄拳掔”,他们炫耀武力,“大则陷危亡,小则贻耻辱”,完全不值得效仿。那些略读了一点兵书,略懂一点用兵之道的文士,在战乱时期游说挑拨,“不识存亡,强相扶戴”,是为自己埋下“陷身灭族”的祸根。而那些既不肯读书,又不懂兵器和骑马,却自称武夫的人,就完全是酒囊饭袋了。

原文

颜氏之先,本乎邹[1]、鲁,或分入齐,世以儒雅为业,遍在书记。仲尼门徒,升堂者七十有二,颜氏居八人[2]焉。秦、汉、魏、晋,下逮齐、梁,未有用兵以取达者。春秋世,颜高、颜鸣、颜息、颜羽之徒,皆一

译文

颜氏的祖先,本来居住在邹国、鲁国,有一支迁入到齐国,世世代代以儒学为业,这些在书籍中都有记载。孔子的门徒,学问精深的有七十二人,颜氏占了八人。从秦、汉、魏、晋,到齐、梁,家族中没有靠领兵打仗而扬名的。春秋时期,颜高、颜鸣、颜息、颜羽等人,都是武夫。齐国有颜涿聚,赵国有颜

斗夫[3]耳。齐有颜涿聚[4]，赵有颜冣[5]，汉末有颜良[6]，宋有颜延之，并处将军之任，竟以颠覆。汉郎颜驷，自称好武，更无事迹。颜忠以党楚王受诛[7]，颜俊以据武威见杀[8]，得姓已来，无清操者，唯此二人，皆罹祸败。顷世[9]乱离，衣冠之士，虽无身手，或聚徒众，违弃素业，侥幸战功。吾既羸薄[10]，仰惟前代，故置心于此，子孙志之。孔子力翘门关，不以力闻，此圣证也。吾见今世士大夫，才有气干[11]，便倚赖之，不能被甲执兵，以卫社稷；但微行险服，逞弄拳掔，大则陷危亡，小则贻耻辱，遂无免者。

冣，汉末有颜良，宋代末年有颜延之，都担任过将军之职，最终都因此而倾败。汉代有名郎官颜驷，自称好武，更没看到他有什么事迹流传下来。颜忠因与楚王英结党谋反被诛，颜俊因割据武威被杀，自从有颜姓以来，没有清白节操的仅此二人，他们都遭受了祸患。近代天下大乱，有些士大夫虽然没有武艺，却聚集了一帮追随者，抛弃儒业，想侥幸获得战功。我身体单薄，又想到家族前辈们的经验和教训，所以把心思放在读书上，希望子孙后世也牢记这一点。孔子的力气能举起城门，却并不以武力闻名，这是圣人树立的榜样。我看当今的士大夫们，只不过身体强壮些，便有恃无恐，其实根本不能披甲上阵去保家卫国；他们不过是身穿奇装异服，举止故作神秘，到处舞弄拳脚，重则身陷危亡，轻则自取其辱，没有一个能幸免的。

注释

1 邹：古国名。在今山东邹城东南。

2 颜氏居八人：据《史记·仲尼弟子列传》，此八人为颜回、颜无繇、颜幸、颜高、颜祖、颜之仆、颜哙、颜何。

3 斗夫：武夫，军人。

4 颜涿聚：颜庚，字涿聚，战国时期齐国人。

5 颜冣(zuì)：战国时期赵国将领。事见《史记·赵世家》。

6 颜良：三国时期袁绍部将。见《三国志·袁绍传》。

7 颜忠以党楚王受诛：见《后汉书·楚王英传》。

8 颜俊以据武威见杀：见《资治通鉴》汉献帝建安二十四年(219)。

9 顷世：近代。

10 羸薄：单薄瘦弱。

11 气干：气血和躯体。

原文

国之兴亡，兵之胜败，博学所至，幸讨论之。入帷幄[1]之中，参庙堂之上，不能为主尽规[2]以谋社稷，君子所耻也。然而每见文士，颇[3]读兵书，微有经略。若居承平之世，睥睨[4]宫阃[5]，幸灾乐祸，首为逆乱，诖误[6]善良；如在兵革之时，构扇[7]反复，纵横说诱，不识存亡，强相扶戴：此皆陷身灭族之本也。诫之哉！诫之哉！

译文

国家兴亡，战争胜败，如果在这方面富有学识，是可以进行讨论的。在军旅中运筹帷幄，在朝廷上议论国政，如果不能为君主尽力谋划治国安民的方略，就是君子的耻辱。然而我经常看到一些文士，略微读了几本兵书，稍有一些谋划的才能。如果身处太平盛世，他们就窥伺后宫动静，幸灾乐祸，乘机带头作乱，连累善良无辜之人；如果身处战乱时期，他们就挑拨煽动，四处游说劝诱，看不懂存亡的趋势，却非要相互扶持拥戴：这些都是招致杀身灭族的祸根。千万要引以为戒啊！引以为戒！

注释

1 帷幄：军旅中的帐幕。

2 尽规：竭力谋划。

3 颇：这里是略微、稍微的意思。

4 睥睨(pì nì)：窥伺。即暗中观望动静，等待下手机会。

5 宫阃(kǔn)：帝王后宫。

6 诖(guà)误：贻误，连累。

7 构扇：挑拨煽动。

原文

习五兵[1]，便乘骑，正可称武夫尔。今世士大夫，但不读书，即称武夫儿，乃饭囊酒瓮也。

译文

熟悉五种兵器，擅长骑马，才能称作武夫。当今的士大夫，但凡不肯读书的，都称为武夫，实际上不过是酒囊饭袋罢了。

注释

1 五兵：五种兵器，所指不一。《周礼·夏官·司兵》："掌五兵五盾。"郑玄注引郑司农云："五兵者，戈、殳、戟、酋矛、夷矛也。"《穀梁传·庄公二十五年》："天子救日，置五麾，陈五兵五鼓。"范宁注："五兵：矛、戟、钺、楯、弓矢。"《汉书·吾丘寿王传》："古者作五兵。"颜师古注："五兵，谓矛、戟、弓、剑、戈。"

养生第十五

导读

本篇主要谈论养生之术。南北朝时期，炼丹服药之风盛行，士大夫阶层沉迷于修道成仙、长生不老，颜之推对此没有全盘否定，但他认为，人生在世，既要承担照顾父母妻儿的责任，又要解决生计问题，一般人难以做到归隐山林，超然尘滓。况且按佛教所说，即使成了仙，也终有一死，不能摆脱宿命，所以颜之推希望子孙不要把精力放在丹药和神仙之事上，他认为只要“爱养神明，调护气息，慎节起卧，均适寒暄，禁忌食饮，将饵药物，遂其所禀，不为夭折”，就足够了。药物可以改善人的身体状况，某些偏方对病症也确实有独特的疗效，但服药这种事必须慎重对待，如果服用不得法，反而为药所误。颜之推提出养生的首要条件是避免祸患，保全性命，“有此生然后养之，勿徒养其无生”。单豹、张毅、嵇康、石崇等人都顾此失彼，不是真正懂得养生的人。然而，“生不可不惜，不可苟惜”，因贪欲、谗慝而伤生致死，完全不值；因忠孝仁义而丧身泯躯，则在所不辞。在篇末，颜之推发出了“何贤智操行若此之难？婢妾引决若此之易”的呼声，这无疑是对士大夫们贪生怕死不顾节操之举的有力控诉。

原文

神仙之事，未可全诬；但性命在天，或难钟值[1]。

译文

修道成仙的事，不能全盘否定；但人的性命是由上天决定的，难以遇到

人生居世，触途牵絷[2]：幼少之日，既有供养之勤；成立之年，便增妻孥[3]之累。衣食资须[4]，公私驱役；而望遁迹山林，超然尘滓，千万不遇一尔。加以金玉之费[5]，炉器所须，益非贫士所办。学如牛毛，成如麟角。华山之下，白骨如莽，何有可遂之理？考之内教[6]，纵使得仙，终当有死，不能出世，不愿汝曹专精于此。若其爱养神明，调护气息，慎节起卧，均适寒暄，禁忌食饮，将饵药物，遂其所禀，不为夭折者，吾无间然。诸药饵法，不废世务也。庾肩吾[7]常服槐实[8]，年七十余，目看细字，须发犹黑。邺中朝士，有单服杏仁、枸杞、黄精、朮、车前[9]得益者甚多，不能一一说尔。吾尝患齿，摇动欲落，饮食热冷，皆苦疼痛。见《抱朴子》牢齿

这种机会。人生在世，处处都有牵绊：年少时，有侍奉父母的责任；成年以后，要照顾妻子儿女。既要保障衣食，又要为公事私事而四处奔波；能实现归隐山林的愿望，抛开尘世间烦恼的，千百万人中也遇不到一个。再加上炼制丹药需要消耗金玉，还需要丹炉等器具，不是一般穷人能办到的。修道的人多如牛毛，成仙的人却少如麟角。华山下面白骨累累如同野草，哪里有称心如意的方法？从佛教来考证，即使有成仙得道的，最终仍难免一死，并不能摆脱宿命，所以我不希望你们把精力都放在这种事情上。如果你们是想保养精神，调理气息，规范起居，适应寒暑，注意饮食，服用补药，颐养天年，以免夭折，那我也无可非议。各种药物要服食得当，不要因此荒废了正事。庾肩吾常年服用槐实，到了七十多岁时，眼睛还能看清小字，头发和胡须还很黑。邺城的朝廷官员，有很多专门服用杏仁、枸杞、黄精、朮、车前等而受益的，就不一一列举了。我曾经牙齿松动，几乎脱落，吃冷热食物都会疼痛。后来看到《抱朴子》上记载的固齿方法，说早

之法，早朝叩齿三百下为良；行之数日，即便平愈，今恒持之。此辈小术，无损于事，亦可修也。凡欲饵药，陶隐居《太清方》[10]中总录甚备，但须精审，不可轻脱。近有王爱州在邺学服松脂[11]，不得节度，肠塞而死，为药所误者甚多。

晨叩敲牙齿三百下会有良好的效果，我试了几天，果然好转起来，到现在我还每天坚持用这个方法。这种小技巧对正事没有妨害，也是可以学习一下的。凡是打算服用补药的，可以参照陶弘景的《太清方》一书，里面记载很全面，但是必须精心挑选，不能疏忽大意。近来有个叫王爱州的，在邺城学人家服用松脂，因为不懂得正确的方法，最后肠道堵塞而死，像这样被药物贻误的人有很多。

注释

1 钟值：恰好遇上。

2 牵絷(zhí)：牵绊。

3 妻孥(nú)：妻子和儿女。

4 资须：维持生计的必需品。

5 金玉之费：炼制丹药时消耗的金、玉。

6 内教：指佛教。

7 庾肩吾：字子慎，南阳新野(今河南新野)人。南朝梁文学家、书法理论家。

8 槐实：槐树的果实。可入药。

9 杏仁、枸杞、黄精、朮、车前：均为中药名。

10 陶隐居：即陶弘景，字通明，南朝梁丹阳秣陵(今江苏南京)人，号华阳隐居，医药家、炼丹家、文学家，人称“山中宰相”。《太清方》：《隋书·经籍志》：“《太清草木集要》二卷，陶隐居撰。”

11 松脂：松类树干分泌出的树脂。可入药。

原文

夫养生者先须虑祸，全身保性，有此生然后养之，勿徒养其无生也。单豹养于内而丧外，张毅养于外而丧内，[1]前贤所戒也。嵇康著《养生》之论，而以傲物[2]受刑；石崇[3]冀服饵之征，而以贪溺取祸，往世之所迷也。

译文

养生首先要考虑避祸，只有保全性命，然后才能谈养生，切勿白白保养不存在的生命。单豹注重保养身心，却丧命于外来的灾祸；张毅注重避免外在的祸患，却丧命于体内的疾病，这些都是前代贤人引以为戒的。嵇康撰写了《养生》一书，却因高傲自负而受刑；石崇希望靠服食药物延年益寿，却因贪得无厌而招来杀身之祸，这些都是从前的糊涂人。

注释

1 单豹养于内而丧外，张毅养于外而丧内：见《庄子·达生》："鲁有单豹者，岩居而水饮，不与民共利，行年七十而犹有婴儿之色；不幸遇饿虎，饿虎杀而食之。有张毅者，高门县薄，无不走也，行年四十而有内热之病以死。豹养其内而虎食其外，毅养其外而病攻其内。此二子者，皆不鞭其后者也。"

2 傲物：高傲自负，轻视他人。

3 石崇：字季伦，小名齐奴，渤海南皮（今河北南皮东北）人。大司马石苞第六子，西晋时期文学家、官员、富豪，"金谷二十四友"之一。

原文

夫生不可不惜，不可苟惜。涉险畏之途，干祸难之事，贪欲以伤生，谗慝而致死，此君子之所惜

译文

人不能不爱惜自己的生命，但是也不能苟且偷生。踏上邪恶危险的道路，干出招致祸患的事情，因贪图欲望而损伤身体，因谗言而丧命，在这些方

哉；行诚孝而见贼，履仁义而得罪，丧身以全家，泯躯而济国，君子不咎也。自乱离已来，吾见名臣贤士，临难求生，终为不救，徒取窘辱，令人愤懑。侯景之乱，王公将相，多被戮辱，妃主姬妾，略无全者。唯吴郡太守张嵊[1]，建义[2]不捷，为贼所害，辞色不挠；及鄱阳王世子[3]谢夫人，登屋诟怒，见射而毙。夫人，谢遵女也。何贤智操行若此之难？婢妾引决[4]若此之易？悲夫！

面，君子爱惜自己的性命；因奉行忠孝而被害，因履行仁义而获罪，为保家而舍身，为救国而捐躯，在这些方面，君子不计较自己的性命。自从天下大乱以来，我看那些名臣贤士，在危难面前苟且偷生，最终还是丢了性命，白白地被人羞辱，真是令人愤懑。侯景之乱时，王公将相，大多都被杀戮污辱，妃主姬妾，几乎没有一个得以保全。只有吴郡太守张嵊，举义讨伐侯景失败，被贼军杀害，临危之时，他面不改色，毫不屈服。还有鄱阳王世子萧嗣的夫人谢氏，她登上房顶怒骂贼军，被箭射死。谢夫人，是谢遵的女儿。为什么那些名臣贤士坚持操守如此困难，而那些婢女妻妾舍生取义反倒如此容易呢？真是可悲啊！

注释

1 张嵊(shèng)：字四山，吴郡吴县(今江苏苏州)人。南朝梁大臣。

2 建义：谓兴义军，举义旗。这里指讨伐侯景。

3 鄱阳王世子：指萧嗣，字长胤，鄱阳王萧范子。世子，古代天子、诸侯的嫡长子或儿子中继承帝位或王位的人。

4 引决：自杀。

归心第十六

导读

本篇主要谈对佛教的认识。所谓归心，即真心归附佛教。颜之推称自己家世代信佛，他怕子孙的佛教信仰不够坚定，所以对他们进行劝勉。颜之推极力推崇佛教，认为佛教的辩才智慧“明非尧、舜、周、孔所及”。佛教作为内教，儒学作为外教，义理本来是相通的，不应“归周、孔而背释宗”。颜之推列举了世人对佛教的五种诽谤，并一一申辩批驳。因历史条件所限，颜之推对天地、星辰、宇宙的认识在今天看来极其荒谬，他所举的那些因果报应的事例也无疑都是不科学的。只要皈依佛教，就有“自然稻米，无尽宝藏”的说法完全是痴人说梦。但南北朝时期时局动荡，战乱不断，百姓生活在水深火热之中，朝不保夕，在此情形下，佛教或许确实能够给人们带去稍许慰藉。

原文

三世[1]之事，信而有征，家世归心[2]，勿轻慢也。其间妙旨，具诸经论[3]，不复于此，少能赞述；但惧汝曹犹未牢固，略重劝诱尔。

译文

佛教的过去、现在、未来之说，是可信并且有依据的，我们家世代诚心礼佛，在这上面不能轻慢。佛教的精妙旨意，都记载在经藏和论藏中，我就不在这里赞美称述了；只怕你们的佛教信仰还不坚定，所以再略微对你们进行一些劝勉和诱导。

注释

1 三世：佛教以过去、现在、未来为三世。

2 归心：诚心归附。

3 经论：指佛教“三藏”中的经藏与论藏。

原文

原夫四尘五荫[1]，剖析形有；六舟三驾[2]，运载群生，万行归空，千门入善，辩才智惠，岂徒七经[3]、百氏之博哉？明非尧、舜、周、孔所及也。内外两教[4]，本为一体，渐极[5]为异，深浅不同。内典[6]初门，设五种禁；外典仁、义、礼、智、信，皆与之符。仁者，不杀之禁也；义者，不盗之禁也；礼者，不邪之禁也；智者，不酒之禁也；信者，不妄之禁也。至如畋狩[7]军旅，燕享刑罚，因民之性，不可卒除，就为之节，使不淫滥尔。归周、孔而背释宗[8]，何其迷也！

译文

佛教的“四尘”和“五荫”，剖析世间有形之物；“六舟”和“三驾”，普度众生，让众生通过种种修行皈依空门，通过种种法门行善积德，这其中的辩才和智慧，何止像儒家的“七经”和诸子百家的著作那般博大精深？显然不是尧、舜、周公、孔子所能比的。佛教和儒家本来是一体的，悟道的方式不同，达到的境界也深浅不一。佛经的入门阶段，设有五种禁忌；儒家经典提倡的仁、义、礼、智、信，都与之相符合。仁就是不杀生之禁，义就是不偷盗之禁，礼就是不淫乱之禁，智就是不酗酒之禁，信就是不妄言之禁。至于狩猎、战争、宴饮、刑罚之类，都是根据人类的本性而产生的，不可能一下子根除，那就让它们有所节制，使它们不要泛滥成灾。由此可见，尊崇周公、孔子之道而违背佛教宗旨的人，是多么糊涂啊！

注释

1 四尘:佛教用语,是色、香、味、触的总称。 五荫:即“五蕴”,又作“五阴”,佛教用语。蕴为堆积、积聚的意思。佛教称构成人或其他众生的五种成分为“五蕴”,分别为色蕴、受蕴、想蕴、行蕴、识蕴,除色蕴之外,其余皆属精神层面。色指组成身体的物质,受指感觉,想指想象、概念,行指意志,识指认识分别作用。

2 六舟:即六度,佛教用语。指使人由生死之此岸度到涅槃之彼岸的六种法门:布施、持戒、忍辱、精进、静虑、智慧。 三驾:即三乘,佛教用语。谓三种能使人获得证悟,除灭烦恼的途径。即从他人听闻佛法而悟道的声闻乘,自己观察而悟道的独觉乘和以成佛为目标的佛乘。独觉乘又称为“缘觉乘”“辟支佛乘”,佛乘又称为“大乘”“菩萨乘”。

3 七经:指《诗》《书》《礼》《易》《乐》《春秋》《论语》。

4 内外两教:内教指佛教。佛教徒称佛教以外的宗教和学派为外教。这里指儒家。

5 渐:渐教,佛教用语。中国古代高僧依据经典,将佛陀的教法分成渐教、顿教。渐教是指教导的修学方法有次第,由浅而深,须经长久时间渐次修行。 极:宗极。此处指儒学。

6 内典:佛经。

7 畋(tián)狩:狩猎。

8 释宗:指佛教。

原文

俗之谤者,大抵有五:其一,以世界外事及神化无方为迂诞也;其二,以吉凶祸福或未

译文

世俗对佛教的诽谤,大致分五种情形:第一,认为佛教所说的现实世界以外的世界和那些神奇古怪无法验证的事都是荒诞的;第二,认为人世间的吉凶祸福并不一定

报应为欺诳也；其三，以僧尼行业多不精纯为奸慝也；其四，以糜费金宝减耗课役为损国也；其五，以纵有因缘如报善恶，安能辛苦今日之甲，利益后世之乙乎？为异人也。今并释之于下云。

释一曰：夫遥大之物，宁可度量？今人所知，莫若天地。天为积气，地为积块，日为阳精，月为阴精，星为万物之精，儒家所安也。星有坠落，乃为石矣；精若是石，不得有光，性又质重，何所系属？一星之径，大者百里，一宿首尾，相去数万；百里之物，数万相连，阔狭从斜，常不盈缩。又星与日月，形色同尔，但以大小为其等差；然而日月又

全部都有报应，佛教提倡的因果报应是一种欺骗迷惑的手段；第三，认为出家人的身世多不清白，寺庙因此成了藏污纳垢之地；第四，认为修建寺庙花费了大量钱财，僧尼又不交租，不服役，损害了国家的利益；第五，认为即使有因果报应，又怎能让某甲在当下辛苦操劳，好处却留给后世的某乙去享受呢？甲乙是两个不同的人啊。现在我一并在下面进行解释。

我对第一种的解释：对那些特别远特别大的东西，怎么去测量？现今人们所知道的一切事物，都比不过天地。天由云气堆积而成，地由土块堆积而成，太阳是阳刚之气的精华，月亮是阴柔之气的精华，星辰是宇宙万物的精华，这些是儒家的观点。星星有时会坠落，到地上就变成了石头；精华如果是石头，就不应该有光芒，石头的特征是沉重，靠什么把它们悬挂在天上呢？一颗星星的直径，大的有一百里，一个星座从头到尾相距数万里；直径一百里的星体，在天空中隔着数万里相连，星座的形状和排列却始终如一，没有盈缩变化。再者，星星和日月的形状、光泽都相同，只不过大小有差别，如此说来，日月也是石头吗？石头既然坚固紧密，太阳中的金乌和

当石也？石既牢密，乌兔[1]焉容？石在气中，岂能独运？日月星辰，若皆是气，气体轻浮，当与天合，往来环转，不得错违，其间迟疾，理宜一等；何故日月五星[2]二十八宿[3]，各有度数，移动不均？宁当气坠，忽变为石？地既滓浊，法应沉厚，凿土得泉，乃浮水上；积水之下，复有何物？江河百谷，从何处生？东流到海，何为不溢？归塘尾闾[4]，渫[5]何所到？沃焦[6]之石，何气所然[7]？潮汐去还，谁所节度？天汉[8]悬指，那不散落？水性就下，何故上腾？天地初开，便有星宿；九州[9]未划，列国未分，翦疆区野[10]，若为躔次[11]？封建已来，谁所制割[12]？国有增减，星无进退，灾祥祸福，就中不差；乾象[13]之

月亮上的玉兔又在哪里容身呢？石头在大气中，难道能自行运转吗？日月星辰如果都是精气，那么气体是轻浮的，应当与天合而为一，来回环绕旋转，不应该产生误差，其间的运转速度，按道理应该是一样的；为什么日月、五星和二十八宿各有各的度数，移动速度不一致呢？难道它们本来是气体，坠落时突然变成了石头吗？大地既然是由浊气沉积形成的，按理应该沉重厚实，但是在地上挖凿，却有泉水涌出，这说明大地是浮在水上的；那么积水下面，又有什么东西呢？江河溪流，是从何处发源的？它们东流到海，为什么海水却不会溢出呢？相传海水汇聚到归塘、尾闾，那么最终又泄到哪里去了呢？沃焦山的石头，是靠什么气体烧焦的？潮涨潮落，是由谁来调节的？银河悬挂在天空中，为何不会散落？水的特性是流往低处，那又为何会升腾到天空中呢？开天辟地时，就有星宿，那时九州尚未划分，列国尚不存在，又是如何依据星辰的运行来确定疆界呢？封土建国以来，是谁在主宰分封割据？诸侯国有增有减，星辰却始终不变，对应的吉凶祸福征兆也没有偏差；天空如此之大，星辰

大，列星之夥，何为分野，止系中国？昴为旄头[14]，匈奴之次；西胡、东越，雕题[15]、交阯[16]，独弃之乎？以此而求，迄无了者，岂得以人事寻常，抑必宇宙外也？

如此之多，为什么与星次相对应的地域只限于中国？昴星被称为旄头，是胡人的象征，对应着匈奴的疆域；那为什么西胡、东越、雕题、交趾这些地方，却被星宿抛弃了呢？由此看来，这类问题是无穷无尽的，又怎能用人世间的道理去衡量宇宙的奥妙呢？

注释

1 乌兔：中国神话传说日中有金乌，月中有玉兔。

2 五星：指金、木、水、火、土五大行星。

3 二十八宿：我国古代天文学家依东西南北四个方位划分天空中的恒星，每个方位七宿，共二十八宿。

4 归塘：即归墟。传说为海中无底之谷。谓众水汇聚之处。 尾闾(lǘ)：传说中海水所归之处。

5 渫(xiè)：泄。

6 沃焦：古代传说中东海南部的大石山。

7 然："燃"的本字，燃烧。

8 天汉：指银河。

9 九州：我国古代分天下为九个行政区，称为"九州"，后代称中国。

10 翦(jiǎn)疆：划断疆界。 区野：分野。指与星次相对应的地域。古以十二星次的位置划分地面上州、国的位置与之相对应。

11 躔(chán)次：日月星辰在运行轨道上的位次。

12 制割：分封割据。

13 乾象：天象。

14 昴(mǎo)：昴星，二十八宿之一。古人认为昴星象征胡人。 旄(máo)头：

昴星的别称。

15 雕题:一种古代南方少数民族的习俗。先在额上雕刻花纹,再涂以丹青。这里指古代南方雕额文身的部族。

16 交阯:即"交趾"。唐尧时代指五岭以南的地方,汉代设置交趾郡,始专指安南北部。

原文

凡人之信,唯耳与目;耳目之外,咸致疑焉。儒家说天,自有数义:或浑或盖,乍宣乍安[1]。斗极[2]所周,管维[3]所属,若所亲见,不容不同;若所测量,宁足依据?何故信凡人之臆说,迷大圣[4]之妙旨,而欲必无恒沙[5]世界、微尘[6]数劫也?而邹衍[7]亦有九州之谈。山中人不信有鱼大如木,海上人不信有木大如鱼;汉武不信弦胶[8],魏文不信火布[9];胡人见锦,不信有虫食树吐丝所成;昔在江南,不信有千人毡帐,及来河

译文

一般人只相信自己的耳朵与眼睛,对耳闻目睹以外的其他事物一概抱有怀疑。儒家对天的认知,本来就有好几种:有浑天说、盖天说,又有宣夜说、安天说。有的认为北斗星围绕北极星转动,是以管维为轴。如果这些都是人们亲眼所见,就不应该如此不同;如果是靠推测得出的结论,又怎能作为依据?我们为何相信凡人的臆测而怀疑佛门的妙旨呢?又为何不相信世界像恒河中的沙粒那样众多,不相信劫量如微尘数那样数不胜数呢?邹衍也有"大九州"学说,认为在中国之外,还有另外的九州存在。山里的人不相信有大如树木的鱼,海上的人不相信有像鱼一般大的树木;汉武帝不相信续弦胶可以黏合弓弩刀剑,魏文帝不相信石棉布不怕火烧;胡人看到锦缎,不相信是由吃桑叶的蚕吐出的丝织成的;我从前在江南,不相信有容纳千人的帐篷,

北，不信有二万斛船：皆实验也。	到了河北，发现这里的人不相信有能装载两万斛货物的大船：这些都是实际经验。

注释

1 或浑或盖，乍宣乍安：浑天说、盖天说、宣夜说、安天说是我国古代四种天文学理论。《晋书·天文志》："古言天者有三家：一曰盖天，二曰宣夜，三曰浑天。"浑天说认为天形浑圆如鸟卵，地如卵黄，天包于地外。盖天说认为天像一把张开的圆形大伞覆盖在地上，而地是方形的，像一个棋盘，日月星辰则像爬虫一样过往天空。宣夜说认为宇宙是无限的，天体飘浮在虚空之中。安天说是宣夜说的改进，认为天是不动的，是永恒的，日月星辰各依轨道在天上运行。

2 斗极：北斗星和北极星。

3 管维：古人指天宇所据以运转的枢纽。

4 大圣：佛的尊号。

5 恒沙：恒河沙数，佛教用语。比喻数量多到像恒河里的沙子那样无法计算。

6 微尘：佛教称物质无法分割的最小单位为"极微"，七个极微成一微尘。用以形容极细的物质。

7 邹衍：战国末期齐国人，阴阳家代表人物。邹衍提出"大九州"说，认为在中国九州之外，还有另外相同的九州存在。

8 弦胶：即续弦胶。传说西海之中有凤麟洲，仙家以凤喙及麟角合煎作胶，名续弦胶，能续弓弩已断之弦，连刀剑断折之金，更以胶连续之处，使力士掣之，他处乃断，黏合之处，终无所损。

9 火布：火浣布。指用石棉纤维纺织而成的布。由于其具不燃性，在火中能去污垢，中国早期史书中常称之为"火浣布"或"火烷布"。

原文

世有祝师[1]及诸幻术，犹能履火蹈刃，种瓜移井，倏忽之间，十变五化。人力所为，尚能如此；何况神通感应，不可思量，千里宝幢[2]，百由旬[3]座，化成净土[4]，踊出妙塔[5]乎？

译文

世上有祝师和各种懂幻术的人，他们能穿过火焰，能在刀刃上行走，还能种下瓜的种子立马采摘果实，挪动水井的位置，瞬间千变万化。人力尚且能够达到这种程度，何况是神佛的本领，更加无法想象，他们能平地竖起千里高的宝幢，变出数百由旬大的莲花座，造出清净的极乐世界，冒出七层宝塔。

注释

1 祝师：能祝物的巫师。

2 宝幢：用珍宝装饰的旗帜。

3 由旬：量词。古印度计算路程的单位。为梵语 yojana 的音译，又译作“俞旬”“由延”。

4 净土：佛教指没有尘世污染的清净世界。

5 踊出妙塔：见《妙法莲华经·见宝塔品第十一》：“尔时，佛前有七宝塔，高五百由旬，纵广二百五十由旬，从地涌出，住在空中，种种宝物而庄校之。”

原文

释二曰：夫信谤之征，有如影响；耳闻目见，其事已多，或乃精诚不深，业缘[1]未感，时傥差阑[2]，终当获报

译文

我对第二种的解释是：不管你相信与否，因果报应都是存在的，就好像影子和身体，声音和回响一样；我耳闻目睹的这类事有很多，有的之所以没有报应，或许是因为诚意还不够，因缘还没有到达，时间也许会

耳。善恶之行，祸福所归。九流[3]百氏，皆同此论，岂独释典为虚妄乎？项橐[4]、颜回之短折，伯夷、原宪之冻馁，盗跖、庄蹻[5]之福寿，齐景、桓魋[6]之富强，若引之先业，冀以后生，更为通耳。如以行善而偶钟祸报，为恶而傥值福征，便生怨尤，即为欺诡；则亦尧、舜之云虚，周、孔之不实也，又欲安所依信而立身乎？

晚一些，但报应最终一定会来到。一个人的行为是善还是恶，决定了他最终得到的是福还是祸。九流百家，都持这个观点，怎么单单认为佛经是虚妄的呢？项橐、颜回短命早死，伯夷、原宪挨饿受冻，盗跖、庄蹻反倒福寿双全，齐景、桓魋反倒富足强大，如果把这些看作是他们前世的善恶因缘，或把他们今生的所作所为报应到来世，那就说得通了。如果有人行善却偶然遭遇灾祸，为恶却意外得到福报，因此就心生怨恨，认为佛教的因果报应之说是一种欺骗，那就好比说尧、舜的事迹都是虚假的，周公、孔子的言行也都不可信，那样的话，又该靠什么信念来立身处世呢？

注释

1 业缘：佛教用语。善恶果报的因缘。

2 差阑：稍迟，稍晚。

3 九流：先秦至汉初的九大学术流派，包括儒家、道家、阴阳家、法家、名家、墨家、纵横家、杂家、农家。

4 项橐(tuó)：春秋时期莒国(今山东日照)的一名神童。《战国策·秦策五》："甘罗曰：'夫项橐生七岁而为孔子师。'"

5 盗跖：相传为春秋时期的大盗，生性暴虐，横行天下。 庄蹻(qiāo)：战国时期楚国人，大盗。

6 齐景：即齐景公。姜姓，吕氏，名杵臼，齐灵公之子。 桓魋(tuí)：又称向魋，春秋时期宋国(今河南商丘)人。

原文

释三曰：开辟已来，不善人多而善人少，何由悉责其精洁乎？见有名僧高行，弃而不说；若睹凡僧流俗，便生非毁。且学者之不勤，岂教者之为过？俗僧之学经律，何异士人之学《诗》《礼》？以《诗》《礼》之教，格朝廷之人，略无全行者；以经律之禁，格出家之辈，而独责无犯哉？且阙行之臣，犹求禄位；毁禁之侣，何惭供养乎？其于戒行，自当有犯。一披法服，已堕僧数，岁中所计，斋讲诵持，比诸白衣[1]，犹不啻山海也。

译文

我对第三种的解释是：开天辟地以来，坏人多而好人少，为何偏偏要求出家人全都高尚纯洁呢？有些人明明看到那些名僧们的高尚品行，却闭口不提，当作没看见；一旦看到那些平庸僧人的粗俗举动，就开始诋毁议论。学生不勤奋，难道是老师的过错吗？俗僧学习佛经中的戒律，与读书人学习《诗经》《礼记》又有什么两样？用《诗经》《礼记》的准则去衡量那些朝廷官员，几乎没有完全合格的；用佛经中的戒律来衡量出家人，又怎能要求他们一点都不犯错呢？并且那些德行缺失的官员，仍然能够获取高官厚禄；那些违反戒律的僧侣，又何必对接受供养一事感到惭愧呢？清规戒律，有时难免会触犯。一旦披上法衣，就成为僧侣中的一员，一年到头，无非吃斋念佛、讲经修行，他们的修养与世俗中人相比，不止高山与深海的差距。

注释

1 白衣：佛教称在家人为“白衣”。

原文

释四曰：内教多途，出家自是其一法耳。若能诚孝在心，仁惠为本，须达、流水[1]，不必剃落须发；岂令罄井田而起塔庙，穷编户[2]以为僧尼也？皆由为政不能节之，遂使非法之寺，妨民稼穑，无业之僧，空国赋算，非大觉[3]之本旨也。抑又论之：求道者，身计也；惜费者，国谋也。身计国谋，不可两遂。诚臣徇主而弃亲，孝子安家而忘国，各有行也。儒有不屈王侯高尚其事，隐有让王辞相避世山林；安可计其赋役，以为罪人？若能偕化黔首[4]，悉入道场，如妙乐[5]之世，穰佉[6]之国，则有自然稻米，无尽宝藏，安求田蚕之利乎？

译文

我对第四种的解释是：佛教的修行方法有多种，出家只是其中的一种而已。如果能把忠孝放在心上，以仁爱为本，像须达、流水那样，就不必非得剃去头发胡须；何须把所有的田地都用来建造寺庙和佛塔，让所有人都去当和尚、尼姑呢？这一切都是因为执政的人没有好好管理，所以才会有一些非法的寺庙妨碍百姓耕种，有一些无所事事的僧人空耗国家的赋税，这些都不是佛陀的本来旨意。还有一点：求道是个人意愿，珍惜费用是国家策略。个人意愿与国家策略，不可能两全。忠臣为了献身君主而舍弃亲人，孝子为了照顾家庭而忽略国家，各有各的行为准则。儒生中有不屈从权贵，一心钻研学问的人；隐士中有推掉王位，辞去卿相，避世山林的人。怎能计算他们的赋税徭役，把他们当作罪人呢？如果能一起感化百姓，让他们所有人都皈依佛门，如入妙乐、穰佉国之境，那就有自己生长的稻米和数不尽的宝藏，还需要去追求种田、养蚕的微利吗？

注释

1 须达:又作“须达多”。古印度拘萨罗国舍卫城富商,释迦的有力施主之一,号称给孤独。与祇陀太子共同施佛精舍,称祇树给孤独园。须达,是梵语 sudatta 的音译,意思是“善与”“善给”“善授”等。流水:传说中古印度一位精通医术的长者。

2 编户:指编入户口的平民。

3 大觉:指佛陀。

4 黔首:平民,百姓。

5 妙乐:古代印度国名。

6 禳佉:梵语。印度古代神话中的国王名,即转轮王,也写作“儴佉”“蠰佉”。

原文

释五曰:形体虽死,精神犹存。人生在世,望于后身[1]似不相属;及其殁后,则与前身似犹老少朝夕耳。世有魂神,示现梦想,或降童妾,或感妻孥,求索饮食,征须福佑,亦为不少矣。今人贫贱疾苦,莫不怨尤前世不修功业;以此而论,安可不为之作地[2]乎?夫有子孙,自是天地间一苍生耳,何预身事?而乃爱护,遗其基

译文

我对第五种的解释是:人的形体虽然死亡,精神却依然存在。人生在世,看起来好像和后身没有什么关系,等到死后,才发现和前身的关系就像老人和小孩、早上和晚上那样。世上有魂灵托梦的事,有的托梦给童仆侍妾,有的托梦给妻子儿女,向他们索要饮食,求取福佑,这种事也有不少。现在那些贫贱疾苦的人,没有不埋怨前世不修功业的,从这一点来说,人生在世,怎能不为后身留些余地呢?按说子孙都是天地间的黎民百姓,何必去管他们的事?人对子孙尚且有爱护之心,把房屋家产

址，况于己之神爽，顿欲弃之哉？凡夫蒙蔽，不见未来，故言彼生与今非一体耳；若有天眼[3]，鉴其念念[4]随灭，生生不断，岂可不怖畏邪？又君子处世，贵能克己复礼，济时益物。治家者欲一家之庆，治国者欲一国之良，仆妾臣民，与身竟何亲也，而为勤苦修德乎？亦是尧、舜、周、孔虚失愉乐耳。一人修道，济度几许苍生？免脱几身罪累？幸熟思之！汝曹若观俗计，树立门户，不弃妻子，未能出家；但当兼修戒行，留心诵读，以为来世津梁[5]。人生难得，无虚过也。

留给他们，何况是对自己的魂灵，怎能轻易弃之不管呢？那些凡夫俗子被蒙蔽双眼，看不见未来之事，因此说来生与今生不是同一个人；如果有一双天眼，就能看到从生到死，从死到生，都在一瞬间，轮回不断，怎能不畏惧呢？再说，君子处世，贵在能够约束自我，谨守礼仪，对社会有所贡献。管理家庭的人，希望家庭幸福；治理国家的人，希望国家昌盛。至于仆人、侍妾、臣子、百姓，这些究竟和自身有什么亲密关系，值得为他们而辛苦操劳呢？这也和尧、舜、周公、孔子一样，为了他人而浪费了个人的欢乐时光。一个人修道，可以救济多少人脱离苦海？免去多少人的罪过？希望你们好好思考一下。你们如果关心世俗生计，要建立家庭，照顾妻子儿女，不能出家为僧，那就应该修身养性，同时恪守戒律，专心诵读佛经，把这些当作通往来世幸福生活的桥梁。人生宝贵，不要虚度时光。

注释

1 后身：佛教有“三世”的说法。谓转世之身为“后身”，前世为“前身”。

2 地：余地。

3 天眼：佛教所说五眼之一，又称天趣眼。能透视六道、远近、上下、前后、内外及未来等。

4 念念：佛教语。谓极短的时间，犹言刹那。

5 津梁：桥梁。佛教谓以佛法引度众生。

原文

儒家君子，尚离庖厨[1]，见其生不忍其死，闻其声不食其肉。高柴、折像[2]，未知内教，皆能不杀，此乃仁者自然用心。含生[3]之徒，莫不爱命；去杀之事，必勉行之。好杀之人，临死报验，子孙殃祸，其数甚多，不能悉录耳，且示数条于末。

译文

儒家的君子们，都远离厨房，看到动物活生生的样子，就不忍心它们被宰杀；听到动物的惨叫声，就不忍心吃它们的肉。高柴、折像二人不懂佛教教义，却都能做到不杀生，这是仁慈的人自然而然的表现。一切生灵，没有不爱惜性命的，不杀生这件事，要尽力做到。喜欢杀生的人，临死时都会有报应，子孙们跟着遭殃，这种事非常多，无法一一记录，只在篇末略举几个例子。

注释

1 庖(páo)厨：厨房。

2 高柴：齐国人，孔子弟子。 折像：字伯式，广汉雒(今四川广汉北)人。《后汉书》："像幼有仁心，不杀昆虫，不折萌牙。"

3 含生：一切有生命者，多指人类。

原文

梁世有人，常以鸡卵白和沐，云使发光，每沐辄二三十枚。临死，发中

译文

梁朝时有一个人，经常用蛋清洗头发，据说这样能使头发光亮，每洗一次，都要用掉二三十枚鸡蛋。这个人临死时，

但闻啾啾数千鸡雏声。

听到头发中传出几千只小鸡的鸣叫声。

江陵刘氏，以卖鳝羹为业。后生一儿头是鳝，自颈以下，方为人耳。

江陵有个刘氏，以卖鳝鱼羹为生。后来生了个儿子，长了个鳝鱼头，脖子以下才是人形。

王克为永嘉[1]郡守，有人饷[2]羊，集宾欲宴。而羊绳解，来投一客，先跪两拜，便入衣中。此客竟不言之，固无救请。须臾，宰羊为羹，先行至客。一脔[3]入口，便下皮内，周行遍体，痛楚号叫；方复说之。遂作羊鸣而死。

王克做永嘉郡守时，有人送他一只羊，他邀请宾客，打算办一场宴席。宾客到场后，那只羊突然挣脱绳子，跑向其中一名客人，先跪下拜了两拜，然后钻到他的衣服里。这名客人竟然一声不吭，执意不肯为羊求情。没多久，那只羊被宰杀，做成了肉羹，先端给这名客人品尝。他夹了一小块肉，刚一入口，便进入皮内，全身游走，他疼痛得大声号叫，这才把那只羊向他求情的事说了出来，然后他发出一阵羊叫声，就死去了。

注释

1 永嘉：今浙江温州。
2 饷：赠送。
3 脔(luán)：切成块的肉。

原文

梁孝元在江州时，有人为望蔡[1]县令，经刘敬躬乱[2]，县廨[3]被焚，寄寺

译文

梁孝元帝在江州时，有个人在望蔡县做县令，经历刘敬躬叛乱，县廨被焚烧，此人暂时寄住在寺庙内。百姓将

而住。民将牛酒作礼，县令以牛系刹柱[4]，屏除形像，铺设床坐，于堂上接宾。未杀之顷，牛解，径来至阶而拜，县令大笑，命左右宰之。饮噉醉饱，便卧檐下。稍醒而觉体痒，爬搔隐疹[5]，因尔成癞[6]，十许年死。

一头牛和几缸酒作为礼物送给他，他就把牛拴在刹柱上，移除佛像，摆设坐席，在佛堂上接待宾客。正要宰杀时，牛挣脱绳子，径直跑到台阶下朝县令跪拜，县令大笑，命左右侍从把牛拉下去宰了。酒足饭饱之后，县令就躺在房檐下睡着了。醒来时感到浑身发痒，抓搔之后起了很多小疙瘩，后来发展成恶疮，十几年后因此而死。

注释

1 望蔡：今江西上高。

2 刘敬躬乱：见《梁书·武帝纪》下："八年春正月，安成郡民刘敬躬挟左道以反，内史萧说委郡东奔。"

3 廨(xiè)：官署。旧时官吏办公处所的通称。

4 刹柱：指寺前的幡竿。

5 隐疹：皮肤上起的小疙瘩。

6 癞(lài)：恶疮，顽癣。

原文

杨思达为西阳[1]郡守，值侯景乱，时复旱俭，饥民盗田中麦。思达遣一部曲[2]守视，所得盗者，辄截手掔，凡戮十余人。部曲后生一男，自然无手。

译文

杨思达任西阳郡守时，正逢侯景之乱，又碰上旱灾，饥民们便到田里偷麦子。思达派了一个部下去看守麦田，抓到前来偷盗的，就砍断手腕，一共砍了十几个人。这个部下后来生了一个男孩，天生没有手。

注释

1 西阳：今湖北黄冈。
2 部曲：部属，部下。

原文

齐有一奉朝请[1]，家甚豪侈，非手杀牛，噉之不美。年三十许，病笃，大见牛来，举体如被刀刺，叫呼而终。

译文

齐朝有一个担任奉朝请的人，家里非常豪华奢侈，不是亲手宰杀的牛，他就觉得吃起来不美味。他在三十多岁时，得了重病，看到一大群牛向他奔来，他感到浑身就像被刀刺一般疼痛，最后大声哀叫着死去了。

注释

1 奉朝请：古称春季的朝见为“朝”，秋季的朝见为“请”。奉朝请者，即有参加朝会的资格。南朝常用以安置闲散官员。

原文

江陵高伟，随吾入齐，凡数年，向幽州淀中捕鱼。后病，每见群鱼啮之而死。

世有痴人，不识仁义，不知富贵并由天命。为子娶妇，恨其生资不足，倚作舅姑[1]之尊，蛇虺[2]其性，毒口加诬，不

译文

江陵人高伟，跟随我一起到了齐国。这些年来，一直在幽州的湖泊中捕鱼。后来他生了疾病，总是看到一群鱼来咬他，最终因此而死。

世上有一些愚昧无知的人，不懂得仁义，也不知道富贵皆由天命。为儿子娶了媳妇，却怨恨人家嫁妆太少，仗着自己公婆的身份，像毒蛇一般，对媳妇肆意诬蔑谩骂，丝毫不懂忌讳，甚至辱骂媳妇

识忌讳，骂辱妇之父母，却成教妇不孝己身，不顾他恨。但怜己之子女，不爱己之儿妇。如此之人，阴纪其过，鬼夺其算。慎不可与为邻，何况交结乎？避之哉！

的父母，这反而是在教媳妇不用孝顺自己，也不顾及媳妇的怨恨。他们只知道疼爱自己的子女，不爱护自己的儿媳妇。像他们这种人，阴司会记录他们的罪过，鬼神也会减短他们的寿命。你们要记住这种人千万不能做邻居，更何况是与他们交朋友呢？要离他们远远的！

注释

1 舅姑：称谓。妻子称丈夫的父母，即公婆。

2 蛇虺(huǐ)：比喻凶残狠毒的人。

卷六

书证第十七

导读

本篇主要讨论文字学的内容，涵盖字形、字义、读音、语法等各个方面的知识。颜之推认为在东晋王朝建立以后，南方地区便把北方的传记“皆名为伪书，不贵省读”，因此丢失许多字义的解释。颜之推则不同，他见多识广，熟悉同一典籍在南北方流传的不同版本，加上他在南北方均生活过，对双方的口音和民俗都有所了解，因此，他在论证时能够结合南北差异，找出谬误产生的根源，最终得出令人信服的结论。比如《诗经》中的荇菜，《礼记》中的苦菜，《月令》中的荔，因各地叫法不一，学者在注释时便产生种种误解，颜之推考证实物，纠正了河北博士把“荇菜”当作“苋菜”的错误；厘清了《礼记》中的“苦菜”指的是中原一带的“苦菜”（一名“游冬”），而不是江南地区的“蘵”（北方称为“龙葵”）；“荔”即“马薤”，又叫“马蔺”，江东地区称之为“旱蒲”，郑玄的《月令注》解释“荔挺出”，合“荔挺”二字作为草名是错误的，而刘緍这类南方学者把“荔”当成“马苋”更加没有依据。颜之推博古通今，对书籍中一些流传已久的说法有自己独到的见解。比如《史记》中的“宁为鸡口，无为牛後（后）”，颜之推探本溯源，认为正确的说法应该是“宁为鸡尸，无为牛從（从）”；司马迁评论英布“祸之兴自爱姬，生于妒媢”，《汉书・外戚传》“成结宠妾妒媢之诛”，颜之推结合文义，同时又考证其他典籍，推断这两个“媢”字都应当写作“娼”字。颜之推还善于活学活用，比如他在受命释读秦代铁称权时，根据铭文中的“丞相状”三字，推翻了世人称该丞相名为“隗林”的说法；他在担任赵州佐时，读柏人城的一块石碑，根据铭文判断出柏人城东北的无名孤山即巏嵍山。颜之推认为文字在其流传过程中是不断变化的，各类字书也“随代损益，互有同异”，应该取变通的态度，把正字和通俗用法结合起来，“文章著述，犹择微相影响者行之，官曹文书，世间尺牍，幸不违俗也”。颜之推的论证也存在一些瑕疵，比如“犹豫”为双声字，以声取义而无本字，故或作“由豫”“游预”“游豫”“犹夷”“犹与”，而不是“人将犬行，犬好豫在人前……”又比如在否定《说文》对《封禅书》“导一茎六穗于庖”的“导”字的解释时，细节也有漏洞。总而言之，该篇在训诂学、校勘学等方面都有较高的学术价值，也体现了颜之推的学识水平和求实精神。

原文

《诗》云：“参差荇菜。”[1]《尔雅》云：“荇，接余也。”字或为“莕”。先儒解释皆云：水草，圆叶细茎，随水浅深。今是水悉有之，黄花似莼，江南俗亦呼为猪莼，或呼为荇菜。刘芳具有注释。而河北俗人多不识之，博士皆以参差者是苋菜，呼人苋[2]为人荇，亦可笑之甚。

译文

《诗经》上说：“参差荇菜。”《尔雅》解释说：“荇，即接余。”“荇”字有时也写作“莕”。前代学者们都解释说：荇是水草，圆叶细茎，高矮取决于水的浅深。现在凡是有水的地方都长有荇菜，开黄色花，形状与莼菜相似，江南俗称为“猪莼”，或称为“荇菜”。刘芳对此都有注释。而在黄河以北地区，一般人大都不认识它，博学之士都把参差不齐的荇菜当作是苋菜，把“人苋”叫作“人荇”，这也太可笑了。

注释

1 见《诗经·周南·关雎》。

2 人苋:苋的一种,可入药。

原文

《诗》云:“谁谓荼苦?”[1]《尔雅》《毛诗传》并以荼,苦菜[2]也。又《礼》云:“苦菜秀。”[3]案:《易统通卦验玄图》[4]曰:“苦菜生于寒秋,更冬历春,得夏乃成。”今中原苦菜则如此也。一名游冬,叶似苦苣而细,摘断有白汁,花黄似菊。江南别有苦菜,叶似酸浆[5],其花或紫或白,子大如珠,熟时或赤或黑,此菜可以释劳。案:郭璞[6]注《尔雅》,此乃蘵黄蒢[7]也。今河北谓之龙葵[8]。梁世讲《礼》者,以此当苦菜;既无宿根,至春子方生耳,亦大误也。又高诱[9]注《吕氏春秋》曰:“荣[10]而不实曰英。”苦菜当言英,益知非龙葵也。

译文

《诗经》上说:“谁谓荼苦?”《尔雅》和《毛诗传》都把荼解释为苦菜。此外,《礼记》上说:“苦菜秀。”按:《易统通卦验玄图》说:“苦菜在寒冷的秋天发芽,经历冬春两季,到夏天长成。”现在中原一带的苦菜就是这样。苦菜又名游冬,叶子像苦苣但是更细一些,摘断后有白色的汁液,花像菊花一样黄。江南一带另有一种苦菜,叶子像酸浆,开紫色或白色花,果实像珠子般大小,成熟时呈红色或黑色,这种菜有消除疲劳的功效。按:郭璞注释《尔雅》,称这就是蘵,即黄蒢。现在河北一带把它叫作“龙葵”。梁朝讲解《礼记》的人,把这个当作苦菜;但这种植物既没有宿根,又在春天发芽,这实在是一个很大的误解。此外,高诱注解《吕氏春秋》说:“只开花不结果的称为英。”苦菜的花就应当属于英,由此更加说明它不是龙葵了。

注释

1 见《诗经·邶风·谷风》。

2 苦菜:菊科苦苣菜属,两年生或多年生草本。茎高三四尺,春夏间开花,嫩苗可食用。

3 苦菜秀:见《礼记·月令》。秀,植物吐穗开花。

4《易统通卦验玄图》:《隋书·经籍志》载《易统通卦验玄图》一卷,未著作者。

5 酸浆:植物名。茄科酸浆属,多年生草本。

6 郭璞:字景纯,河东郡闻喜(今山西闻喜)人。东晋文学家、训诂学家,曾注释《尔雅》《穆天子传》《山海经》等。

7 蘵(zhī)黄蒢(chú):《尔雅·释草》:"蘵,黄蒢。"郭璞注:"蘵草叶似酸浆,华小而白,中心黄,江东以作菹食。"

8 龙葵:茄科茄属,一年生草本。叶互生,椭圆形,花白色,浆果球形,熟时紫黑色。可入药。

9 高诱:东汉涿郡涿县(今河北涿州)人。曾注解《吕氏春秋》《战国策》《淮南子》等。

10 荣:草木开花。

原文

《诗》云:"有杕之杜。"[1]江南本并木傍施大,《传》曰:"杕,独皃也。"徐仙民音徒计反。《说文》曰:"杕,树皃也。"在木部。《韵集》音次第之第,而河北本皆为夷狄之狄,读亦如字,此大误也。

译文

《诗经》上说:"有杕之杜。"江南流传的版本都把"杕"字写作"木"旁加一个"大"字。《毛诗传》说:"杕,独立的样子。"徐仙民注音为徒计反。《说文》说:"杕,树木的样子。"字在木部。《韵集》注音为"次第"的"第",河北流传的版本都写作"夷狄"的"狄",读音也一样,这是一个大错误。

注释

1 有杕之杜：见《诗经·唐风》的《杕杜》《有杕之杜》两篇。杕，树木独立特出的样子。杜，落叶乔木，果实圆而小，味涩可食，俗称“杜梨”，亦称“甘棠”。

原文

《诗》云：“駉駉牡马。”[1]江南书皆作牝牡[2]之牡，河北本悉为放牧之牧。邺下博士见难云：“《駉颂》既美僖公牧于坰[3]野之事，何限草骘[4]乎？”余答曰：“案：《毛传》云：‘駉駉，良马腹干肥张[5]也。’其下又云：‘诸侯六闲[6]四种：有良马，戎马，田马，驽马[7]。’若作牧放之意，通于牝牡，则不容限在良马独得駉駉之称。良马，天子以驾玉辂[8]，诸侯以充朝聘[9]郊祀[10]，必无草也。《周礼·圉人职》：‘良马，匹一人。驽马，丽[11]一人。’圉人[12]所养，亦非草也；颂人举其强骏者言之，于义为得也。《易》曰：‘良马逐逐[13]。’《左传》云：

译文

《诗经》上说：“駉駉牡马。”江南的版本都作“牝牡”的“牡”，黄河以北的版本都作“放牧”的“牧”。邺下那些博学之士因此诘问我：“《駉颂》既然是赞美僖公在郊野放牧的事，又何必计较母马公马呢？”我回答说：“按：《毛诗传》说：‘駉駉，良马躯体肥壮的样子。’下文又说：‘诸侯有六个马厩四种马：良马、戎马、田马、驽马。’如果解释为放牧的意思，母马公马都说得通，就不仅只有良马才称得上‘駉駉’。良马，天子用来驾车，诸侯用来朝见天子或去郊外祭祀天地，一定没有母马。《周礼·圉人职》说：‘良马，一个人驾一匹。驽马，一个人驾两匹。’可见圉人所养的，也不是母马；歌颂别人放牧，应当赞美他强壮的骏马，这才从道理上说得通。《易经》说：‘良马逐逐。’《左传》

'以其良马二。'亦精骏之称，非通语也。今以《诗传》良马，通于牧草，恐失毛生[14]之意，且不见刘芳《义证》乎？"

说：'以其良马二。'也都是指精壮的良马，不是泛指一般的马。现在把《毛诗传》上说的良马理解成牧马和母马，恐怕有违毛公的本意，况且你们没有看过刘芳《毛诗笺音义证》上说的吗？"

注释

1 駉(jiōng)駉牡马：见《诗经·鲁颂·駉》。駉駉，马肥壮的样子。

2 牝牡：鸟兽的雌性和雄性。

3 坰(jiōng)：离城远的郊野。

4 草骘(cǎo zhì)：母马和公马。

5 肥张：肥壮貌。

6 闲：马厩。《周礼·夏官·校人》："天子十有二闲，马六种；邦国六闲，马四种；家四闲，马二种。"

7 驽马：劣马。

8 玉辂：古代帝王所乘之车，以玉为饰。

9 朝聘：古代诸侯亲自或派使臣按期朝见天子。

10 郊祀：古代于郊外祭祀天地。郊谓大祀，祀为群祀。

11 丽：偶，双。

12 圉(yǔ)人：养马的人。

13 逐逐：急速奔跑的样子。

14 毛生：毛亨、毛苌，曾为《诗经》作注，称为《毛传》。

原文

《月令》云："荔挺出。"郑玄注云："荔挺，马薤[1]也。"《说

译文

《礼记·月令》上说："荔挺出。"郑玄注释说："荔挺，就是马薤。"

文》云："荔，似蒲[2]而小，根可为刷。"《广雅》云："马薤，荔也。"《通俗文》亦云马蔺。《易统通卦验玄图》云："荔挺不出，则国多火灾。"蔡邕《月令章句》云："荔似挺。"高诱注《吕氏春秋》云："荔草挺出也。"然则《月令注》荔挺为草名，误矣。河北平泽[3]率生之。江东颇有此物，人或种于阶庭，但呼为旱蒲，故不识马薤。讲《礼》者乃以为马苋；马苋堪食，亦名豚耳，俗名马齿。江陵尝有一僧，面形上广下狭；刘缓幼子民誉，年始数岁，俊晤善体物[4]，见此僧云："面似马苋。"其伯父縚因呼为荔挺法师。縚亲讲《礼》名儒，尚误如此。

《说文》上说："荔，像蒲但是较小，根可以做刷子。"《广雅》上说："马薤，就是荔。"《通俗文》也称它为马蔺。《易统通卦验玄图》说："如果荔挺不发芽，国家就会多火灾。"蔡邕的《月令章句》上说："荔似挺。"高诱注解《吕氏春秋》说："荔草发芽冒出。"如此看来，郑玄的《月令注》把荔挺当作草名，是错误的。这种草在黄河以北一带的沼泽随处可见。江东地区则比较少见，有人把它种在庭院里，但是把它叫作旱蒲，所以不知道马薤是什么。讲论《礼记》的人竟把荔当作马苋；马苋可以食用，又叫豚耳，俗名马齿。江陵曾经有一名僧人，脸形上宽下窄；刘缓的小儿子民誉，才几岁大，聪明异常，善于描摹事物，他看到这名僧人就说："他的脸像马苋。"他的伯父刘縚因此称这名僧人为荔挺法师。刘縚本人是讲解《礼记》的名家，还会错到这种地步。

注释

1 马薤(xiè)：草本植物名，又名荔挺，可入药。

2 蒲：多年生草本植物。

3 平泽：湖泊，沼泽。

4 体物：描述事物，摹状事物。

原文

《诗》云："将其来施施。"[1]《毛传》云："施施，难进之意。"郑《笺》[2]云："施施，舒行皃也。"《韩诗》[3]亦重为施施。河北《毛诗》皆云施施。江南旧本，悉单为施，俗遂是之，恐为少误。

译文

《诗经》上说："将其来施施。"《毛传》解释说："施施，难以前进的意思。"郑《笺》解释说："施施，缓缓行走的样子。"《韩诗》也重叠为"施施"二字。黄河以北流传的《毛诗》都写作"施施"。江南地区的旧版本，全都写作一个"施"字，一般人就认为这是正确的，其实恐怕有些不对。

注释

1 将其来施施：见《诗经·王风·丘中有麻》。

2 郑《笺》：郑玄撰《〈毛诗传〉笺》的简称。

3《韩诗》：汉初韩婴撰，《汉书·艺文志》著录《内传》四卷、《外传》六卷，南宋以后，仅存《外传》。清赵怀玉曾辑《内传》佚文，附于《外传》之后。

原文

《诗》云："有渰萋萋，兴云祁祁。"[1]《毛传》云："渰，阴云皃。萋萋，云行皃。祁祁，徐皃也。"《笺》云："古者，阴阳和，风雨时，其来祁祁然，不暴疾也。"案：渰已

译文

《诗经》上说："有渰萋萋，兴云祁祁。"《毛传》解释说："渰，阴云的样子。萋萋，云移动的样子。祁祁，缓缓移动的样子。"郑《笺》解释说："古时候，阴阳调和，风雨及时，它们缓缓到来，不暴烈迅猛。"按：既然"渰"已

是阴云，何劳复云“兴云祁祁”耶？“云”当为“雨”，俗写误耳。班固《灵台诗》云：“三光宣精，五行布序，习习祥风，祁祁甘雨。”此其证也。

经指阴云，又何必重复说“兴云祁祁”呢？这个“云”应该是“雨”字，是流传过程中出现的抄写错误。班固的《灵台诗》中说：“三光宣精，五行布序，习习祥风，祁祁甘雨。”“习习祥风”对“祁祁甘雨”，就是一个证据。

注释

1 有渰萋萋，兴云祁祁：见《诗经·小雅·大田》。

原文

《礼》云：“定犹豫，决嫌疑。”[1]《离骚》曰：“心犹豫而狐疑。”先儒未有释者。案：《尸子》[2]曰：“五尺犬为犹。”《说文》云：“陇西谓犬子为犹。”吾以为人将犬行，犬好豫在人前，待人不得，又来迎候，如此往还，至于终日，斯乃豫之所以为未定也，故称犹豫。或以《尔雅》曰：“犹如麂[3]，善登木。”犹，兽名也，既闻人声，乃豫缘木，如此上下，故称犹豫。狐之为兽，又多猜疑，

译文

《礼记》说：“定犹豫，决嫌疑。”《离骚》说：“心犹豫而狐疑。”前代的学者没有对此进行解释的。按：《尸子》说：“五尺长的犬叫作犹。”《说文》说：“陇西把犬子叫作犹。”我认为人带着狗行走，狗喜欢先走在前面，看人没有跟上来，就又返回来迎候，如此来来回回，直到最后，这就是“豫”字有游移不定这一层含义的来历，所以叫作犹豫。或者依据《尔雅》所说：“犹长得像麂，善于攀登树木。”犹是一种野兽的名字，一听到人的声音，就先爬到树上，上上下下，所以叫作犹豫。狐狸是一种生性多疑的野兽，所以要听到冰

故听河冰无流水声，然后敢渡。今俗云："狐疑，虎卜[4]。"则其义也。

层下没有流水的声音，然后才敢渡河。现在有句俗语说："狐疑，虎卜。"就是这个意思。

注释

1 定犹豫，决嫌疑：见《礼记·曲礼》，原文作"决嫌疑，定犹与"。犹豫为双声字，以声取义而无本字，故或作"由豫""游预""游豫""犹夷""犹与"。颜之推的论证是片面的。

2《尸子》：《隋书·经籍志》："《尸子》二十卷、目一卷。……秦相卫鞅上客尸佼撰。"

3 麂(jǐ)：哺乳动物的一属，像鹿，腿细而有力，善于跳跃，皮很软，可以制革。通称"麂子"。

4 虎卜：一种占卜方法。《太平御览》卷八九二引晋张华《博物志》："虎知冲破，又能画地卜。今人有画物上下者，推其奇偶，谓之虎卜。"

原文

《左传》曰："齐侯痎，遂痁。"《说文》云："痎，二日一发之疟。痁，有热疟也。"案：齐侯之病，本是间日一发，渐加重乎故，为诸侯忧也。今北方犹呼痎疟，音皆。而世间传本多以痎为疥，杜征南[1]亦无解释，徐仙民音介，俗儒就为通云："病疥，令人恶寒，变而

译文

《左传》说："齐侯痎，遂痁。"《说文》说："痎，两天发作一次的疟疾。痁，会发热的疟疾。"按：齐侯的病，本来是隔天发作一次，因为病情逐渐加重的缘故，成为诸侯忧虑的事。现在北方还叫痎疟，读作"皆"音。而世上流传的《左传》版本，大多把痎当作疥，杜预对此也没有解释。徐仙民注音作"介"，那些浅薄的学者就以此为据，并为之解释说："生了疥疮，会使人害怕

成疟。”此臆说也。疥癣小疾，何足可论，宁有患疥转作疟乎？

寒冷，继而变成疟疾。”这完全是胡说八道。疥癣是小病，不足挂齿，哪有生了疥疮然后变成疟疾的？

注释

1 杜征南：即杜预，字元凯，京兆杜陵（今陕西西安）人，西晋时期政治家、军事家、学者，追赠征南大将军。著有《春秋左氏经传集解》及《春秋释例》等。

原文

《尚书》曰：“惟影响。”[1]《周礼》云：“土圭测影，影朝影夕。”[2]《孟子》曰：“图影失形。”[3]《庄子》云：“罔两问影。”[4]如此等字，皆当为光景之景。凡阴景者，因光而生，故即谓为景。《淮南子》呼为景柱，《广雅》云：“晷柱挂景。”并是也。至晋世葛洪《字苑》，傍始加乡，音于景反。而世间辄改治《尚书》《周礼》《庄》《孟》从葛洪字，甚为失矣。

译文

《尚书》说：“惟影响。”《周礼》说：“土圭测影，影朝影夕。”《孟子》说：“图影失形。”《庄子》说：“罔两问影。”这些“影”字，都应当写作“光景”的“景”。凡是阴影，都是因为有光才会产生，所以称作影。《淮南子》称为景柱，《广雅》说：“晷柱挂景。”都是这种情况。到了晋代，葛洪撰写《字苑》一书，才开始把“景”旁加上“彡”，读作于景反。世人于是都按照葛洪的做法，把《尚书》《周礼》《庄子》《孟子》等书中的“景”字改作“影”字，这是十分错误的。

注释

1 惟影响：见《尚书·大禹谟》。影响，影子和回声。

2 土圭测影，影朝影夕：见《周礼·地官·大司徒》："以土圭之法测土深。正日景，以求地中。日南则景短，多暑；日北则景长，多寒；日东则景夕，多风；日西则景朝，多阴。"土圭，古代用来测日影、正四时和测度土地的器具。

3 图影失形：见《孟子·外书》。

4 罔两问影：见《庄子·齐物论》。罔两，影子边缘的淡薄阴影。

原文

太公《六韬》[1]，有天陈[2]、地陈、人陈、云鸟之陈。《论语》曰："卫灵公问陈于孔子。"[3]《左传》："为鱼丽之陈。"[4]俗本多作阜傍车乘之车。案诸陈队，并作陈、郑[5]之陈。夫行陈之义，取于陈列耳，此六书[6]为假借也，《苍》《雅》及近世字书，皆无别字；唯王羲之[7]《小学章》，独阜傍作车，纵复俗行，不宜追改《六韬》《论语》《左传》也。

译文

姜太公的《六韬》一书，有天陈、地陈、人陈、云鸟之陈，《论语》说："卫灵公问陈于孔子。"《左传》："为鱼丽之陈。"俗本都把这几个"陈"字写成"阜"旁加"车乘"的"车"字。按：各种表示军陈的，都应该写作陈、郑的"陈"。行陈中的"陈"字，意思是陈列，这在"六书"中属于假借。《苍颉篇》《尔雅》以及近代的字书，都没有别的写法。只有王羲之在《小学章》中将"陈"字写作"阜"旁加"车"字，即使是俗体流行，也不应该追改《六韬》《论语》《左传》等经典中的"陈"字。

注释

1 太公：即姜子牙，姜姓，吕氏，名尚，一名望，字子牙，军事家、政治家。

被周文王封为“太师”，称“太公望”，俗称太公。《六韬》：《隋书·经籍志》：“太公《六韬》五卷。”即《文韬》《武韬》《龙韬》《虎韬》《豹韬》《犬韬》。

2 陈(zhèn)：战阵，行列。

3 卫灵公问陈于孔子：见《论语·卫灵公》。

4 为鱼丽之陈：见《左传·桓公五年》。

5 陈、郑：国名。

6 六书：古代分析汉字而归纳出的六种体例，即指事、象形、形声、会意、转注、假借。

7 王羲之：字逸少，琅邪(今山东临沂)人。东晋书法家，有“书圣”之称。

原文

《诗》云：“黄鸟于飞，集于灌木。”[1]《传》云：“灌木，丛木也。”此乃《尔雅》之文，故李巡[2]注曰：“木丛生曰灌。”《尔雅》末章又云：“木族生为灌。”族亦丛聚也。所以江南《诗》古本皆为丛聚之丛，而古丛字似冣字[3]，近世儒生，因改为冣，解云：“木之冣高长者。”案：众家《尔雅》及解《诗》无言此者，唯周续之[4]《毛诗注》，音为徂会反，刘昌宗[5]《诗注》，音为在公

译文

《诗经》说：“黄鸟于飞，集于灌木。”《毛诗传》解释说：“灌木，就是丛生的树木。”这是根据《尔雅》做出的解释，所以李巡注释说：“树木丛生叫作灌。”《尔雅》的末章又说：“树木族生叫作灌。”族就是丛聚的意思。所以江南流传的《诗经》古本都写成“丛聚”的“丛”字，古“丛”字像“冣”字，近代的儒生因此将“丛”字改成“冣”字，解释为“树木中最高大的”。按：各家的《尔雅》和《诗经》注解都没有这种说法，只有周续之的《毛诗注》将这个字注音作徂会反，刘昌宗的《诗注》注音作在公反，又作徂会反：这些都是

反，又祖会反：皆为穿凿，失《尔雅》训也。

穿凿附会的说法，违背了《尔雅》的注释。

注释

1 见《诗经·周南·葛覃》。
2 李巡：汝南汝阳（今河南商水）人，东汉末年宦官。曾著《尔雅注》。
3 古丛字似冣字：古“丛”字写作“菆”“藂”，与“冣”字相像。冣，古同“最”，为“最”的异体字。
4 周续之：字道祖，南朝宋学者。
5 刘昌宗：东晋时期经学家。

原文

“也”是语已[1]及助句之辞，文籍备有之矣。河北经传[2]，悉略此字，其间字有不可得无者，至如“伯也执殳”[3]“于旅也语”[4]“回也屡空”[5]“风，风也，教也”[6]，及《诗传》云：“不戢，戢也；不傩，傩也。”[7]“不多，多也。”[8]如斯之类，傥削此文，颇成废阙。《诗》言：“青青子衿。”[9]《传》曰：“青衿，青领也，学子之服。”按：古者，斜领下连于衿，故谓领

译文

“也”字是语末及语助语，文章典籍中随处可见。黄河以北的经书和传书都省略了这个字，其间有些是无法省略的，比如“伯也执殳”“于旅也语”“回也屡空”“风，风也，教也”，还有《毛诗传》中的：“不戢，戢也；不傩，傩也。”“不多，多也。”像这一类如果省掉“也”字，就会变成残句。《诗经》说：“青青子衿。”《毛诗传》解释说：“青衿，青色的衣领，指学子的衣服。”按：古时候，斜领下连到衣衿，所以把领叫作衿。孙炎、郭璞注释《尔雅》，班昭注释《列女传》，都说：“衿，交领

为衿。孙炎[10]、郭璞注《尔雅》，曹大家[11]注《列女传》，并云："衿，交领[12]也。"邺下《诗》本，既无"也"字，群儒因谬说云："青衿、青领，是衣两处之名，皆以青为饰。"用释"青青"二字，其失大矣！又有俗学，闻经传中时须也字，辄以意加之，每不得所，益成可笑。

也。"邺下流传的《诗经》传本，就没有"也"字，各位学者因此便荒谬地解释说："青衿、青领，是指衣服的两个部分，都以青色作为装饰。"用这个来注释"青青"二字，实在是大错特错。还有一些平庸之辈，听说经传中经常用到"也"字，就随意添加，往往加得不是地方，变得更加可笑。

注释

1 语已：语末，语尾。

2 经传：儒家经典和解释经典的传。

3 伯也执殳(shū)：见《诗经・卫风・伯兮》。殳，古代的一种武器，用竹木做成，有棱无刃。

4 于旅也语：见《仪礼・乡射礼》："古者于旅也语。凡旅，不洗。不洗者，不祭。既旅，士不入。"意思是说射礼完毕方可言语。

5 回也屡空(kòng)：见《论语・先进》："回也其庶乎，屡空。"回，颜回。屡空，常贫穷无财。

6 风，风也，教也：见《毛诗大序》。第一个"风"指《诗经》中的国风，第二个"风"通"讽"，婉转地劝告的意思。

7 不戢(jí)，戢也；不傩(nuó)，傩也：此句用来解释《诗经・小雅・桑扈》"不戢不傩"句。不，语气助词。戢，收敛，检点。傩，难。

8 不多，多也：此句用来解释《诗经・大雅・卷阿》"矢诗不多"句。

9 青青子衿：见《诗经・郑风・子衿》。

10 孙炎：字叔然，乐安（今山东博兴）人。三国时期经学家。

11 曹大家(gū):即班昭,又名姬,字惠班,扶风安陵(今陕西咸阳东北)人。班彪之女、班固之妹,东汉史学家、文学家。因嫁于曹世叔为妻,故后世亦称"曹大家"。

12 交领:古时在胸前重叠的衣领。

原文

《易》有蜀才[1]注,江南学士,遂不知是何人。王俭[2]《四部目录》,不言姓名,题云:"王弼后人。"谢炅、夏侯该[3],并读数千卷书,皆疑是谯周[4];而《李蜀书》[5]一名《汉之书》,云:"姓范名长生,自称蜀才。"[6]南方以晋家[7]渡江后,北间传记,皆名为伪书,不贵省读,故不见也。

译文

《周易》有蜀才注本,江南的学士,竟然不知道蜀才是谁。王俭的《四部目录》也没有提到他的姓名,只说是:"王弼后人。"谢炅、夏侯该都是读了数千卷书的人,都怀疑蜀才是指谯周;而《蜀李书》(一名《汉之书》)说:"姓范名长生,自称蜀才。"南方在西晋渡江之后,把北方的传记都当作伪书,不予重视,所以才会看不到《蜀李书》的这段文字。

注释

1 蜀才:《隋书·经籍志》:"《周易》十卷,蜀才注。"

2 王俭:字仲宝,琅邪临沂(今山东临沂)人。南齐文学家、目录学家,曾著《七志》《元徽四部书目》等。

3 谢炅:不详。 夏侯该:疑当作夏侯詠。夏侯詠为南朝梁时人。著有《汉书音》《四声韵略》。

4 谯周:字允南,巴西西充国(今四川阆中)人。三国时期蜀汉学者、官员,著有《法训》《五经论》等。

5 《李蜀书》:当作《蜀李书》。《蜀李书》原名《汉书》《汉之书》,为十六国成汉时期散骑常侍常璩撰。

6 见《经典释文》："蜀才注，十卷。按：《蜀李书》云：'姓范，名长生，一名贤，隐居青城山，自号蜀才。'"

7 晋家：指西晋。

原文

《礼·王制》云："裸股肱[1]。"郑注云："谓擐[2]衣出其臂胫。"今书皆作擐甲[3]之擐。国子博士萧该[4]云："擐当作擐，音宣，擐是穿著之名，非出臂之义。"案《字林》，萧读是，徐爰[5]音患，非也。

译文

《礼记·王制》说："裸股肱。"郑玄注释说："意思是捋起袖子，露出手臂和小腿。"现在的人都把"擐"字写成"擐甲"的"擐"。国子博士萧该说："'擐'字应该写作'擐'，音'宣'，'擐'是表示穿的意思，不是露出手臂的意思。"按照《字林》，萧该的读音是正确的，徐爰认为读作"患"，是错的。

注释

1 股肱(gōng)：大腿和胳膊。

2 擐(xuān)：同"揎"。捋起袖子露出胳膊。

3 擐(huàn)甲：穿上铠甲。

4 萧该：南梁兰陵(今江苏丹阳)人。著有《汉书音义》《文选音义》。

5 徐爰：字长玉，南朝宋人。著有《礼记音》二卷。

原文

《汉书》："田肎贺上。"[1]江南本皆作"宵"字。沛国刘显[2]，博览经籍，偏精班

译文

《汉书》说："田肎贺上。"江南各本都把"肎"字写作"宵"字。沛国人刘显，博览经籍，尤其精通班固的《汉

《汉》，梁代谓之《汉》圣。显子臻，不坠家业。读班史[3]，呼为田肎。梁元帝尝问之，答曰："此无义可求，但臣家旧本，以雌黄改'宵'为'肎'。"元帝无以难之。吾至江北，见本为"肎"。

书》，梁代人称他为"《汉》圣"。刘显的儿子刘臻，继承了父亲的衣钵。刘臻读《汉书》时，将"田宵"读为"田肎"。梁元帝曾询问他为什么这么读，他回答说："这并没有什么特别的含义，只是在我家里珍藏的旧本上，用雌黄把'宵'字改成了'肎'字。"梁元帝也没有办法诘难他。我到江北后，看见那里的《汉书》原本就写作"肎"。

注释

1 田肎贺上：见《汉书·高帝纪》。肎，"肯"的古字，为"肯"的异体字。

2 刘显：字嗣芳，沛国相县（今安徽濉溪）人。南朝梁诗人。

3 班史：指班固的《汉书》。

原文

《汉书·王莽赞》云："紫色蠅声，余分闰位。"盖谓非玄黄之色，不中律吕之音也。近有学士，名问甚高，遂云："王莽非直鸢髆[1]虎视，而复紫色蠅声。"亦为误矣。

译文

《汉书·王莽赞》说："紫色蠅声，余分闰位。"大意是说紫色不是正色，蛙声不合正统的音律。近来有一位学士，名望很高，竟然说："王莽不仅长着一副老鹰似的肩膀，有着老虎一般的目光，而且还肤色发紫，声音像青蛙。"这也是完全搞错了。

注释

1 鸢髆(bó)：老鹰的肩膀。

原文

简策字，竹下施朿，末代隶书，似杞、宋[1]之宋，亦有竹下遂为夹者；犹如刺字之傍应为朿，今亦作夹。徐仙民《春秋》《礼音》，遂以筴为正字，以策为音，殊为颠倒。《史记》又作悉字，误而为述，作妒字，误而为姤，裴[2]、徐、邹皆以悉字音述，以妒字音姤。既尔，则亦可以亥为豕字音，以帝为虎字音乎？

译文

简策的"策"字，是"竹"字加面加一个"朿"字，后世的隶书，都把"朿"写得像杞、宋的"宋"字，也有把"竹"字下面直接写成"夹"字的。就像"刺"字的偏旁应该是"朿"，现在也写成"夹"。徐仙民的《春秋左氏传音》《礼记音》干脆把"筴"字作为正字，以"策"作为读音，这完全是弄颠倒了。《史记》又将"悉"字误写成"述"字，"妒"字误写成"姤"字，裴骃、徐广、邹诞生都用"悉"字给"述"字注音，用"妒"字给"姤"字注音。既然如此，难道也可以用"亥"字为"豕"字注音，用"帝"字为"虎"字注音吗？

注释

1 杞、宋：国名。

2 裴：即裴骃，字龙驹，河东闻喜（今山西闻喜）人。南朝史学家。

原文

张揖云："虙，今伏羲氏也。"孟康[1]《汉书》古文注亦云："虙，今伏。"而皇甫谧云："伏羲或谓之宓羲。"按诸经史纬候[2]，

译文

张揖说："虙，今伏羲氏也。"孟康的《汉书》古文注也说："虙，今伏。"而皇甫谧却说："伏羲或谓之宓羲。"我查阅了各种经史典籍，都没有看到"宓羲"这个称号。"虙"字从"虍"，"宓"字从

遂无宓羲之号。虙字从虍，宓字从宀，下俱为必，末世传写，遂误以虙为宓，而《帝王世纪》[3]因误更立名耳。何以验之？孔子弟子虙子贱为单父[4]宰，即虙羲之后，俗字亦为宓，或复加山。今兖州永昌郡城，旧单父地也，东门有子贱碑，汉世所立，乃曰："济南伏生，即子贱之后。"是虙之与伏，古来通字，误以为宓，较可知矣。

"宀"，下面都是"必"字，后人传抄时，就把"虙"字误作"宓"，而皇甫谧的《帝王世纪》根据这个错误为伏羲另立了个名号。靠什么来验证我这个说法呢？孔子弟子虙子贱担任单父的邑宰，他就是虙羲的后代，俗字也写作"宓"，有的还在"宓"下加一个"山"字。现在的兖州永昌郡城，就是以前的单父地界，城东门有一块子贱碑，是汉代立的，碑文上说："济南人伏生，就是子贱的后代。"由此可知，"虙"字和"伏"字自古以来就是通假字，后人误把"虙"字写成"宓"字这回事，也可以明显看出来了。

注释

1 孟康：字公休，三国魏安平广宗（今河北威县东）人。

2 纬候：谶纬之书。

3《帝王世纪》：书名，晋皇甫谧撰。

4 单父：春秋鲁国邑名，故址在今山东单县南。

原文

《太史公记》曰："宁为鸡口，无为牛后。"[1]此是删《战国策》耳。案：延笃[2]《战国策音义》曰："尸，鸡中之

译文

《史记》说："宁为鸡口，无为牛后。"这是从《战国策·韩策》的"宁为鸡尸，无为牛从"这句话删节而来的。按：延笃的《战国策音义》说："尸，

主。从，牛子。”然则，“口”当为“尸”，“后”当为“从”，俗写误也。

鸡中之主。从，牛子。”既然如此，“口”字应该作“尸”字，“后(後)”字应该作“从(從)”字，通行的这种写法是错的。

注释

1《太史公记》：即《史记》。《史记》最初没有固定书名，称“太史公书”，或“太史公记”，也省称“太史公”。宁为鸡口，无为牛后：见《史记·苏秦列传》，意思是说宁愿做小而洁的鸡嘴，也不愿做大而臭的牛肛门。牛后，牛肛门。

2 延笃：字叔坚，南阳郡犨县(今河南鲁山)人，东汉官员、学者。

原文

应劭《风俗通》云：“《太史公记》：‘高渐离变名易姓，为人庸保，匿作于宋子，久之作苦，闻其家堂上有客击筑，伎痒，不能无出言。’”[1]案：伎痒者，怀其伎而腹痒也。是以潘岳《射雉赋》亦云：“徒心烦而伎痒。”今《史记》并作“徘徊”，或作“彷徨不能无出言”，是为俗传写误耳。

译文

应劭的《风俗通》说：“《史记·刺客列传》上说：‘高渐离改名易姓，藏匿在宋子县给人当杂役，久而久之，感到很劳累。有一次，他听到主人家的厅堂里有客人在击筑，技痒难耐，无法保持沉默。’”按：所谓技痒，是指身怀某种技艺想要表现，像心痒一般难耐。因此，潘岳的《射雉赋》也说：“徒心烦而技痒。”今本《史记》都把“技痒”写作“徘徊”，或者把这句话写作“彷徨不能无出言”，这是后世俗人在传抄时写错了。

注释

1 见《史记·刺客列传》。高渐离:战国时期燕国人,擅长击筑,曾在易水边为荆轲送行。后刺杀秦始皇不中,被诛。 庸保:受雇充任杂役的人。宋子:县名。治所在今河北赵县境内。 伎痒:形容擅长某种技能,遇有机会即急欲表现。

原文

太史公论英布曰:“祸之兴自爱姬,生于妒媢,以至灭国。”[1] 又《汉书·外戚传》亦云:“成结宠妾妒媢之诛。”[2] 此二“媢”并当作“媢”,媢亦妒也,义见《礼记》《三苍》。且《五宗世家》亦云:“常山宪王后妒媢。”[3] 王充《论衡》云:“妒夫媢妇生,则忿怒斗讼。”[4] 益知媢是妒之别名。原英布之诛为意[5]贲赫[6]耳,不得言媢。

译文

司马迁在《史记》中评论英布说:“祸根源自于爱姬,因妒媢而生祸患,以至于国家灭亡。”此外,《汉书·外戚传》也说:“构成了让宠妾妒媢因而遭诛杀的祸根。”这两处“媢”字都应当写作“媢”,媢也是妒的意思,其解释参见《礼记》《三苍》。况且《史记·五宗世家》也说:“常山宪王后妒媢。”王充的《论衡》说:“妒夫媢妇生,则忿怒斗讼。”更加明白“媢”是“妒”的别名了。推究英布被诛杀的原因,是他怀疑大夫贲赫与他的爱姬有染,这种情况不能用“媢”字来表示。

注释

1 见《史记·黥布列传》。英布:汉初诸侯王,六县(今安徽六安)人。曾犯法被黥面,故又称黥布。

2 指汉成帝与赵飞燕之事。

3 指常山宪王刘舜王后之事。

4 见《论衡·论死》:“妒夫媢妻,同室而处,淫乱失行,忿怒斗讼。”

5 意:怀疑。

6 贲赫:英布属地的大夫。事见《史记·黥布列传》。

原文

《史记·始皇本纪》:“二十八年[1],丞相隗林、丞相王绾等,议于海上。”诸本皆作山林之“林”。开皇二年[2]五月,长安民掘得秦时铁称权[3],旁有铜涂镌铭二所。其一所曰:“廿六年,皇帝尽并兼天下诸侯,黔首大安,立号为皇帝,乃诏丞相状、绾,法度量鼎不壹歉疑者,皆明壹之。”[4]凡四十字。其一所曰:“元年,制诏丞相斯、去疾[5],法度量,尽始皇帝为之,皆□[6]刻辞焉。今袭号而刻辞不称始皇帝,其于久远也,如后嗣为之者,不称成功盛德,刻此诏□左,使毋疑。”凡五十八字,一字磨灭,见有五十七字,了了分明。其书兼为古隶。余被敕写读之,与内

译文

《史记·秦始皇本纪》说:“二十八年,丞相隗林、丞相王绾等在海上议事。”各种版本《史记》都把隗林的“林”写作山林的“林”。开皇二年五月,长安百姓挖出秦代的铁秤砣,旁边镌刻着两块镀铜的铭文。其中一块写着:“廿六年,皇帝尽并兼天下诸侯,黔首大安,立号为皇帝,乃诏丞相状、绾,法度量则不壹嫌疑者,皆明壹之。”一共四十个字。另一块写着:“元年,制诏丞相斯、去疾,法度量,尽始皇帝为之,皆□刻辞焉。今袭号而刻辞不称始皇帝,其于久远也,如后嗣为之者,不称成功盛德,刻此诏□左,使毋疑。”一共五十八字,其中一字磨灭,可见的有五十七字,清楚明白,字体全部是古隶。我受皇帝之命摹写抄录这些铭文,和内史

史令李德林[7]对，见此称权，今在官库；其"丞相状"字，乃为状貌之"状"，爿旁作犬；则知俗作"隗林"，非也，当为"隗状"耳。

令李德林一起核对，看到过这个秤砣，它如今保存在官府的仓库里；其中"丞相状"三字中的"状"，乃是状貌的"状"，"爿"旁加"犬"；由此可知，通常所写的"隗林"是错的，正确的应该是"隗状"。

注释

1 二十八年：指秦始皇二十八年，即公元前219年。

2 开皇二年：公元582年。开皇为隋文帝年号。

3 权：秤砣。

4 鼎：“则”的古字。 歉：当为“嫌”。

5 斯：李斯，时任左丞相。 去疾：冯去疾，时任右丞相。

6 沈揆《考证》作“有”字。

7 李德林：字公辅，博陵安平(今河北安平)人。北齐时，与颜之推同在文林馆。

原文

《汉书》云："中外禔福。"[1]字当从示。禔，安也，音匙匕之匙，义见《苍》《雅》《方言》[2]。河北学士皆云如此。而江南书本，多误从手，属文者对耦[3]，并为提挈之意，恐为误也。

译文

《汉书》说："中外禔福。""禔"字应该从"礻"旁。禔的意思是安，读作"匙匕"的"匙"，含义可参见《三苍》《尔雅》《方言》。黄河以北的学士都说是这个意思。而江南的版本，"禔"字大多从"手"旁，写文章的人在写对偶句时，都把它当作提挈的意思，这恐怕是错的。

注释

1 见《汉书·司马相如传》。

2《方言》:即《辅轩使者绝代语释别国方言》,简称《方言》,是汉代训诂学一部重要的工具书,也是我国第一部汉语方言比较词汇集,作者扬雄。

3 对耦:修辞方式,用对称的字句加强语言的表达效果。又作"对偶"。

原文

或问:"《汉书》注:'为元后父名禁,故禁中为省中。'[1]何故以'省'代'禁'?"答曰:"案:《周礼·宫正》:'掌王宫之戒令纠禁。'郑注云:'纠,犹割也,察也。'李登[2]云:'省,察也。'张揖云:'省,今省詧[3]也。'然则小井、所领二反,并得训察。其处既常有禁卫省察,故以'省'代'禁'。詧,古察字也。"

译文

有人问:"《汉书·明帝纪》的注文说:'因为孝元皇后的父亲名禁,所以把禁中改为省中。'为什么要用'省'字代替'禁'字呢?"我回答说:"按:《周礼·宫正》说:'掌王宫之戒令纠禁。'郑玄注解说:'纠,犹割也,察也。'李登云:'省,察也。'张揖云:'省,今省詧也。'那么小井、所领这两个反切音的'省'字,都可以解释作'察'。禁中既然经常有禁卫省察,所以就用'省'来代替'禁'。詧,就是古'察'字。"

注释

1 见《汉书·明帝纪》"共养省中"句注文。

2 李登:三国魏左校令。

3 詧(chá):同"察","察"的异体字。

原文

《汉明帝纪》[1]:"为四姓

译文

《后汉书·明帝纪》说:"为四姓

小侯[2]立学。”按：桓帝加元服[3]，又赐四姓及梁、邓小侯帛，是知皆外戚也。明帝时，外戚有樊氏、郭氏、阴氏、马氏为四姓。谓之小侯者，或以年小获封，故须立学耳。或以侍祠猥朝[4]，侯非列侯[5]，故曰小侯，《礼》云：“庶方小侯。”[6]则其义也。

小侯立学。”按：汉桓帝行冠礼，又赐给四姓及梁、邓小侯丝帛，由此可知，他们都是外戚。汉明帝时，外戚有樊氏、郭氏、阴氏、马氏这四姓。之所以称为小侯，可能是因为获封时年纪尚小，所以需要为他们建立学校。也可能是因为他们本身是侍祠侯、猥朝侯之类的身份，爵位不属于列侯，所以称为小侯，《礼记》说：“庶方小侯。”就是指此义。

注释

1 《汉明帝纪》：指《后汉书·明帝纪》。

2 小侯：旧时称功臣子孙或外戚子弟之封侯者。以其非列侯，故称。四姓小侯，指东汉明帝外戚樊、郭、阴、马四姓的子弟。

3 元服：指冠。古称行冠礼为加元服。

4 侍祠：即侍祠侯。东汉置，为列侯之一，无朝位，掌陪祭。猥朝：即猥朝侯，又称猥诸侯。汉代，王子封为侯者称诸侯；群臣异姓以功封者称彻侯。在长安者，皆奉朝请。其有赐特进者，位在三公下，称朝侯。位次九卿下者，但侍祠而无朝位，称侍祠侯。其非朝侯侍祠，而以下土小国或以肺腑宿亲，若公主子孙，或奉先侯坟墓在京师者，随时见会，称猥诸侯。

5 列侯：汉代所封的爵位。异姓功臣受封为侯者称为“列侯”。

6 庶方小侯：见《礼记·曲礼下》：“庶方小侯，入天子之国曰某人，于外曰子，自称曰孤。”

原文

《后汉书》云："鹳雀衔三鳝鱼。"[1]多假借为鳣鲔[2]之鳣；俗之学士，因谓之为鳣鱼。案：魏武《四时食制》[3]："鳣鱼大如五斗奁[4]，长一丈。"郭璞注《尔雅》："鳣长二三丈。"安有鹳雀能胜一者，况三乎？鳣又纯灰色，无文章也。鳝鱼长者不过三尺，大者不过三指，黄地黑文；故都讲[5]云："蛇鳝，卿大夫服之象也。"[6]《续汉书》及《搜神记》亦说此事，皆作"鳝"字。孙卿云："鱼鳖鳅鳣。"[7]及《韩非》《说苑》皆曰："鳣似蛇，蚕似蠋[8]。"并作"鳣"字。假"鳣"为"鳝"，其来久矣。

译文

《后汉书》说："鹳雀衔三鳝鱼。""鳝"字大多假借为鳣、鲔的"鳣"字；那些普通的学者，因此把鳝鱼称为鳣鱼。按：魏武帝的《四时食制》说："鳣鱼大如五斗奁，长一丈。"郭璞的《尔雅》注文说："鳣长二三丈。"鹳雀怎么可能衔得起一条这么大的鱼，何况是三条呢？并且鳣鱼纯灰色，没有花纹。鳝鱼长不超过三尺，宽不超过三指，黄底黑纹；所以都讲说："蛇鳝是卿大夫衣服的花色。"《续汉书》和《搜神记》也提到这件事，都写作"鳝"字。荀子说："鱼鳖鳅鳣。"还有《韩非子》《说苑》都说："鳣像蛇，蚕像蠋。"都将"鳝"字写作"鳣"。可见"鳣"假借作"鳝"，由来已久了。

注释

1 见《后汉书·杨震传》。

2 鳣(zhān)：即鲟鳇鱼。 鲔(wěi)：即鲔鱼。

3《四时食制》：书名。未见著录。

4 奁(lián)：古代盛梳妆用品的匣子。

5 都讲：古代学舍中协助博士讲经的儒生。选择成绩优良者充任。

6 见《后汉书·杨震传》:"杨震字伯起,弘农华阴人也。……常客居于湖,不答州郡礼命数十年。……后有冠雀衔三鳣鱼,飞集讲堂前,都讲取鱼进曰:'蛇鳣者,卿大夫服之象也;数三者,法三台也。先生自此升矣。'"

7 见《荀子·富国》。 鳝:旧同"鳅"。

8 蠋(zhú):蝴蝶、蛾等昆虫的幼虫。

原文

《后汉书》:"酷吏樊晔为天水郡守,凉州为之歌曰:'宁见乳虎穴,不入冀府寺。'"[1]而江南书本"穴"皆误作"六"。学士因循,迷而不寤。夫虎豹穴居,事之较者,所以班超云:"不探虎穴,安得虎子?"[2]宁当论其六七耶?

译文

《后汉书》:"酷吏樊晔为天水郡守,凉州为之歌曰:'宁见乳虎穴,不入冀府寺。'"而江南的版本都把"穴"字误写成"六"字。学者们沿袭这个错误,执迷不悟。虎豹住在洞穴中,这是明显的事,所以班超说:"不探虎穴,安得虎子?"难道是在说老虎是六只还是七只吗?

注释

1 见《后汉书·酷吏传》。 樊晔:字仲华,南阳新野(今河南新野)人。

2 见《后汉书·班超传》。 班超:字仲升,扶风安陵(今陕西咸阳东北)人。东汉军事家、外交家,史学家班彪之子。

原文

《后汉书·杨由传》云:"风吹削肺[1]。"此是削札牍[2]之柿耳。古者,书误则削之,

译文

《后汉书·杨由传》说:"风吹削肺。"这个"肺"是指削札牍的"柿"。古时候,书写错误时就把错字削掉,

故《左传》云“削而投之”[3]是也。或即谓札为削，王褒《童约》曰：“书削代牍。”苏竟书云：“昔以摩研编削之才。”[4]皆其证也。《诗》云：“伐木浒浒。”[5]《毛传》云：“浒浒，柿貌也。”史家假借为肝肺字，俗本因是悉作脯腊之脯，或为反哺之哺。学士因解云：“削哺，是屏障之名。”既无证据，亦为妄矣！此是风角占候[6]耳。风角书曰：“庶人风者，拂地扬尘转削。”[7]若是屏障，何由可转也？

所以《左传》说“削而投之”就是这个意思。也有把“札”叫作“削”的，王褒的《童约》说：“书削代牍。”苏竟在书信中说：“昔以摩研编削之才。”这些都是以“札”作“削”的证据。《诗经》说：“伐木浒浒。”《毛传》说：“浒浒，柿貌也。”史官们把“柿”字假借为肝肺的“肺”字，俗本便都写成脯腊的“脯”字，有的写成反哺的“哺”字。学者们因此解释说：“削哺，是屏障之名。”这种说法毫无根据，荒谬之极。它讲的是通过占验四方之风和观察天象以预测吉凶。风角书上说：“庶人风者，拂地扬尘转削。”如果“削”字表示屏障，风怎么吹得动呢？

注释

1 削肺：削札牍时削下的碎片。

2 牍：古代写字用的木片。

3 见《左传·襄公二十七年》。

4 苏竟：字伯况，扶风平陵（今陕西咸阳东北）人。东汉学者。 摩研：切磋研究。 编削：编次简册。事见《后汉书·苏竟传》。

5 见《诗经·小雅·伐木》。 浒浒：伐木声。

6 风角：古代占卜之法。 占候：视天象变化以附会人事，预言吉凶。

7 风角书：讲风角占候方法的书。 庶人风：卑劣之风。此处引文无考，《隋书·经籍志》著录有《风角要占》十二卷。

原文

《三辅决录》云:“前队大夫[1]范仲公,盐豉蒜果共一筒。”“果”当作魏颗[2]之“颗”。北土通呼物一凷,改为一颗,蒜颗是俗间常语耳。故陈思王《鹞雀赋》曰:“头如果蒜,目似擘[3]椒。”又《道经》云:“合口诵经声璅璅,眼中泪出珠子碟。”[4]其字虽异,其音与义颇同。江南但呼为蒜符,不知谓为颗。学士相承,读为裹结之裹,言盐与蒜共一苞裹,内筒中耳。《正史削繁》[5]音义又音蒜颗为苦戈反,皆失也。

译文

《三辅决录》说:“前队大夫范仲公,盐豉蒜果共一筒。”这个“果”字应该写作魏颗的“颗”字。北方地区通常把一块东西称为一颗,蒜颗是民间的常用语。所以陈思王曹植的《鹞雀赋》中说:“头如果蒜,目似擘椒。”此外,《老子化胡经》说:“合口诵经声璅璅,眼中泪出珠子碟。”字形虽然不同,但读音和含义却基本一样。江南地区只知道叫蒜符,不知道叫蒜颗。学者们前后沿袭,读成裹结的“裹”,认为这句话的意思是说范仲公将盐和蒜包裹在一起,放进筒中。《正史削繁》音义又把蒜颗的“颗”注音为苦戈反,这些都是错误的。

注释

1 前队大夫:指南阳郡太守。前队,即南阳郡,为王莽时期设置的六个行政区之一。

2 魏颗:春秋时期晋国大臣。

3 擘:裂开,分开。

4 《道经》:指《老子化胡经》,西晋道士王浮撰。 璅璅(suǒ):形容细碎的声音。“璅”,同“琐”。 碟:颗粒。同“颗”。

5 《正史削繁》:《隋书·经籍志》:“《正史削繁》九十四卷,阮孝绪撰。”

原文

有人访吾曰:"《魏志》蒋济上书云'弊攰之民',是何字也?"[1] 余应之曰:"意为攰即是皷倦之皷耳。张揖、吕忱并云:'支傍作刀剑之刀,亦是剞字。'不知蒋氏自造支傍作筋力之力,或借剞[2]字,终当音九伪反。"

译文

有人询问我:"《魏志》中蒋济上书说'弊攰之民',这个'攰'是什么字?"我回答说:"按照这句话的意思来看,'攰'字就是皷倦的'皷'字。张揖和吕忱都说:'"支"旁加上刀剑的"刀",也就是"剞"字。'不知道是蒋济自己把'支'旁加了个筋力的'力'字,还是假借了'剞'字,不管怎么说,这个字都应该读成九伪反。"

注释

1 见《三国志·魏书·蒋济传》。 蒋济:字子通,楚国平阿(今安徽怀远)人,三国魏大臣。 攰(guì):精疲力尽。

2 剞(jī):雕刻用的曲刀。"剞"与"刘"音义相同,"刘"与"攰"字形相近。所以有"攰""剞"假借之说。

原文

《晋中兴书》:"太山羊曼,常颓纵任侠,饮酒诞节,兖州号为黠伯。"[1] 此字皆无音训。梁孝元帝常谓吾曰:"由来不识。唯张简宪[2]见教,呼为嚃[3]羹之嚃。自尔便遵承之,亦不知所出。"

译文

《晋中兴书》说:"太山羊曼,放纵任侠,好饮酒,不拘小节,兖州人称他为黠伯。"这个"黠"字从没有人注释过。梁孝元帝曾经对我说:"我一直不认识这个字。只有张简宪曾教过我,说是嚃羹的'嚃'字。从那以后我便遵从这个读音,只是依然不知道它的

简宪是湘州刺史张缵谥也，江南号为硕学。案：法盛[4]世代殊近，当是耆老[5]相传；俗间又有䵚䵚语，盖无所不施，无所不容之意也。顾野王《玉篇》[6]误为黑傍沓。顾虽博物，犹出简宪、孝元之下，而二人皆云重边。吾所见数本，并无作黑者。重沓是多饶积厚之意，从黑更无义旨。

出处。”简宪是湘州刺史张缵的谥号，江南地区称他为大学者。按：何法盛所处的时代与我们很近，那个“䵚”字应该是老人们传下来的；民间还有“䵚䵚”这个词，大致是无所不施、无所不容的意思。顾野王的《玉篇》误写成“黑”旁加“沓”字。顾野王虽然博学，但学识水平依然在张简宪、孝元帝之下，而他们二人都说是“重”字边。我看过的几种版本，都没有写成“黑”字旁的。重沓是丰饶深厚的意思，如果写作“黑”字旁，就没有什么意义了。

注释

1《晋中兴书》:《隋书·经籍志》:“《晋中兴书》七十八卷，起东晋，宋湘东太守何法盛撰。” 羊曼：字祖延，泰山南城人(今山东平邑)，东晋名士。 诞节：放纵不拘。 䵚(tà)：放纵豁达。

2 张简宪：即张缵，字伯绪，范阳方城(今河北固安)人，谥简宪。

3 嚃(tà)：囫囵吞咽。

4 法盛：即《晋中兴书》的作者何法盛。

5 耆(qí)老：老人。多指德高望重者。

6《玉篇》：字书，顾野王撰。顾野王，字希冯，吴郡吴(今江苏苏州)人，仕梁陈两朝。

原文

《古乐府》歌词，先述

译文

《古乐府·相逢行》的歌词，先记

三子，次及三妇，妇是对舅姑之称。其末章云："丈人且安坐，调弦未遽央。"[1]古者，子妇供事舅姑，旦夕在侧，与儿女无异，故有此言。丈人亦长老之目，今世俗犹呼其祖考为先亡丈人。又疑"丈"当作"大"，北间风俗，妇呼舅为大人公。"丈"之与"大"，易为误耳。近代文士，颇作《三妇诗》，乃为匹嫡[2]并耦己之群妻之意，又加郑、卫之辞，大雅君子[3]，何其谬乎？

述三个儿子，其次记述三个媳妇，媳妇这个称呼是相对公婆而言的。最后一句说："丈人且安坐，调丝未遽央。"古时候，媳妇侍奉公婆，早晚都在身旁，和儿女没有两样，所以才会这样说。丈人也是对老年人的称呼，现在民间还是把已故的祖、父称为先亡丈人。我又怀疑这里的"丈"字应该是"大"字，北方地区的风俗，媳妇称呼公公为大人公。"丈"字和"大"字相近，是很容易写错的。近代的文士，喜欢写《三妇诗》，内容却是写缔结婚姻并与自己的妻妾配对成双的事，又加入一些淫词艳语，这些大雅君子们，怎么会这样荒谬呢？

注释

1 所引为《乐府诗集·清调曲·相逢行》："相逢狭路间，道隘不容车。不知何年少？夹毂问君家。君家诚易知，易知复难忘；黄金为君门，白玉为君堂。堂上置樽酒，作使邯郸倡。中庭生桂树，华灯何煌煌。兄弟两三人，中子为侍郎。五日一来归，道上自生光。黄金络马头，观者盈道傍。入门时左顾，但见双鸳鸯。鸳鸯七十二，罗列自成行。音声何噰噰，鹤鸣东西厢。大妇织绮罗，中妇织流黄。小妇无所为，挟瑟上高堂。丈人且安坐，调丝未遽央。"丈人：这里指丈夫的父亲，即公公。遽(jù)：仓促，急促。

2 匹嫡：缔结婚姻。

3 大雅君子：品德高尚、才学优异的人。

原文

《古乐府》歌百里奚[1]词曰："百里奚，五羊皮。忆别时，烹伏雌[2]，吹扊扅[3]；今日富贵忘我为！"[4]"吹"当作炊煮之"炊"。案：蔡邕《月令章句》曰："键[5]，关牡[6]也，所以止扉，或谓之剡移。"然则当时贫困，并以门牡木作薪炊耳。《声类》作扊，又或作扂。

译文

《古乐府》歌咏百里奚的歌词说："百里奚，五羊皮。忆别时，烹伏雌，吹扊扅；今日富贵忘我为！"这里的"吹"字应该写作炊煮的"炊"。按：蔡邕《月令章句》说："键，就是关牡，用它来闩门，又叫作剡移。"由此可见，百里奚当时很贫困，妻子用木门闩当柴火为他做了一顿饭。《声类》把它写成"扊"，也有的写成"扂"。

注释

1 百里奚：姜姓，百里氏，名奚，字里，春秋虞国人，或作春秋楚国宛（今河南南阳）人。曾做虞国大夫，晋灭虞时被俘，后出逃，被楚人抓获，秦穆公用五张羊皮将他赎回，所以被称"五羖大夫"。后辅佐秦穆公，成为一代贤臣。

2 伏雌：母鸡。

3 扊扅（yǎn yí）：门闩。

4 据《乐府题解》引《风俗通》记载：百里奚为秦相后，其妻杜氏为洗衣妇。这首词是杜氏在相府宴会上演唱的歌词，百里奚据此与妻子相认。

5 键：竖着插的门闩。

6 关牡：门闩。

原文

《通俗文》,世间题云“河南服虔字子慎造”。虔既是汉人,其叙乃引苏林、张揖;苏、张皆是魏人。且郑玄以前,全不解反语[1],通俗反音,甚会[2]近俗。阮孝绪[3]又云“李虔所造”。河北此书,家藏一本,遂无作李虔者。《晋中经簿》及《七志》[4],并无其目,竟不得知谁制。然其文义允惬,实是高才。殷仲堪[5]《常用字训》,亦引服虔《俗说》,今复无此书,未知即是《通俗文》,为当有异?近代或更有服虔乎?不能明也。

译文

《通俗文》这本书,世间的刻本都写作“河南服虔字子慎造”。服虔既然是汉代人,这本书的序却引用了苏林、张揖的话,苏、张二人都是三国时期魏国人。况且在郑玄以前,学者都不了解反切,《通俗文》中的反切用法,和近代的非常吻合。阮孝绪又说“李虔所造”。在黄河以北地区,家家都有这本书,没有一本题作李虔的。《晋中经簿》和《七志》都没有这本书的条目,最终无法确定是谁撰写的。然而该书文义妥帖恰当,作者实在不同凡响。殷仲堪的《常用字训》也引用了服虔的《俗说》,这本书现在已经失传,不知道是否就是《通俗文》,或者是另外一本书?又或者另有一个叫服虔的人?这个问题无法确定。

注释

1 反语:即反切。古代一种注音方法。

2 会:符合,吻合。

3 阮孝绪:字士宗,南朝梁人,著有《七录》。

4 《晋中经簿》:即《中经新簿》,三国魏荀勖撰。《七志》:南朝齐王俭撰。二书均为图书目录。

5 殷仲堪：陈郡长平（今河南西华）人，东晋大臣，著有《常用字训》，已佚。

原文

或问："《山海经》，夏禹及益[1]所记，而有长沙、零陵、桂阳、诸暨[2]，如此郡县不少，以为何也？"答曰："史之阙文[3]，为日久矣；加复秦人灭学[4]，董卓焚书，典籍错乱，非止于此。譬犹《本草》[5]神农所述，而有豫章、朱崖、赵国、常山、奉高、真定、临淄、冯翊[6]等郡县名，出诸药物；《尔雅》周公所作，而云'张仲孝友'[7]；仲尼修《春秋》，而《经》[8]书孔丘卒；《世本》左丘明[9]所书，而有燕王喜[10]、汉高祖；《汲冢琐语》[11]，乃载《秦望碑》[12]；《苍颉篇》李斯所造，而云'汉兼天下，海内并厕，豨黥韩覆，畔讨灭残'[13]；《列仙传》刘向所造，而《赞》云七十四

译文

有人问我："《山海经》这本书，据传是由夏禹和伯益记述的，但书中却有不少像长沙、零陵、桂阳、诸暨等秦汉时设置的郡县地名，这是为什么呢？"我回答说："史书中的阙文，由来已久；加上秦始皇焚书坑儒，董卓焚烧书籍，造成典籍错乱，所产生的问题远不止你所说的这些。比如《神农本草经》是神农所作，书中提到的药物产地却有豫章、朱崖、赵国、常山、奉高、真定、临淄、冯翊等汉代郡县地名；《尔雅》是周公所作，书中却有'张仲孝友'的事；孔子修订《春秋》，《春秋左氏传》中却提到孔子去世的事；《世本》是左丘明所作，书中却记载了燕王喜、汉高祖的事迹；《汲冢琐语》成书于战国时期，却记载了《秦望碑》；《苍颉篇》是李斯所作，却有'汉兼天下，海内并厕，豨黥韩覆，畔讨灭残'这种话；《列仙传》是刘向所作，其中的《赞》却说有七十四人出自佛经；《列女传》也是刘向所作，他的儿子刘歆又写了《列女传颂》，记事终止于赵悼王后，

人出佛经[14];《列女传》亦向所造,其子歆又作《颂》[15],终于赵悼后[16],而传有更始韩夫人、明德马后及梁夫人嫕[17]:皆由后人所羼[18],非本文也。"

但是传文中却有更始韩夫人、明德马后及梁夫人嫕的事迹:这些都是后人掺杂进去的,不是原文。"

注释

1 夏禹:夏代开国君主。颛顼之孙,姓姒,号禹。因平治洪水有功,受舜禅让为天子,世称"大禹"。 益:伯益。相传助禹治水有功,禹要让位给伯益,益避居箕山之南。

2 长沙:郡名,秦置。 零陵、桂阳:郡名,汉置。 诸暨:县名,秦置。

3 阙文:原指存疑暂缺的字。后亦指有意存疑而未写出的文句。

4 秦人灭学:指秦始皇焚书坑儒。

5《本草》:《神农本草经》。

6 均为汉代郡县名。

7 张仲孝友:出自《诗经·小雅·六月》。张仲,周宣王时大臣,比周公晚百余年。

8《经》:指《春秋左氏传》。

9 左丘明:春秋时期鲁国人,与孔子同时代或在其前。相传曾任鲁国史官,著有《春秋左氏传》《国语》。

10 燕王喜:姬姓,名喜,燕孝王之子。战国时期燕国最后一任君主。

11《汲冢琐语》:晋太康二年(281),汲郡人不準盗挖魏襄王墓,得竹书数十车,中有《琐语》十一篇,为战国时期各国卜梦妖怪相书。

12《秦望碑》:指秦始皇东游秦望山时所立的碑。

13 厕:参与。 豨(xī):陈豨,汉刘邦部将,后叛乱。 韩:韩信,西汉开国功臣,后叛乱。 畔:通"叛"。这句话的意思是说:汉朝兼并天下,海内英雄竞相参与,陈豨被黥面,韩信覆灭,叛乱被讨伐,残贼被消灭。

14 颜之推认为刘向时佛教尚未传入中国,故有此语。
15《颂》:指《列女传颂》。
16 赵悼后:战国时期赵国国君赵悼襄王的王后。
17 更始韩夫人:东汉刘玄宠姬。刘玄被绿林军立为皇帝,年号更始。明德马后:汉明帝刘庄的皇后马氏,为伏波将军马援的女儿。 梁夫人嫕(yì):汉和帝刘肇之母恭怀皇后的姐姐。
18 羼(chàn):掺杂。

原文

或问曰:"《东宫旧事》[1]何以呼鸱尾[2]为祠尾?"答曰:"张敞者,吴人,不甚稽古[3],随宜记注,逐乡俗讹谬,造作书字耳。吴人呼祠祀为鸱祀,故以祠代鸱字;呼绀为禁,故以纟傍作禁代绀字;呼盏为竹简反,故以木傍作展代盏字;呼镬字为霍字,故以金傍作霍代镬字;又金傍作患为镮字,木傍作鬼为魁字,火傍作庶为炙字,既下作毛为髻字;金花则金傍作华,窗扇则木傍作扇:诸如此类,专辄[4]不少。"

译文

有人问我:"《东宫旧事》为什么把鸱尾称为祠尾?"我回答说:"张敞是吴国人,不注重考察古事,随手记述注解,遵从乡俗间的差错谬误,造作出这类文字。吴地人称'祠祀'为'鸱祀',所以就用'祠'字来代替'鸱'字;称'绀'为'禁',所以就用'纟'旁加'禁'字代替'绀'字;把'盏'字读作竹简反,所以就用'木'旁加上'展'字代替'盏'字;把'镬'字读成霍,就用'金'旁加'霍'字代替'镬'字;又用'金'旁加'患'字代替'镮'字,'木'旁加'鬼'字代替'魁'字,'火'旁加'庶'字代替'炙'字,'既'下加'毛'字代替'髻'字;金花就用'金'旁加'华'字表示;窗扇就用'木'旁加'扇'字表示:诸如此类,任意造出的字有不少。"

注释

1《东宫旧事》:书名,《隋书·经籍志》未著撰者姓名,《旧唐书·经籍志》题作张敞撰。张敞,吴郡吴(今江苏苏州)人,东晋大臣。

2 鸱(chī)尾:古代宫殿屋脊正脊两端的装饰性构件。外形略如鸱尾,因称。

3 稽古:考察古事。

4 专辄:专断,专擅。

原文

又问:"《东宫旧事》'六色罽[1]缌',是何等物?当作何音?"答曰:"案:《说文》云:'莙[2],牛藻也,读若威。'《音隐》[3]:'坞瑰反。'即陆机所谓'聚藻,叶如蓬'者也。[4]又郭璞注《三苍》亦云:'蕴[5],藻之类也,细叶蓬茸生。'然今水中有此物,一节长数寸,细茸如丝,圆绕可爱,长者二三十节,犹呼为莙。又寸断五色丝,横着线股间绳之,以象莙草,用以饰物,即名为莙;于时当绀[6]六色罽,作此莙以饰绲带[7],张敞因造糸旁畏耳,宜作[8]隈。"

译文

此人又问我:"《东宫旧事》上说的'六色罽缌'是什么东西?应该怎么读呢?"我回答说:"按:《说文》说:'莙,就是牛藻,读作威音。'《说文音隐》注音为:'坞瑰反。'陆机所说的'聚藻,叶如蓬'就是指这个。此外,郭璞注解的《三苍》也说:'蕴,属于藻类,细叶,像蓬草般纤柔丛生。'现在水中有这种植物,一节长几寸,细柔如丝,回绕成圆形,十分可爱,长的有二三十节,仍然称为莙。把五色丝剪成一寸长的小节,用丝线横着从中间捆上,就像莙草一样,用它来作装饰,就叫作莙;当时都用六色罽来捆扎作成莙;作为绲带的装饰,张敞因此就造出'糸'旁加'畏'这个字来,读作隈。"

注释

1 罽(jì):羊毛织物。

2 莙:水藻名,今读作 jūn,古音君、威近似。

3《音隐》:指《说文音隐》,《隋书·经籍志》记载有《说文音隐》四卷。

4 陆机:即陆玑,三国吴吴郡(今江苏苏州)人,著有《毛诗草木鸟兽虫鱼疏》二卷。 蓬:蓬草。

5 蕴:水草名,即薀藻。“薀”,亦作“蕴”。

6 绀(gàn):原意指微带红的黑色。这里是捆、缚的意思。

7 绲带:以色丝织成的束带。

8《续家训》“作”作“音”,更加符合文意。译文从之。

原文

柏人城东北有一孤山,古书无载者。唯阚骃《十三州志》[1]以为舜纳于大麓[2],即谓此山,其上今犹有尧祠焉;世俗或呼为宣务山,或呼为虚无山,莫知所出。赵郡士族有李穆叔、季节兄弟、李普济,亦为学问,并不能定乡邑此山。余尝为赵州佐,共太原王邵读柏人城西门内碑。碑是汉桓帝时柏人县民为县令徐整所立,铭曰:“山有巏嵍[3],王乔[4]所

译文

柏人城东北有一座孤山,古书上没有相关记载。只有阚骃的《十三州志》认为舜进入大麓,指的就是这座山,山上至今还有尧祠;民间有的叫它宣务山,有的叫它虚无山,不知道究竟是什么来历。赵郡的士族中有李穆叔、李季节兄弟和李普济,他们都很有学问,但是都不能确定家乡这座山的名称。我曾经担任赵州佐吏,和太原人王邵一起解读柏人城西门内的石碑。碑是由汉桓帝时的柏人县百姓为县令徐整立的,碑铭写道:“山有巏嵍,王乔所仙。”这才知道这座山就是巏嵍山。“巏”字的出处还不知道。根据各种字书记录,

仙。”方知此巏嵍山也。巏字遂无所出。嵍字依诸字书,即旄丘[5]之旄也;旄字,《字林》一音亡付反,今依附俗名,当音权务耳。入邺,为魏收说之,收大嘉叹。值其为赵州庄严寺碑铭,因云:“权务之精。”即用此也。

“嵍”字就是旄丘的“旄”;“旄”字,《字林》给出的一种读音是亡付反,现在按照民间的通俗叫法,山名应当读作权务。我到邺城之后,把这件事讲给魏收听,魏收大为赞叹。当时正好赶上他为赵州庄严寺书写碑铭,因此便写道:“权务之精。”引用的就是我说的这个典故。

注释

1 阚(kàn)骃:字玄阴,敦煌(今属甘肃)人。南北朝时期北魏地理学家、经学家。《十三州志》:书名,又名《十三州记》,原书十卷。阚骃撰,约传至北宋以后散佚。清代学者张澍、王谟等人有辑本。

2 大麓:广大的山林。

3 巏嵍(quán wù):山名。在今河北隆尧西。

4 王乔:即周灵王太子王子晋,又称王子乔。

5 旄(máo)丘:本意指前高后低的山。

原文

或问:“一夜何故五更?更何所训?”答曰:“汉、魏以来,谓为甲夜、乙夜、丙夜、丁夜、戊夜,又云鼓,一鼓、二鼓、三鼓、四鼓、五鼓,亦云一更、二更、三更、四更、五更,皆以五为节。《西都赋》亦云:

译文

有人问我:“一夜为什么有五更?‘更’字怎么解释?”我回答说:“自汉、魏以来,把一夜分为甲夜、乙夜、丙夜、丁夜、戊夜五个时段,又叫一鼓、二鼓、三鼓、四鼓、五鼓,也叫作一更、二更、三更、四更、五更,都以五为限。班固的《西都赋》也说:

'卫以严更之署。'[1]所以尔者,假令正月建寅[2],斗柄[3]夕则指寅,晓则指午矣;自寅至午,凡历五辰[4]。冬夏之月,虽复长短参差,然辰间辽阔,盈不过六,缩不至四,进退常在五者之间。更,历也,经也,故曰五更尔。"

'卫以严更之署。'之所以这样,是因为假如把正月作为岁首,北斗七星的斗柄在日落时指向寅位,日出时则指向午位;从寅位到午位,一共经历五个时辰。冬天和夏天,白昼时间长短不一,然而斗柄一夜经过的区间,多不超过六个,少不低于四个,总在五个左右。更,是经历、经过的意思,所以称之为五更。"

注释

1《西都赋》:班固撰。 严更之署:督行更鼓的郎署。

2 建寅:夏历以寅月为岁首,称为"建寅"。

3 斗柄:北斗七星中,第五至七颗星排列成弧状,形如酒斗之柄,故称为"斗柄"。常年运转,古人即根据斗柄指向,来定时间和季节。

4 五辰:古人以十二地支表示一昼夜的十二个时辰,自寅开始,经卯、辰、巳、午,共五个时辰。

原文

《尔雅》云:"朮[1],山蓟[2]也。"郭璞注云:"今朮似蓟而生山中。"案:朮叶其体似蓟,近世文士,遂读蓟为筋肉之筋,以耦地骨[3]用之,恐失其义。

译文

《尔雅》说:"朮,就是山蓟。"郭璞注解说:"朮像蓟,生长在山中。"按:朮的叶子形状像蓟,近代的文士,就把"蓟"字读成筋肉的"筋",将"山筋"和"地骨"作为对偶,恐怕违背了它的音义。

注释

1 朮：多年生草本植物。可入药。

2 蓟(jì)：多年生草本植物。可入药。

3 耦：同“偶”，对偶。意思是说以“山筋”与“地骨”为对偶。 地骨：枸杞的别名。

原文

或问：“俗名傀儡子[1]为郭秃，有故实乎？”答曰：“《风俗通》云：‘诸郭皆讳秃。’当是前代人有姓郭而病秃者，滑稽戏调，故后人为其象，呼为郭秃，犹《文康》[2]象庾亮耳。”

译文

有人问我：“俗称傀儡子为郭秃，这里面有什么典故吗？”我回答说：“《风俗通》说：‘姓郭的都忌讳“秃”字。’应该是从前有个姓郭的人因病‘秃’头，他举止滑稽，善于调笑，所以后人就模仿他的样子制作木偶，取名叫郭秃，就好比《文康》戏中模拟庾亮那样。”

注释

1 傀儡子：即木偶戏。

2 《文康》：舞乐名，又名《礼毕》。《隋书·音乐志》：“《礼毕》者，本出自晋太尉庾亮家，亮卒，其伎追思亮，因假为其面，执翳以舞，象其容，取其谥以号之，谓之为《文康乐》。”

原文

或问曰：“何故名治狱参军为长流乎？”答曰：“《帝王世纪》云：‘帝少昊[1]崩，其神降于长流之山，于祀主

译文

有人问我：“为什么把治狱参军叫作长流呢？”我回答说：“《帝王世纪》说：‘帝少昊驾崩，他的神灵降临到长流山，掌管秋祀。’按：《周礼·秋

秋。'案:《周礼·秋官》,司寇主刑罚、长流之职,汉、魏捕贼掾[2]耳。晋、宋以来,始为参军,上属司寇,故取秋帝[3]所居为嘉名焉。"

官》记载,司寇掌管刑罚、长流的职责,就像汉、魏时期负责抓捕盗贼的官吏。晋、宋以后,才开始设置参军,上属司寇管辖,所以就把秋帝少昊所居之地拿来作为一个好名字。"

注释

1 少昊:上古五帝之一。黄帝之子,嫘祖所生,名挚,修太昊之法,故称为"少昊"。

2 掾(yuàn):辅助官吏或官署属员的通称。

3 秋帝:指少昊。

原文

客有难主人曰:"今之经典,子皆谓非,《说文》所言,子皆云是,然则许慎胜孔子乎?"主人拊掌大笑,应之曰:"今之经典,皆孔子手迹耶?"客曰:"今之《说文》,皆许慎手迹乎?"答曰:"许慎检以六文[1],贯以部分[2],使不得误,误则觉之。孔子存其义而不论其文也。先儒尚得改文从意,何况书写流传耶?必

译文

有个客人责难我说:"如今的经典,你都认为不对,而《说文》所说的,你都认为正确,如此说来,难道许慎比孔子还高明?"我拍手大笑,回答他说:"如今的经典,都是孔子的手迹吗?"客人说:"如今的《说文》,都是许慎的手迹吗?"我回答说:"许慎用'六书'来考证文字的音义,将文字按部首进行分类,使文字不会出现错误,一有错误就能发现。孔子保留文字的含义而不推究文字本身。前代的学者尚且可以更改字形,使之符合文义,何况是那

如《左传》止戈为武，反正为乏[3]，皿虫为蛊，亥有二首六身[4]之类，后人自不得辄改也，安敢以《说文》校其是非哉？且余亦不专以《说文》为是也，其有援引经传，与今乖者，未之敢从。又相如《封禅书》曰：'导一茎六穗于庖，牺双觡共抵之兽。'[5]此导训择，光武诏云'非徒有豫养导择之劳'[6]是也。而《说文》云：'禀是禾名。'[7]引《封禅书》为证；无妨自当有禾名禀，非相如所用也。'禾一茎六穗于庖'，岂成文乎？纵使相如天才鄙拙，强为此语；则下句当云'麟[8]双觡共抵之兽'，不得云牺也。吾尝笑许纯儒[9]，不达文章之体，如此之流，不足凭信。大抵服其为书，隐括[10]有条例，剖析穷根源，郑玄注书，往往引以为证；若不信其

些靠抄写流传下来的经典呢？除非像《左传》中说的那些止戈为武，反正为乏，皿虫为蛊，亥有二首六身之类，后人自然不能随便更改，怎么敢用《说文》来校订它们的对错呢？况且我也不是只把《说文》当作标准，《说文》中引用的经传原文，如果和现在通行的版本有出入，我就不敢盲从。比如司马相如的《封禅书》说：'导一茎六穗于庖，牺双觡共抵之兽。'这个'导'字应该解释为'择'，汉光武帝的诏书说'非徒有豫养导择之劳'就是这个意思。而《说文》却说：'禀是禾名。'并引用《封禅书》作为证据；不妨就当本来有一种禾叫禀，却不是司马相如文中所指。'禾一茎六穗于庖'，这句话该怎么理解呢？即使司马相如天生蠢笨，非要这么写，那么下句应该说'麟双觡共抵之兽'才对，不可能用'牺'字。我曾经嘲笑许慎是个纯粹的儒生，不了解文章的体制，像上面所说的这一类情况，就不足以令人信服。总之，我佩服许慎撰写这本书的方法，校订文字时有规范，剖析文字时能够追本溯源，郑玄注解经书时，常常引用《说文》作为证据。如果不相信许慎的说法，

说,则冥冥不知一点一画,有何意焉。”

就会糊里糊涂搞不懂文字的基本形体结构,这样读书认字又有什么意义可言呢?”

注释

1 六文:即“六书”。

2 部分:按部首分类。

3 反正为乏:古文“乏”为“正”字的反写。

4 亥有二首六身:“亥”字的篆书字形较近于描述。

5 导:通“䆃”。 牺:祭祀用的牲畜。 觡(gé):有蹄兽类的骨质实心的角。

6 见《后汉书·光武帝纪》。

7 按:段玉裁《说文解字注》认为《说文》原文是“䆃,䆃米也”,各本删掉一个“䆃”字,又把“米”字改成“禾”字,于是后世都误认为《说文》把“䆃”解释作“禾”。䆃米,是择米的意思,汉代有䆃官一职,主择米。

8 麟:《汉书·司马相如传》服虔注:“武帝获白麟,两角共一本,因以为牲也。”麟,指白麟。

9 纯儒:纯粹的儒生。

10 隐括:又作“檃栝”,用以矫正邪曲的器具。引申为校订、修正。

原文

世间小学者,不通古今,必依小篆[1],是正[2]书记;凡《尔雅》《三苍》《说文》,岂能悉得苍颉[3]本指[4]哉?亦是随代损益,互有同异。西晋已往字书,何可全非?但令体例成就,不

译文

世间那些研究文字学的人,不通晓古今变化,一定要根据小篆的字形结构来订正书籍;凡是《尔雅》《三苍》《说文》上面的文字,怎能完全表达苍颉造字时的本意?文字笔画也是随着年代变化而不断增减的,相互之间有同有异。西晋以前的字书,怎能完全

为专辄耳。考校是非，特须消息[5]。至如"仲尼居"，三字之中，两字非体，《三苍》"尼"旁益"丘"，《说文》"尸"下施"几"：如此之类，何由可从？古无二字，又多假借，以"中"为"仲"，以"説"为"悦"，以"召"为"邵"，以"閒"为"閑"：如此之徒，亦不劳改。自有讹谬，过成鄙俗，"亂"旁为"舌"，"揖"下无"耳"，"黿""鼉"从"龜"，"奮""奪"从"雚"，"席"中加"带"[6]，"惡"上安"西"，"鼓"外设"皮"，"鑿"头生"毁"，"離"则配"禹"，"壑"乃施"豁"，"巫"混"經"旁，"皋"分"澤"片，"獵"化为"獦"，"寵"变成"寵"，"業"左益"片"，"靈"底着"器"，"率"字自有"律"音，强改为别；"单"字自有"善"音，辄析成异：如此之类，

否定呢？只要它能使体例完备，不独行专断就行了。考校文字的是非，特别需要斟酌。至于像"仲尼居"三个字，有两个都不合正体，《三苍》中的"尼"字旁边加了个"丘"字，《说文》中的"居"字写成"尸"下面加个"几"字：像这种情况，又怎能去盲从呢？古代一个字没有两种写法，所以有很多假借用法，比如以"中"为"仲"，以"説"为"悦"，以"召"为"邵"，以"閒"为"閑"：像这种情况，也不用劳神去改正。有些文字自身就有错误，这种错误还成了不良习俗，比如"亂"是"舌"旁，"揖"下面没有"耳"字，"黿""鼉"都从"龜"，"奮""奪"都从"雚"，"席"中间加"带"字，"惡"上面加"西"字，"鼓"右边加"皮"字，"鑿"字头上生出"毁"字，"離"左面配上"禹"字，"壑"上面写成"豁"字，"巫"字和"經"字的"巠"旁相混淆，"皋"字写成"澤"字的右半边，"獵"写成"獦"字，"寵"变成"寵"字，"業"左边加上"片"字，"靈"下面写成"器"字，"率"字本身就有"律"这个读音，却勉强改成别的字；"单"字本身有"善"这个读音，却分写成两个不同的字：像这

不可不治。吾昔初看《说文》，蚩薄[7]世字，从正则惧人不识，随俗则意嫌其非，略[8]是不得下笔也。所见渐广，更知通变，救前之执，将欲半焉。若文章著述，犹择微相影响者行之，官曹文书，世间尺牍，幸不违俗也。

一类情况，不能不修正。我从前刚开始看《说文》时，看不起那些俗字，想要遵从正体，又怕别人不认识，想要依从俗体，又嫌它不正确，完全无法下笔。后来见识越来越广，逐渐懂得通变的道理，改正了从前过于偏执的态度，将"从正"和"随俗"结合起来。如果写文章做学问，仍然要选择使用与正体相近的字形。如果是官府的文书，或日常的书信，就不要违背通俗的用法。

注释

1 小篆：书体名。秦统一天下后，因各国语言文字互异，始皇为使文字规范化，遂令丞相李斯等人在大篆的基础上加以省改而成小篆，颁行全国成为官定的标准字体。也称为"秦篆"。

2 是正：订正，校正。

3 苍颉：即仓颉。相传为黄帝史官，我国文字的创造者。

4 指：通"旨"。

5 消息：斟酌。

6 写作"㢝"字，音 xí，通"席"。

7 蚩薄：讥笑，看不起。"蚩"，通"嗤"。

8 略：全，皆。

原文

案：弥亘[1]字从二间舟，《诗》云"亘之秬秠"[2]是也。

译文

按：弥亘的"亘"是"二"字中间夹个"舟"字，《诗经》说"亘之

今之隶书，转舟为日；而何法盛《中兴书》乃以舟在二间为舟航字，谬也。《春秋说》以人十四心为德[3]，《诗说》以二在天下为西[4]，《汉书》以货泉[5]为白水真人[6]，《新论》[7]以金昆为银，《国志》[8]以天上有口为吴，《晋书》以黄头小人为恭，《宋书》以召刀为邵，《参同契》以人负告为造：如此之例，盖数术[9]谬语，假借依附，杂以戏笑耳。如犹转贡字为项，以叱为七，安可用此定文字音读乎？潘、陆[10]诸子《离合诗》[11]《赋》《栻[12]卜》《破字经》[13]，及鲍昭[14]《谜字》，皆取会[15]流俗，不足以形声论之也。

秬秠”，就是这个“亘”字。现在的隶书，把“舟”改成“日”，何法盛的《晋中兴书》把“二”字间夹个“舟”当作舟航的“航”字，这是错误的。《春秋说》以“人十四心”为“德”字，《诗说》以“二”在“天”下为“酉”字，《汉书》以货泉为白水真人，《新论》以金昆为“银”，《三国志》以“天”上有“口”为“吴”，《晋书》以黄头小人为“恭”，《宋书》以召刀为“邵”，《参同契》以人负告为“造”：诸如此类，都是术数的荒谬言语，假借依附，夹杂着戏谑玩笑。就好比旋转“贡”字为“项”字，把“叱”字当成“七”字，怎么能用这种方式来审定文字的读音呢？潘岳、陆机等人的《离合诗》《赋》《栻卜》《破字经》以及鲍昭的《谜字》，都是迎合世俗风气的作品，不足以用规范的形声来评论它们。

注释

1 弥亘(gèn)：绵延不断。亘，古写作“亙”。

2 见《诗经 · 大雅 · 生民》。 秬秠(jù pī)：黑黍。

3 德：古写作“悳”。

4 “天”字小篆写作“[illegible]”，下面加“二”字则与“酉”字略像。

5 货泉：王莽时期的货币。
6 白水真人：把“泉”字拆为“白”“水”二字，把“货(貨)”字拆为“真(眞)”“人”二字。
7《新论》：东汉桓谭撰。
8《国志》：即《三国志》。西晋陈寿撰。
9 数术：即术数。古代关于天文、历法、占卜的学问。
10 潘、陆：指西晋文学家潘岳、陆机。
11《离合诗》：杂体诗名。体法有数种，为一种文字游戏。特点是逐字相拆合，以成诗文，汉、魏、六朝时最盛。
12 栻(shì)：古代占卜用的器具，形状像罗盘，后来叫星盘。
13《破字经》：讲拆字方法的书。
14 鲍昭：字明远，东海郡(今山东剡城)人。南朝宋文学家、诗人。
15 取会：迎合。

原文

河间[1]邢芳语吾云：“《贾谊传》[2]云：‘日中必熭[3]。’注：‘熭，暴也。’曾见人解云：‘此是暴疾之意，正言日中不须臾，卒然便昃[4]耳。’此释为当乎？”吾谓邢曰：“此语本出太公《六韬》，案字书，古者暴晒字与暴疾字相似，唯下少异，后人专辄加傍日耳。言日中时，必须暴晒，不尔

译文

河间人邢芳对我说：“《贾谊传》上说：‘日中必熭。’注解说：‘熭，暴也。’我曾经看到有人解释说：‘这是暴疾的意思，就是说太阳在正中的时间就一会儿，一下子就偏西了。’这个解释恰当吗？”我对邢芳说：“这句话本来出自太公《六韬》，根据字书，古时候暴晒的‘曓’字与暴疾的‘暴’字字形相似，只是下面有点不同，后人专断地给‘暴’加了个‘日’字旁。这句话的意思是说日中之时，必须暴晒，不然就会失去

者,失其时也。晋灼[5]已有详释。”芳笑服而退。

时机。对此晋灼已经有详细的解释。”邢芳听完以后,心服口服,笑着离开。

注释

1 河间:郡名。今河北沧州境内。
2《贾谊传》:指《汉书·贾谊传》。
3 彗(wèi):曝晒。
4 昃(zè):太阳偏西。
5 晋灼:河南人,晋尚书郎。著《汉书集解》《汉书音义》。

卷七

音辞第十八

导读

本篇主要讨论音韵学。音韵学是研究古代汉语各个历史时期声、韵、调系统及其发展规律的一门传统学问。审校一个字的读音，需结合时代、地域、口音、音律等各种因素，对学术水平要求甚高，颜之推的这篇音韵学论著，论证精辟，见解独到，是研究古代语言及发音的宝贵史料。“古今言语，时俗不同；著述之人，楚、夏各异。”自古以来，各类音韵学著作层出不穷，有的“不显声读之是非”，有的“轻重清浊，犹未可晓”，以致“各有土风，递相非笑，指马之谕，未知孰是”。颜之推提出应该以金陵、洛阳两地的语音作为正音。他剖析南北方口音的优缺点，认为读音问题应该从小就矫正，没有经过考证的物品，不能胡乱去命名。颜之推在本篇举了许多具有代表性的实例，如“好”“恶”二字在针对物体和人情时有不同的读音，“甫”字在古书中经常假借成“父”字，“焉”字根据情况分别有“于愆反”“矣愆反”两种读法，“邪”字不能读成“也”字……和上篇《书证》一样，该篇反映出颜之推在音韵学、文字学、校勘学方面的扎实功底，再次体现颜之推的学识水平和求实精神。

原文

夫九州之人，言语不

译文

全国各地的人，所说的语言都不

同，生民已来，固常然矣。自《春秋》标齐言之传，《离骚》目《楚词》之经，此盖其较明之初也。后有扬雄著《方言》，其言大备。然皆考名物之同异，不显声读之是非也。逮郑玄注《六经》，高诱解《吕览》《淮南》，许慎造《说文》，刘熹制《释名》，始有譬况[1]假借以证音字耳。而古语与今殊别，其间轻重清浊，犹未可晓；加以内言外言[2]、急言徐言[3]、读若[4]之类，益使人疑。孙叔言创《尔雅音义》[5]，是汉末人独知反语[6]。至于魏世，此事大行。高贵乡公[7]不解反语，以为怪异。自兹厥后，音韵锋出，各有土风，递相非笑，指马[8]之谕，未知孰是。共以帝王都邑，参校方俗，考核古今，为之折衷。榷而量之，独金陵与洛下

相同，这是从有人类以来，就存在的常态。自从《春秋》采用齐国语言作传，《离骚》被当作楚国语言的典范，这大概就是方言间差异的最初体现。后来扬雄编写了《方言》一书，论述非常详备。然而该书只考证事物名称的异同，不辨析读音是否正确。直到郑玄注释"六经"，高诱注解《吕览》《淮南》，许慎编《说文》，刘熹著《释名》，才开始用譬况假借的方法来注音。但是古语和现代语差别很大，语音的轻重清浊，仍然难以知晓；加上内言外言、急言徐言、读若等方法之间的细微差别，更加令人疑惑。孙叔言创作《尔雅音义》，是汉末时期唯一懂得使用反切法的。到了三国魏时期，反切法大为盛行。高贵乡公曹髦不懂反切，认为它古怪离奇。自此以后，韵书大量涌现，以各自的方言土话为标准，相互嘲笑讽刺，是非曲直，难以分辨。后来，都采用帝王都城的语言为标准，参照各地方言，考核古今语音，调和适中。商榷考量之下，只有金陵和洛阳两地的读音符合标准。南方水土和柔，所以南方人口音清脆悠扬，语速快，缺点是发音浮浅，言辞鄙俗。北方山川深厚，所以北方

耳。[9]南方水土和柔，其音清举而切诣[10]，失在浮浅，其辞多鄙俗。北方山川深厚，其音沉浊而鈋钝，得其质直，其辞多古语。然冠冕君子，南方为优；闾里小人，北方为愈。易服而与之谈，南方士庶，数言可辩；隔垣而听其语，北方朝野，终日难分。而南染吴、越，北杂夷虏，皆有深弊，不可具论。其谬失轻微者，则南人以“钱”为“涎”，以“石”为“射”，以“贱”为“羡”，以“是”为“舐”；北人以“庶”为“戍”，以“如”为“儒”，以“紫”为“姊”，以“洽”为“狎”。如此之例，两失甚多。至邺已来，唯见崔子约、崔瞻叔侄，李祖仁、李蔚兄弟，颇事言词，少为切正。李季节[11]著《音韵决疑》，时有错失；阳休之[12]造《切韵》，殊为疏野。吾家儿女，虽在孩稚，便渐

人口音低沉粗重，语速慢，言辞质朴正直，夹带很多古语。然而以官宦君子的言辞来看，南方地区更胜一筹；以市井百姓的言辞来看，则北方地区更佳。如果让大家更换服饰后相互交谈，南方地区的士人和百姓，仅凭几句话就可以分辨；但是如果是在北方地区，即使是隔着墙听一整天，也无法分辨讲话的人究竟是官宦还是平民。而南方话受到吴、越方言的影响，北方话则杂糅了外族的语言，都有很大的弊端，在这里就不一一列举了。其中错误较小的，则如南方人把“钱”读作“涎”，“石”读作“射”，“贱”读作“羡”，“是”读作“舐”；北方人把“庶”读作“戍”，“如”读作“儒”，“紫”读作“姊”，“洽”读作“狎”。在这方面，两者的差失都非常多。自到邺城以来，只见到崔子约、崔瞻叔侄和李祖仁、李蔚兄弟，对语言颇有研究，并有少量的切磋相正之论。李季节编著《音韵决疑》一书，时不时出现错误和差失；阳休之撰写《切韵》一书，更加草率粗疏。我家的儿女，虽然年幼，也要逐渐督导矫正他们的发音；孩子们哪怕一个字有差误，我都会认为是自己教导无方。谈论起

督正之；一言讹替，以为己罪矣。云为品物，未考书记者，不敢辄名，汝曹所知也。

事物名称，如果没有考证有关的书籍记录，就不敢随便称呼它们的名字，这是你们应该知道的事。

注释

1 譬况：古代一种注音方法。用近似的字来比照说明某个字的发音。

2 内言外言：譬况注音用语。内言发洪音，外言发细音。

3 急言徐言：譬况注音用语。急言发音急促，徐言发音和缓。

4 读若：古代注音用语。多用于拟声注音。

5《尔雅音义》：《隋书·经籍志》："《尔雅音》八卷……孙炎、郭璞撰。"孙炎，字叔然，乐安（今山东博兴）人，三国时期经学家。颜之推作"孙叔言"，恐误。

6 反语：此处指反切，即古代一种注音方法。反切法的基本规则是用两个字相拼给另一个字注音，切上字取声母，切下字取韵母和声调。

7 高贵乡公：曹髦，字彦士。三国时期曹魏第四位皇帝。

8 指马：战国时名家公孙龙提出"物莫非指，而指非指""白马非马"等命题，讨论名与实之间的关系。《庄子·齐物论》则谓："以指喻指之非指，不若以非指喻指之非指也，以马喻马之非马，不若以非马喻马之非马也。天地一指也，万物一马也。"谓世界是一个统一体，应各任自然，不分彼此、是非、长短、多少。后以"指马"为争辩是非的代称。

9 金陵：今南京。　洛下：洛阳。

10 切诣：发音迅急。

11 李季节：李概，字季节，赵郡平棘（今河北赵县）人。约北齐文宣帝天保中前后在世。撰《战国春秋》《音谱》。

12 阳休之：字子烈，右北平无终（今天津蓟州）人。著文集四十卷、《幽州人物志》三十卷。

原文

古今言语，时俗不同；著述之人，楚、夏[1]各异。《苍颉训诂》[2]，反“稗”为“逋卖”，反“娃”为“於乖”；《战国策》音“刎”为“免”，《穆天子传》音“谏”为“间”；《说文》音“戛”为“棘”，读“皿”为“猛”；《字林》[3]音“看”为“口甘反”，音“伸”为“辛”；《韵集》[4]以成、仍、宏、登合成两韵，为、奇、益、石分作四章；李登[5]《声类》以“系”音“羿”，刘昌宗[6]《周官音》读“乘”若“承”；此例甚广，必须考校。前世反语，又多不切，徐仙民《毛诗音》反“骤”为“在遘”，《左传音》切“椽”为“徒缘”，不可依信，亦为众矣。今之学士，语亦不正；古独何人，必应随其讹僻乎？《通俗文》曰：“入室求曰搜。”反为“兄侯”。然则“兄”当音“所荣反”。

译文

古今言语，因时俗的变化而不同；著书立说的人，也有南方和中原之间的差别。《苍颉训诂》把“稗”字反作“逋卖”，“娃”字反作“於乖”；《战国策》把“刎”注音作“免”，《穆天子传》把“谏”注音作“间”；《说文》把“戛”注音作“棘”，把“皿”读作“猛”；《字林》把“看”注音作“口甘反”，把“伸”注音作“辛”；《韵集》以成、仍、宏、登合成两韵，把为、奇、益、石分作四章；李登《声类》一书把“系”注音作“羿”，刘昌宗《周官音》一书把“乘”读作“承”；这种例子非常多，必须加以考校。前代人使用反切法，又有许多不切的，如徐仙民《毛诗音》一书把“骤”反切为“在遘”，《左传音》一书把“椽”反切为“徒缘”，都不能作为依据，这种情况也是非常多的。如今的学者，发音也有许多不对的；古人又有什么特殊之处，必须要沿袭他们的讹误呢？《通俗文》中说：“入室求曰搜。”把“搜”字反作“兄侯”。如果这样的话，“兄”字应该作“所荣反”。如今北方俗语通用这个读音，这是古代语言所不能沿

今北俗通行此音，亦古语之不可用者。玙璠，鲁人宝玉，当音“余烦”，江南皆音“藩屏”之“藩”。岐山当音为“奇”，江南皆呼为“神祇”之“祇”。江陵陷没，此音被于关中，不知二者何所承案。以吾浅学，未之前闻也。

用的例子。玙璠是鲁国的宝玉，应该读作“余烦”，但是江南都读作“藩屏”的“藩”。“岐山”的“岐”应该读作“奇”，江南都读作“神祇”的“祇”。江陵陷落后，这两个读音在关中地区流行，不知道是依据什么而来的。我学识浅薄，还没有听说过。

注释

1 楚、夏：楚，指南楚地区。夏，指诸夏，即中原地区。
2《苍颉训诂》：书名，东汉杜林撰。杜林，字伯山，扶风茂陵(今陕西兴平)人，后世尊为“小学之宗”。
3《字林》：古代字书，晋吕忱著。
4《韵集》：古代韵书，晋吕静著。吕静为吕忱之弟。
5 李登：《魏书·江式传》：“忱弟静别放故左校令李登《声类》之法，作《韵集》五卷。”《隋书·经籍志》：“《声类》十卷。魏左校令李登撰。”
6 刘昌宗：东晋人。著《周礼音》一卷(《隋书·经籍志》作三卷)，《仪礼音》一卷，《礼记音》五卷。

原文

北人之音，多以“举”“莒”为“矩”；唯李季节云：“齐桓公与管仲于台上谋伐莒，东郭牙望见桓公口开而不闭，故知所言者莒

译文

北方人的发音，大多把“举”“莒”读作“矩”；只有李季节说：“齐桓公和管仲站在高台上，商议讨伐莒国的事，东郭牙望见齐桓公的嘴巴张开而不闭上，就知道他们所说的是莒国。如果这

也。然则莒、矩必不同呼[1]。”此为知音矣。

样的话，‘莒’‘矩’二字就一定有开口合口的区别。”他真是一个通晓音韵的人。

注释

1 呼:音韵学名词。汉语音韵学家依据口、唇的形态将韵母分为开口呼、齐齿呼、合口呼、撮口呼四类，称为“四呼”。

原文

夫物体自有精粗，精粗谓之好恶；人心有所去取，去取谓之好恶。此音见于葛洪、徐邈。而河北学士读《尚书》云好生恶杀[1]。是为一论物体，一就人情，殊不通矣。

译文

物体有精细和粗劣之分，被称作“好”和“恶”；人对事物有喜好和厌恶之情，被称作“好”和“恶”。这两个读音见于葛洪和徐邈的著作。而黄河以北地区的读书人在解读《尚书》时把“好(hào)生恶(wù)杀”读作“好(hǎo)生恶(è)杀”。这样一来，“好”字取了物体好恶的音，“恶”字却取了人情好恶的音，实在是说不通。

注释

1 好生恶杀:正确的读音是“好(hào)生恶(wù)杀”，根据下文所说，文中的黄河以北的学士应该是错读为“好(hǎo)生恶(è)杀”。

原文

甫者，男子之美称，古书多假借为“父”字；北人遂无一人呼为“甫”

译文

“甫”字是对男子的美称，古书大多假借为“父”字；北方人没有一个读作“甫”音的，是因为不清楚两个字之间的

者，亦所未喻。唯管仲、范增之号[1]，须依字读耳。

假借关系。管仲号仲父，范增号亚父，只有像这种情况，才需要依本字而读作"父"音。

注释

1 管仲、范增之号：管仲，号仲父；范增，号亚父。

原文

案：诸字书，焉者鸟名，或云语词，皆音"于愆反"。自葛洪《要用字苑》分焉字音训：若训"何"训"安"，当音"于愆反"，"于焉逍遥""于焉嘉客"，"焉用佞""焉得仁"之类是也；若送句[1]及助词，当音"矣愆反""故称龙焉""故称血焉""有民人焉""有社稷焉""托始焉尔""晋、郑焉依"之类是也。江南至今行此分别，昭然易晓；而河北混同一音，虽依古读，不可行于今也。

译文

按：各类字书都把"焉"字解释为鸟名或语气助词，注音都是"于愆反"。自葛洪的《要用字苑》一书开始将"焉"字的读音加以区别：如果是表示"何""安"这两种意思，应该读作"于愆反"，比如"于焉逍遥""于焉嘉客"，"焉用佞""焉得仁"等用法；如果是用作语气词和助词，应该读作"矣愆反"，比如"故称龙焉""故称血焉""有民人焉""有社稷焉""托始焉尔""晋、郑焉依"等用法。江南地区对这个字的读音至今依然有所区别，明白易懂；而黄河以北地区则把二者混作同一个读音，虽然是遵循古音，却不符合现在的用法。

注释

1 送句：句末的语气词。

原文

邪者，未定之词。《左传》曰“不知天之弃鲁邪？抑鲁君有罪于鬼神邪”[1]《庄子》云“天邪地邪”[2]《汉书》云“是邪非邪”[3]之类是也。而北人即呼为“也”，亦为误矣。难者曰：“《系辞》云：‘乾坤，《易》之门户邪？’[4]此又为未定辞乎？”答曰：“何为不尔！上先标问，下方列德以折[5]之耳。”

译文

“邪”字，是表示疑问的词。《左传》说“不知天之弃鲁邪？抑鲁君有罪于鬼神邪”《庄子》说“天邪地邪”《汉书》说“是邪非邪”这一类“邪”字都是这个意思。但北方人把这一类用法呼作“也”，是错误的。有人诘难我：“《系辞》说：‘乾坤，《易》之门户邪？’这难道是疑问的意思吗？”我回答说：“怎么不是呢！上面先标明疑问，下面才阐明阴阳之德，以此作出判断。”

注释

1 见《左传·昭公二十六年》，第二句无“邪”字。
2 见《庄子·大宗师》。原文作：“(子桑)则若歌若哭，鼓琴曰：‘父邪？母邪？天乎？人乎？’有不任其声而趋举其诗焉。”
3 见《汉书·外戚传》汉武帝作《李夫人歌》。
4 见《周易·系辞下》。原文作：“乾坤，其《易》之门邪？”
5 折：判断，裁决。

原文

江南学士读《左传》，口相传述，自为凡例，军自败曰败，打破人军曰败。诸记传未见补败反，徐仙民读《左传》，唯一处有此音，又不言自败、败人之别，此为穿凿耳。

古人云："膏粱难整。"[1]以其为骄奢自足，不能克励[2]也。吾见王侯外戚，语多不正，亦由内染贱保傅[3]，外无良师友故耳。梁世有一侯，尝对元帝饮谑，自陈"痴钝"，乃成"飔[4]段"，元帝答之云："飔异凉风，段非干木[5]。"谓"郢州"为"永州"，元帝启报简文，简文云："庚辰吴入[6]，遂成司隶[7]。"如此之类，举口皆然。元帝手教诸子侍读[8]，以此为诫。

河北切攻字为古琮，与工、公、功三字不同，殊为僻也。比世有人名暹，

译文

江南的学者读《左传》，口口相传，自成章法，我方军队打了败仗称为"败"，打败了敌方军队也称为"败"。各种传记都没有记载"补败反"这种读音，徐仙民读《左传》，只有一个地方有这个注音，但是又不说明自败和败人时读音的区别，这就是穿凿附会了。

古人说："出身富贵的人品行难以端正。"是因为他们骄纵奢侈，自我满足，不能克制私欲，力求上进。我看那些王侯和外戚，发音有很多错误，这是因为他们在家受到下贱保傅的影响，在外又没有良师益友教导的缘故。梁朝有一名贵族，曾经和梁元帝一起饮酒戏谑，他想自称"痴钝"，却说成是"飔段"，元帝调侃他说："飔不同于凉风，段也不是干木。"他还把"郢州"读作"永州"，元帝把这件事告诉简文帝，简文帝说："庚辰日吴人进入郢都的郢，变成了后汉司隶校尉鲍永的永。"像这种例子，这名侯王张口就是。梁元帝亲自教导几位皇子的侍读，让他们引以为戒。

黄河以北的人把"攻"字读作古

自称为纤；名琨，自称为衮；名洸，自称为汪；名㔩，自称为獡。非唯音韵舛错，亦使其儿孙避讳纷纭矣。

琮切，和工、公、功三字读音不同，实在是生僻。近代有人名暹，却自称为纤；名琨，却自称为衮；名洸，却自称为汪；名㔩，却自称为獡。不仅音韵错误，也令子孙后代在避讳时感到非常混乱。

注释

1 膏粱难整：《国语·晋语七》："夫膏粱之性难正也。"膏粱，原意指肥肉和细粮。借指富贵人家及其后嗣。整，即正。

2 克励：克制私欲，力求上进。

3 保傅：古代保育、教导太子等贵族子弟及未成年帝王、诸侯的男女官员，统称为保傅。

4 飔（sī）：凉风。

5 段非干木：段干木为战国魏文侯时人。姓李，名克，封于段，为干木大夫，故称段干木。此为梁元帝调侃之语。

6 庚辰吴入：见《左传·定公四年》："庚辰，吴入郢，以班处宫。"

7 遂成司隶：司隶，指鲍永。《后汉书·鲍永传》："鲍永字君长，上党屯留人也。……建武十一年，征为司隶校尉。""郢""永"音相近，此为简文帝调侃梁侯发音不准的戏语。

8 侍读：古代官名，职责是陪侍帝王读书论学或为皇子等授书讲学。

杂艺第十九

导读

本篇主要讨论书法、绘画、射箭、卜筮、算术、医药、音乐、博戏、围棋、投壶等各种技艺。《周礼·保氏》中说:“养国子以道,乃教之六艺:一曰五礼,二曰六乐,三曰五射,四曰五驭,五曰六书,六曰九数。”在西周时期,六艺是贵族教育体系的重要组成部分。而颜之推在本篇却将乐、射、书、数四种归于杂艺,可见在南北朝时期,六艺已经不再属于儒学正宗。在谈书法时,颜之推提到一句江南谚语“尺牍书疏,千里面目”,这句话至今仍值得借鉴。正如汉代学者扬雄所说:“书,心画也。”清代学者刘熙载也说:“书,如也。如其学,如其才,如其志,总之曰,如其人而已。”字迹可以在一定程度上体现一个人的品行和心性。颜之推鄙视那些随意改变字体、胡乱造字的行为,推崇楷书正体。不论书法、绘画也好,音乐、算术也好,颜之推所抱的态度都是“微须留意”“不须过精”“可以兼明,不可以专业”。他举了萧子云、顾士端、顾庭、刘岳等人的事例,用以说明“巧者劳而智者忧”的观点。射箭、博戏、围棋、投壶等带有游戏性质的技艺,颜之推认为都可以学一学,但不可沉迷其中。对于卜筮,颜之推则持否定态度,认为“世传术书,皆出流俗,言辞鄙浅,验少妄多”“拘而多忌,亦无益也”。值得一提的是,颜之推在本篇对大博、小博、围棋、投壶等游戏的陈述,都具有宝贵的史料价值。

原文

真草[1]书迹，微须留意。江南谚云："尺牍[2]书疏[3]，千里面目也。"承晋、宋余俗，相与事之，故无顿[4]狼狈者。吾幼承门业[5]，加性爱重，所见法书[6]亦多，而玩习功夫颇至，遂不能佳者，良由无分故也。然而此艺不须过精。夫巧者劳而智者忧，常为人所役使，更觉为累；韦仲将[7]遗戒，深有以[8]也。

译文

楷书和草书两种书法，需要稍加留意。江南有句谚语："尺牍书疏，千里面目也。"（意思是说书信能够在千里之外显示一个人的面目。）江南人继承了晋、宋遗风，共同学习，所以就不会因字迹潦草马虎而感到狼狈。我自幼继承家传之学，加上生性喜爱书法，看过很多字帖，玩味研习也费了不少功夫，书法造诣却始终不高，大概是因为我没有这个天分吧。但是，这门技艺也不需要太过于精湛。巧者多劳，智者多忧，因为字写得好而经常被人使唤，反倒成为累赘；韦仲将给孙子留下"不要再学书法"的训诫，是很有道理的。

注释

1 真草：真，真书，即楷书。草，草书。

2 尺牍：本指古代书写用的木简。后借指书信。

3 书疏：书信。

4 无顿：不必。

5 门业：累代相传的家业、学业。

6 法书：有高度艺术性的可以作为书法典范的字。

7 韦仲将：韦诞，字仲将，魏京兆（今陕西西安）人。三国魏书法家、制墨家。《世说新语·巧艺篇》："韦仲将能书，魏明帝起殿，欲安榜，使仲将登梯题之。既下，头鬓皓然，因敕儿孙勿复学书。"

8 有以：有原因，有道理。

原文

王逸少风流才士,萧散[1]名人,举世惟知其书,翻[2]以能自蔽也。萧子云每叹曰:"吾著《齐书》,勒[3]成一典,文章弘义[4],自谓可观;唯以笔迹得名,亦异事也。"王褒地胄清华[5],才学优敏,后虽入关[6],亦被礼遇。犹以书工,崎岖碑碣之间,辛苦笔砚之役,尝悔恨曰:"假使吾不知书,可不至今日邪?"以此观之,慎勿以书自命。虽然,厮猥[7]之人,以能书拔擢者多矣。故道[8]不同不相为谋也。

译文

王羲之是个风流才子,潇洒有名,世人只知道他的书法,反而因此埋没了他的其他才华。萧子云常常叹息道:"我编撰《齐书》,刻印成一部典籍,书中的文章弘扬正道,我自认为很值得一看;但是这本书之所以出名,却是因为抄写的书法,这也是件怪事。"王褒出身高贵,才华横溢,文思敏捷,后来虽然因为江陵被陷,被迫到了长安,也依然受到礼遇。但他还是因为擅长书法,经常四处奔波为人书写碑刻,辛苦操劳,曾经悔恨地说:"假如我不懂书法,就不会落到今天这步田地了吧?"由此可见,千万不要因精通书法而自命不凡。虽然如此,地位卑微,却因为写得一手好字而被提拔的人还是有很多的。所以说处境不同的人想法是不一样的。

注释

1 萧散:犹潇洒。形容举止、神情、风格等自然,不拘束,闲散舒适。

2 翻:反而,却。

3 勒(lè):雕刻。这里指刻印。

4 弘义:大义,正道。

5 地胄清华:门第高贵。地胄,南北朝时,称皇族帝室为天潢,世家豪门为地胄。后亦泛指门第。

6 入关：指 554 年西魏军攻陷江陵，梁元帝出降，王褒与刘珏、殷不害等文士至西魏都城长安。

7 厮猥：地位卑微。

8 道：本指理念、志向。这里引申为处境。

原文

梁氏秘阁[1]散逸以来，吾见二王[2]真草多矣，家中尝得十卷；方知陶隐居、阮交州、萧祭酒诸书，莫不得羲之之体，故是书之渊源。萧晚节所变，乃是右军[3]年少时法也。

译文

梁武帝和梁元帝珍藏在秘阁的书画散失以后，我多次看到二王的楷书、草书作品，家中曾经收藏了十卷。这时才知道陶弘景、阮研、萧子云等人的书法，无一不受王羲之的影响，所以说王羲之的书法是书法的渊源。萧子云晚年时的书法有所变化，其实是王羲之年少时期的笔法。

注释

1 秘阁：即内府，皇宫中珍藏图书书画的地方。据张彦远《历代名画记》记载，梁武帝和梁元帝都喜欢收集书画，在内府珍藏了大量名画、字帖和典籍。侯景之乱时，数百函图画都被侯景烧掉。后来江陵被西魏攻陷，梁元帝在投降之前，把所有内府藏品聚集在一起，全部焚烧。

2 二王：王羲之、王献之父子。

3 右军：王羲之曾任右军将军，故称“王右军”。

原文

晋、宋以来，多能书者。

译文

晋、宋以来，擅长书法的人很多，

故其时俗，递相染尚，所有部帙，楷正[1]可观，不无俗字，非为大损。至梁天监[2]之间，斯风未变；大同[3]之末，讹替滋生。萧子云改易字体，邵陵王[4]颇行伪字[5]；朝野翕然，以为楷式[6]，画虎不成，多所伤败。至为一字，唯见数点，或妄斟酌，逐便转移。尔后坟籍，略不可看。北朝丧乱之余，书迹鄙陋，加以专辄造字，猥拙甚于江南。乃以百念为忧，言反为变，不用为罢，追来为归，更生为苏，先人为老，如此非一，遍满经传。唯有姚元标[7]工于楷隶，留心小学，后生师之者众。洎[8]于齐末，秘书缮写，贤于往日多矣。

所以当时形成重视书法的风气，相互影响熏陶，所有书籍都书写得端正可观，虽然其中不无俗字，但也无伤大雅。到了梁武帝天监年间，这个风气依然没有改变；到大同末年，谬误开始滋生。萧子云更改字体，邵陵王经常用字不规范；朝野之间翕然成风，以他们的字为楷式，画虎不成反类犬，严重败坏了风气。甚至写一个字，只看到几个点，或者对笔画任意取舍，随便转移。从那以后的典籍，几乎没法看。北朝经历丧乱之后，书法粗俗丑陋，加上专门喜欢造字，比江南更加拙劣。甚至用“百”“念”组成“忧”字，“言”“反”组成“变”字，“不”“用”组成“罢”字，“追”“来”组成“归”字，“更”“生”组成“苏”字，“先”“人”组成“老”字，这种现象并非个别，而是遍布于各类经传。只有姚元标擅长楷书、隶书，留心研究文字训诂，晚辈中师承他的人很多。到了北齐末年，秘书们缮写的各类文稿，都比过去好多了。

注释

1 楷正：端正，工整。

2 天监:梁武帝萧衍的年号(502—519)。
3 大同:梁武帝萧衍的年号(535—546)。
4 邵陵王:指梁武帝第六子萧纶。萧纶,字世调,封邵陵王。
5 伪字:不规范的字。
6 楷式:众人效法遵行的准则。
7 姚元标:《北史·崔浩传》:"左光禄大夫姚元标以工书知名于时。"
8 洎(jì):及,到。

原文

江南闾里间有《画书赋》,乃陶隐居弟子杜道士所为;其人未甚识字,轻为轨则,托名贵师,世俗传信,后生颇为所误也。

画绘之工,亦为妙矣;自古名士,多或能之。吾家尝有梁元帝手画蝉雀白团扇及马图,亦难及也。武烈太子[1]偏能写真[2],坐上宾客,随宜[3]点染,即成数人,以问童孺,皆知姓名矣。萧贲、刘孝先、刘灵,并文学已外,复佳此法。玩阅古今,特可宝爱。若官未通显,每被公私使令,亦为猥役[4]。吴县顾士

译文

江南民间流传有《画书赋》一书,是陶弘景的弟子杜道士写的;这个人不怎么识字,轻率地制定画书规则,并且假托名师,世人却信以为真,到处传播,年轻学子有很多被它误导的。

绘画这门技艺,也是非常精妙的;自古以来的名士,大多擅长此道。我家曾经收藏有梁元帝亲手画的蝉雀白团扇和马图,他的画技也是一般人难以赶上的。武烈太子擅长画人物肖像,在座的宾客,他随意几笔,就能勾勒出几个人的形象,拿去问小孩,小孩都能认出画的是谁。萧贲、刘孝先、刘灵都是除文学之外,又擅长绘画的。赏玩古今字画,确实令人爱不释手。但是如果自己的官位还未显赫,就会经常被公家或私人叫去画画,这也是件苦

端出身湘东王国侍郎，后为镇南府刑狱参军，有子曰庭，西朝中书舍人，父子并有琴书之艺，尤妙丹青，常被元帝所使，每怀羞恨。彭城刘岳，橐之子也，仕为骠骑府管记[5]、平氏[6]县令，才学快士，而画绝伦。后随武陵王[7]入蜀，下牢之败[8]，遂为陆护军画支江寺壁，与诸工巧[9]杂处。向使三贤都不晓画，直运素业，岂见此耻乎？

差事。吴县人顾士端一开始任湘东王国侍郎，后来任镇南府刑狱参军，他有个儿子叫顾庭，做过梁朝的中书舍人，父子二人都会弹琴和书法，尤其善于绘画，因此经常被梁元帝驱使，他们常常为此感到羞愧和悔恨。彭城人刘岳，是刘橐的儿子，做过骠骑府管记、平氏县令，生性爽快，富有才学，而且画技高超绝伦。后来他跟随武陵王萧纪到了蜀地，萧纪兵败下牢以后，他被陆护军派去画支江寺的壁画，和工匠们混在一起。以上三位贤人假如都不懂绘画，而是专心于儒学，又怎么会遭受这种屈辱呢？

注释

1 武烈太子：梁元帝长子，名方等，字实相。谥忠壮世子、武烈世子。

2 写真：肖像画。

3 随宜：随意。

4 猥役：杂役。

5 管记：职官名。掌文牍之职。

6 平氏：今河南桐柏西北平氏镇。

7 武陵王：即梁武帝第八子萧纪，字世询，封武陵郡王，历任彭城太守、扬州刺史、益州刺史等职。552年，萧纪在成都自立为帝。

8 下牢之败：指梁元帝承圣二年(553)萧绎派军击败萧纪之事。下牢，即下牢关，在今湖北宜昌西北。

9 工巧：匠人，工匠。

原文

弧矢[1]之利,以威天下,先王所以观德择贤,亦济身之急务也。江南谓世之常射,以为兵射,冠冕儒生,多不习此;别有博射[2],弱弓长箭,施于准的[3],揖让升降,以行礼焉。防御寇难,了无所益。乱离之后,此术遂亡。河北文士,率晓兵射,非直葛洪一箭,已解追兵[4],三九宴集,常縻[5]荣赐。虽然,要[6]轻禽,截狡兽,不愿汝辈为之。

译文

弓箭的锋利,可以威慑天下,古代的帝王以此来观察人的德行,挑选贤才,学习射箭也是能够使自身取得进步的事。江南人把常见的射箭叫作兵射,儒雅的读书人大多不学习此道;另外有一种博射,用软弓长箭射向箭靶,习射者之间相互作揖礼让,讲究礼数。在防御敌寇时,这种射箭方法是毫无用处的。经过战乱之后,这种方法也就消亡了。黄河以北的读书人,大都会兵射,不只葛洪能够一箭射敌,脱离险境,三公九卿宴饮聚会时,射箭高超的人也常常得到赞誉和赏赐。虽然如此,那些用弓箭去猎获飞禽走兽的事,我还是不愿意你们去做的。

注释

1 弧矢:弓箭。

2 博射:古代一种游戏性的习射方式。

3 准的:准、的都指箭靶的中心。

4 见葛洪《抱朴子·自叙篇》:"昔在军旅,曾手射追骑,应弦而倒,杀二贼一马,遂以得免死。"

5 縻(mí):受到,获得。

6 要:同"邀",阻留,拦截。

原文

卜筮者，圣人之业也；但近世无复佳师，多不能中。古者，卜以决疑，今人生疑于卜；何者？守道信谋，欲行一事，卜得恶卦，反令忧忧[1]，此之谓乎！且十中六七，以为上手[2]，粗知大意，又不委曲。凡射奇偶[3]，自然半收，何足赖也。世传云："解阴阳者，为鬼所嫉，坎壈贫穷，多不称泰。"吾观近古以来，尤精妙者，唯京房[4]、管辂[5]、郭璞耳，皆无官位，多或罹灾，此言令人益信。傥值世纲严密，强负此名，便有诖误，亦祸源也。及星文风气，率不劳为之。吾尝学《六壬式》，亦值世间好匠，聚得《龙首》《金匮》《玉軨变》《玉历》十许种书，讨求无验，寻

译文

卜筮是圣人做的事；但近代没有好的占卜师，所以卜筮结果大多不灵验。古人用占卜来解决疑惑，今人对占卜本身感到疑惑，这是为什么呢？遵守道义，相信自己的计划，想要做好一件事，却卜到一个恶卦，反倒变得恐惧不安，大概就是因为这个吧。况且十次能应验六七次，就被当成占卜高手，他们只是粗略知道卜筮的大意，对其中的道理并不了解。占卜结果无非是奇或偶，自然有一半的正确概率，这又怎能令人信服呢？世上流传着一种说法："懂阴阳之术的人，会被鬼嫉妒，一生困顿贫穷，大多不能平安。"我看近古以来那些特别精通卜筮的人，只有京房、管辂、郭璞这几个人而已，他们都没有获得官位，还大都遭受了灾祸，这句传言就更加可信了。如果遇到法制严密的社会，勉强背负占卜的名声，就会受到连累，这也会招致灾祸。至于观测天象和云气，都不希望你们学习。我曾经学习《六壬式》，刚好遇到世间的高手，收集到了《龙首》《金匮》《玉軨变》《玉历》十多本占卜的书，经过一番探究，发现书中所说的都没有应验，没多久就

亦悔罢。凡阴阳之术，与天地俱生，其吉凶德刑，不可不信；但去圣既远，世传术书，皆出流俗，言辞鄙浅，验少妄多。至如反支不行，竟以遇害；归忌寄宿，不免凶终：拘而多忌，亦无益也。

后悔而放弃了。阴阳占卜之术，与天地并生，所昭示的吉凶得失，不能不信；但是现在离圣人的时代已经很久远了，世间流传的占卜的书，多是俗人所写，言辞鄙陋浅薄，应验的少，虚妄的多。以至于有人在不宜外出的日子待在家里，仍不免被杀；在不宜待在家里的日子外出，还是免不了祸患：过分拘泥于占卜，忌讳太多，也没有好处。

注释

1 恜(chì)恜：恐惧不安的样子。

2 上手：高手，好手。

3 奇偶：单数和双数。又作“奇耦”。《易·系辞下》：“阳卦奇，阴卦耦。”

4 京房：本姓李，字君明，推律自定为京氏，东郡顿丘(今河南清丰西南)人，西汉学者。

5 管辂：字公明，平原(今山东平原)人。三国时期曹魏术士。

原文

算术亦是六艺[1]要事；自古儒士论天道，定律历者，皆学通之。然可以兼明，不可以专业。江南此学殊少，唯范阳祖暅[2]精之，位至南康[3]太守。河北多晓此术。

译文

算术也是六艺中很重要的一项。自古以来，学者们讨论天道，制定律历，都要精通算术。但是这门学问可以顺带学习，不可以专一钻研。江南地区懂这个的人尤其少，只有范阳人祖暅精通它，祖暅官至南康太守。黄河以北地区的人大多都懂这门学问。

注释

1 六艺：古代教育学生的六种科目，指礼、乐、射、御、书、数。

2 祖暅(xuǎn)：即祖暅之，字景烁，范阳遒县(今河北涞水)人。南北朝时期数学家、天文学家，著名数学家祖冲之之子。

3 南康：郡名，今江西赣州。

原文

医方之事，取妙极难，不劝汝曹以自命也。微解药性，小小[1]和合，居家得以救急，亦为胜事，皇甫谧、殷仲堪则其人也。

译文

医术是非常难以精通的，我不建议你们自许高明。略微了解一些药性，稍微懂得一些配药的方法，平时能够用来救急，也是件好事，像皇甫谧、殷仲堪就是这样的人。

注释

1 小小：稍微。形容数量少。

原文

《礼》曰："君子无故不彻琴瑟。"[1]古来名士，多所爱好。洎于梁初，衣冠子孙，不知琴者，号有所阙；大同以末，斯风顿尽。然而此乐愔愔[2]雅致，有深味哉！今世曲解[3]，虽变于古，犹足以畅神情也。唯

译文

《礼记》上说："君子无故不彻琴瑟。"自古以来的名士，大都爱好弹琴鼓瑟。到了梁朝初期，官宦人家的子孙，如果不会弹琴，就会被认为有缺陷；大同末年，这种风气完全消失了。然而这种音乐安和雅致，有很深的韵味。如今的乐曲虽然和古代有所不同，仍然足以舒畅情怀。只是不可以让自

不可令有称誉，见役勋贵，处之下坐，以取残杯冷炙之辱。戴安道[4]犹遭之，况尔曹乎！

己因此而出名，以致被权贵役使，处在末座的位置，遭受饮用残杯冷炙的羞辱。戴安道尚且碰到过这种事，何况是你们呢。

注释

1 见《礼记·曲礼》：“大夫无故不彻县，士无故不彻琴瑟。” 彻：撤除，撤去。

2 愔(yīn)愔：安和的样子。

3 曲解：汉魏乐歌大多以一节为一解，因以泛指乐曲。

4 戴安道：戴逵，字安道，东晋谯国（今安徽亳州）人，善鼓琴，工人物、山水。武陵王司马晞听说戴逵鼓瑟有清韵之声，派人召他到太宰府演奏，戴逵深以为耻，当着使者的面将瑟砸碎，说：“戴安道不为王门伶人。”事见《晋书·隐逸传》。

原文

《家语》曰：“君子不博，为其兼行恶道故也。”[1]《论语》云：“不有博弈者乎？为之，犹贤乎已。”[2]然则圣人不用博弈为教；但以学者不可常精，有时疲倦，则傥为之，犹胜饱食昏睡、兀然端坐耳。至如吴太子[3]以为无益，命韦昭[4]论之；王肃、葛洪、陶侃[5]之徒，不

译文

《家语》上说：“君子不博，为其兼行恶道故也。”《论语》上说：“不有博弈者乎？为之，犹贤乎已。”那么圣人是不用博戏、围棋施教的；只因读书人不可沉迷此道，偶尔感到疲倦时玩一下，还是比整天吃饱了就昏睡或是昏然呆坐要强。至于像吴太子认为下围棋无益，命韦昭写文章论述它的害处；王肃、葛洪、陶侃等人反对下围棋，不许眼观棋盘、手执棋子，都是要人勤奋

许目观手执，此并勤笃之志也。能尔为佳。古为大博则六箸，小博则二煢[6]，今无晓者。比世所行，一煢十二棋，数术浅短，不足可玩。围棋有手谈、坐隐[7]之目，颇为雅戏；但令人耽愦，废丧实多，不可常也。

专一的意思。能够做到当然好。古代玩大博用六箸，小博用二煢，现在已经没有懂得这种玩法的人了。当今流行的玩法，是用一煢十二棋，数术浅薄简单，不值得一玩。围棋有手谈、坐隐等别称，是一种颇为高雅的游戏；但容易使人沉迷其中，因此而荒废的事确实有很多，不可常玩。

注释

1 见《孔子家语·五仪解》。博：博戏，古代一种赌博游戏。恶道：不正当的行径。这句话的意思是说：君子不玩博戏，是因为博戏中有不正当的行径。

2 见《论语·阳货》。弈：围棋。这句话的意思是说：不是有博戏和围棋这些游戏吗？玩玩这些，也比什么都不干要强。

3 吴太子：指吴大帝孙权第三子孙和，字子孝。

4 韦昭：字弘嗣，吴郡云阳（今江苏丹阳）人，三国时期史学家、东吴四朝重臣。

5 王肃：字子雍，东海郡郯县（今山东郯城）人，三国时曹魏经学家。陶侃：字士行（一作士衡），本为鄱阳郡（今江西波阳）人，后徙居庐江郡寻阳县（今江西九江西），东晋时期名将。

6 煢（qióng）：即骰子，古代博戏的一种用具。

7 手谈、坐隐：均为下围棋的别称。

原文

投壶[1]之礼，近世愈精。

译文

投壶之礼，到近代越来越精细。

古者，实以小豆，为其矢之跃也。今则唯欲其骁[2]，益多益喜，乃有倚竿、带剑、狼壶、豹尾、龙首之名[3]。其尤妙者，有莲花骁。汝南周璝，弘正之子，会稽贺徽，贺革之子，并能一箭四十余骁。贺又尝为小障，置壶其外，隔障投之，无所失也。至邺以来，亦见广宁、兰陵诸王[4]，有此校具，举国遂无投得一骁者。弹棋[5]亦近世雅戏，消愁释愦，时可为之。

古时候在壶中装入小豆，是怕箭弹出壶外。现在则只希望箭从壶中弹出，弹出的次数越多就越高兴，于是就有了倚竿、带剑、狼壶、豹尾、龙首等各种名目。其中有种叫莲花骁的尤其精妙。汝南人周璝，是周弘正的儿子，会稽人贺徽，是贺革的儿子，他们俩都能一箭往返弹出四十多次。贺徽还曾经做了一个小屏障，把壶放在外面，隔着屏障投箭，没有一次失手的。我到邺城以后，也曾看到广宁王、兰陵王等人用这种小屏障，但举国上下，没有一个能投中后弹出一次的。弹棋也是近代的一种高雅游戏，能够消愁解闷，可以时不时玩一下。

注释

1 投壶：古代宴会时的一种娱乐活动。宾主依次投矢于壶中，以投中次数决定胜负。

2 骁：指投壶游戏中箭从壶中弹出，用手接住再投，箭不坠地，谓之“骁”。

3 倚竿、带剑、狼壶、豹尾、龙首之名：司马光《投壶新格》：“倚竿，箭斜倚壶口中。……龙首，倚竿而箭首正向己者。……龙尾，倚竿而箭羽正向己者。……狼壶，转旋口上而成倚竿者。……带剑，贯耳不至地者。”豹尾，或即司马光所说之龙尾。

4 广宁、兰陵诸王：《北齐书·列传第三》：“广宁王孝珩，文襄第二子也。……兰陵武王长恭，一名孝瓘，文襄第四子也。”

5 弹棋:古代的一种棋戏。二人对局,白黑棋各若干枚,先放一棋子在棋盘的一角,用指弹击对方的棋子,先被击中取尽的就算输。

终制第二十

导读

本篇如同遗嘱,主要谈论后事。面对死亡问题,颜之推是非常坦然的,他认为自己十九岁便遭遇战乱,一生中数次与死亡擦肩,能活到六十多岁,已经算是有福。只是回想起父母客死他乡,却因梁朝覆没、扬都破败、家境贫穷等原因,灵柩至今没有迁回故土,颜之推常常为此痛心疾首。他设想假如自己不做官,也许就能避免这些灾难,但是又担心家族"无复资荫",子孙"沉沦厮役",所以不得已只有忍辱负重。回顾他在《止足》篇中所说:"吾近为黄门郎,已可收退;当时羁旅,惧罹谤讟,思为此计,仅未暇尔。"和此处表达的是同一种思想。对自己的后事,颜之推希望一切从简:"不劳复魄,殓以常衣""松棺二寸",不许有陪葬物品,不许立碑垒坟,谢绝亲友祭奠……他还特意告诫子孙,自己本来就是客居之人,死后就地埋葬即可,子孙"宜以传业扬名为务,不可顾恋朽壤,以取堙没"。颜之推这种通达的态度,与他在《风操》篇讲述丧葬礼仪时所表达的哀痛之情不必流于表面等思想同出一源。

原文	译文
死者,人之常分,不可	死亡是每个人的必然归宿,没有

免也。吾年十九，值梁家丧乱，其间与白刃为伍者，亦常数辈；幸承余福，得至于今。古人云：“五十不为夭。”吾已六十余，故心坦然，不以残年[1]为念。先有风气[2]之疾，常疑奄然[3]，聊书素怀，以为汝诫。

人可以避免。我十九岁时，碰上梁朝动乱，其间在刀光剑影中奔走，也是常有的事；幸亏蒙受祖上庇佑，得以活到今天。古人说：“人活到五十岁死去就不算短命。”我今年已经六十多，所以内心坦然，不在意余下多少岁月。我之前得过风气病，时常怀疑自己会突然死去，姑且写一写我平生的追求，以此作为对你们的告诫。

注释

1 残年：晚年，暮年。

2 风气：病名。《史记·扁鹊仓公列传》：“所以知齐王太后病者，臣意诊其脉，切其太阴之口，湿然风气也。”

3 奄然：突然。

原文

先君先夫人皆未还建邺旧山，旅葬[1]江陵东郭。承圣末，已启求扬都，欲营迁厝[2]。蒙诏赐银百两，已于扬州小郊北地烧砖，便值本朝[3]沦没，流离如此，数十年间，绝于还望。今虽混

译文

我父母的灵柩都没能回到建邺的祖坟，他们的尸骨埋葬在江陵城东。承圣末年，我向朝廷提出请求，想把他们的灵柩迁回故土。蒙朝廷下诏赏赐了百两银子，我已经开始在扬州北郊烧制墓砖，却碰上梁朝灭亡，从此流离失所，几十年间，渐渐断绝了返回故乡的希望。如今虽然天下统一，家境却一贫如洗，到哪里

一[4]，家道罄穷，何由办此奉营资费？且扬都污毁，无复孑遗[5]，还被下湿[6]，未为得计。自咎自责，贯心刻髓。计吾兄弟，不当仕进；但以门衰，骨肉单弱，五服之内，傍无一人，播越[7]他乡，无复资荫；使汝等沉沦厮役，以为先世之耻；故靦冒[8]人间，不敢坠失[9]。兼以北方政教严切，全无隐退者故也。

去筹措迁葬的资费呢？况且扬都已经破败，一切荡然无存，回到那潮湿的地方，也不是好办法。我自咎自责，痛彻心扉，深入骨髓。算起来我们兄弟几个，都不应该步入仕途；只是家道衰落，亲人们都孤单弱小，五服之内，没有一个可以依靠的人，加上流落他乡，失去了祖上的荫庇佑护，如果让你们沦落到做奴仆的地步，就会为先祖蒙羞，所以我只能忍辱负重，不敢懈怠。加上北方的政治教化非常严厉，完全没有隐退的人，这就是我至今依然为官的一个原因。

注释

1 旅葬：客死葬于他乡。

2 迁厝(cuò)：迁葬。

3 本朝：自己所处的王朝。颜之推早年仕梁，所以称梁为本朝。

4 混一：统一。

5 孑遗：遗留，残存。

6 下湿：地势低而潮湿。

7 播越：逃亡，流离失所。

8 靦冒：厚着脸皮接受。

9 坠失：废弛，懈怠。

原文

今年老疾侵，傥然奄

译文

今年我老病复发，倘若突然死去，

忽，岂求备礼乎？一日放臂[1]，沐浴而已，不劳复魄[2]，殓[3]以常衣。先夫人弃背之时，属世荒馑，家涂空迫，兄弟幼弱，棺器率薄[4]，藏[5]内无砖。吾当松棺二寸，衣帽已外，一不得自随，床[6]上唯施七星板[7]；至如蜡弩牙、玉豚、锡人之属[8]，并须停省，粮罂明器[9]，故不得营，碑志旒旐[10]，弥在言外。载以鳖甲车[11]，衬土而下，平地无坟；若惧拜扫不知兆域[12]，当筑一堵低墙于左右前后，随为私记耳。灵筵[13]勿设枕几，朔望祥禫[14]，唯下白粥清水干枣，不得有酒肉饼果之祭。亲友来餟酹[15]者，一皆拒之。汝曹若违吾心，有加先妣[16]，则陷父不孝，在汝安乎？其内典功德[17]，随力所至，勿刳[18]竭生资，使冻馁也。四时

哪里会要求你们礼仪周备呢？有一天我死了，你们只要为我清洁遗体就够了，不用行复魄之礼，寿衣就用普通的衣服。你们的祖母去世时，正赶上饥荒之年，家境穷困，弟兄们又都年幼弱小，因此，她的棺木单薄，坟墓中连一块砖都没有。我只要二寸厚的松木棺材，除去衣服帽子之外，其他东西一律不许带在身上，棺材底部只要放一块七星板就好；至于像蜡弩牙、玉豚、锡人等物品，全部都应该裁减不用，粮罂一类的明器，本来就不应该筹办，碑志和铭旌，就更加不用提了。用鳖甲车拉棺材，墓穴中垫些土就可以下葬，上面不要起坟；如果担心日后拜扫时找不到墓地，可以在四周筑一堵低墙，随便做一个标记就好。灵筵上不要设置枕几，初一、十五日和祥禫祭祀时，只需白粥、清水、干枣等物即可，不要用酒肉饼果之类做祭品。亲友们前来祭奠，一概谢绝。你们如果违背我的心愿，使我的葬礼规格超过你们的祖母，那就是陷我于不孝，你们能感到心安吗？至于念佛诵经等事，量力而行，不要为此耗费资财，以致忍冻挨饿。一年四季的祭祀之礼，是周公、

祭祀，周、孔所教，欲人勿死其亲，不忘孝道也。求诸内典，则无益焉。杀生为之，翻增罪累。若报罔极之德[19]，霜露之悲[20]，有时斋供，及七月半盂兰盆[21]，望于汝也。

孔子留下的教诲，是为了让人们不要忘记自己死去的亲人，不要忘记孝道。如果到佛经中寻求依据，就没有什么益处。为了祭祀而杀生，反倒增加罪过。如果你们要报答父母的大恩大德，抒发对先人的思念之情，就在平时斋供，七月十五日盂兰盆节，我也希望你们有所供奉。

注释

1 放臂：指人死亡。

2 复魄：古丧礼，为死者招魂。

3 殓：为死者穿寿衣。

4 率薄：俭约；简单。

5 藏(zàng)：指坟墓。

6 床：指棺材底部。

7 七星板：旧时停尸床上及棺内放置的木板。上凿七孔，斜凿枧槽一道，使七孔相连，大殓时纳于棺内。

8 蜡弩牙、玉豚、锡人之属：均为陪葬物品。

9 粮罂(yīng)：盛粮的陶器。 明器：古代陪葬的物品。

10 旒旐(liú zhào)：即铭旌，指竖在灵柩前标志死者官职和姓名的旗幡。

11 鳖甲车：灵车。因车盖形似鳖甲而得名。

12 兆域：墓地四周的疆界。亦以称墓地。

13 灵筵：供奉亡灵的几筵。

14 朔望：朔日和望日。即农历每月初一和十五日。 祥禫(dàn)：丧祭名。出自《礼记·杂记下》："期之丧，十一月而练，十三月而祥，十五月而禫。"

15 餟酹(zhuì lèi):祭奠。
16 先妣:指颜之推的亡母。
17 功德:泛指念佛、诵经、布施、放生等善事。
18 刳(kū):挖空。这里指消耗、花费。
19 罔极之德:指父母养育子女的恩德无穷无尽。
20 霜露之悲:指对父母先祖的悲思。
21 盂兰盆:梵语 uIIambana,意译为救倒悬。旧传目连从佛言,于农历七月十五日置百味五果,供养三宝,以解救其亡母于饿鬼道中所受倒悬之苦。民间以七月十五日为盂兰盆节,也称“中元节”。

原文

孔子之葬亲也,云:“古者墓而不坟。丘东西南北之人也,不可以弗识也。”[1]于是封[2]之崇[3]四尺。然则君子应世行道,亦有不守坟墓之时,况为事际[4]所逼也!吾今羁旅,身若浮云,竟未知何乡是吾葬地,唯当气绝便埋之耳。汝曹宜以传业扬名为务,不可顾恋朽壤[5],以取堙没也。

译文

孔子安葬自己的父母,说:“古者墓而不坟。丘东西南北之人也,不可以弗识也。”于是封土为坟,高四尺。然而君子要应对世务,推行自己的主张,也有不能守在坟墓前的时候,何况被情势所逼呢!我如今寄居他乡,身如浮云般漂泊不定,竟不知道哪里是我的葬身之地,只应该一断气便就地掩埋。你们应该以传承家业传播名声为要务,不可留恋我的坟墓,以致埋没了前程。

注释

1 见《礼记 · 檀弓上》。
2 封:堆土筑坟。

3 崇:高。
4 事际:情势。
5 朽壤:腐土。这里指坟墓。

后 记

我于2001年开始接触古籍整理这项工作，身为一个工科生，忐忑之情无以言表。大学期间，我以“潇雨”作笔名，尝试整理排录了《慎子校正》《尸子校正》《关尹子》《鹖冠子》《亢仓子》《诸子辨》《列子叙录》《辨文子》《四库总目子部总叙》《春秋左传集解序》等10余种古籍短篇，发布到学术网站上。2003年毕业以后，我一边工作一边学习，先后校注了王开琸《炎陵志》、朱文熊《庄子新义》、胡文英《庄子独见》、王引之《经传释词》、周亮工《赖古堂集》、顾苓《塔影园集》、方东树《书林扬觯》、朱衮《白房集》(待出版)、王太岳《四库全书考证》(待出版)、白眉初《中华民国省区全志》(待出版)共10种古籍，又发表了黄焯《朝阳岩集》校注、宗绩辰《留云庵金石审》辑校，并且出版专著《湖南地方文献与摩崖石刻研究》，从中受益匪浅。我认为严复先生提出的“信、达、雅”，不仅是外文翻译的标尺，同样也适用于古文翻译。此次校注《颜氏家训》，字数虽不算多，但涉及了文字、音韵、宗教、艺术、历史、校勘等各学科的知识，于我而言是一次新的挑战。为校注该书，我查阅了大量史料，有时为一个典故追本溯源，有时为一句俗语冥思苦想，时而怀山重水复之忧，时而获柳暗花明之喜。况有王利器先生珠玉在前，我在校注该书时，虽一心想为读者提供一个通俗易懂的版本，但也生怕流于俗套，因此一字一句均再三推敲，力求在原汁原味的基础上，做到信、达、雅。

李花蕾

图书在版编目(CIP)数据

颜氏家训/李花蕾导读、注译．—长沙：岳麓书社，2024.11
ISBN 978-7-5538-2088-0

Ⅰ．①颜…　Ⅱ．①李…　Ⅲ．①《颜氏家训》—译文　Ⅳ．①B823.1

中国国家版本馆 CIP 数据核字(2024)第 101272 号

YANSHI JIAXUN
颜氏家训
导读注译：李花蕾
出 版 人：崔　灿
责任编辑：陶嶒玲　刘书乔
责任校对：舒　舍
封面设计：罗志义

岳麓书社出版发行
地址：湖南省长沙市爱民路 47 号
直销电话：0731-88804152　0731-88885616
邮编：410006

版次：2024 年 11 月第 1 版
印次：2024 年 11 月第 1 次印刷
开本：890mm×1240mm　1/32
印张：9.875
字数：256 千字
ISBN 978-7-5538-2088-0
定价：36.00 元

承印：湖南省众鑫印务有限公司

如有印装质量问题，请与本社印务部联系
电话：0731-88884129